本科规划教材

数字系统实验

（基础篇）

SHUZI XITONG SHIYAN
（JICHUPIAN）

主　编　李春梅

副主编　陈　英　孙可伟　王　丁

电子科技大学出版社
University of Electronic Science and Technology of China Press
·成都·

图书在版编目(CIP)数据

数字系统实验. 基础篇 / 李春梅主编. — 成都:
电子科技大学出版社，2021.12（2025.2 重印）
ISBN 978-7-5647-9487-3

Ⅰ. ①数… Ⅱ. ①李… Ⅲ. ①数字系统—实验 Ⅳ.
①TP271-33

中国版本图书馆 CIP 数据核字（2022）第 016745 号

数字系统实验(基础篇)
SHUZI XITONG SHIYAN(JICHUPIAN)

李春梅　主编

策划编辑　罗　雅
责任编辑　唐祖琴
责任印制　段晓静

出版发行　电子科技大学出版社
　　　　　成都市一环路东一段 159 号电子信息产业大厦九楼　邮编 610051
主　　页　www.uestcp.com.cn
服务电话　028-83203399
邮购电话　028-83201495

印　　刷　成都市火炬印务有限公司
成品尺寸　185mm×260mm
印　　张　13.75
字　　数　300 千字
版　　次　2021 年 12 月第 1 版
印　　次　2025 年 2 月第 3 次印刷
书　　号　ISBN 978-7-5647-9487-3
定　　价　47.50 元

前言

FOREWORD

21世纪的人才培养对理工科高等院校提出了更高更新的要求。以学生为本，知识传授、能力培养、素质提高三者协调发展的先进教育理念越来越受到重视。因此，构建以学生能力培养为核心，加强学生实践能力和创新能力的工程实践为目的，促进学生的知识、能力、素质综合协调发展的实验教学体系显得尤为重要。

电子科技大学电子科学与工程学院电子实验中心作为国家级实验教学示范中心，其实验教学定位为电子信息类专业学生工程训练培养及创新能力培养的重要基地。本电子实验中心针对理工科高等院校电子实验教学的特点，构建了基础型、应用型、综合型、设计型、创新型的分层次的、循序渐进的实验教学体系，保证了实验教学的分级分层开展。

《数字系统实验（基础篇）》是在重新修订基础型、应用型和综合型实验教学大纲，补充完善实验项目，改建传统实验室的基础上编写而成的。本书作为电子科技大学国家级实验教学示范中心的系列教材之一，在电子技术实验系列教材中具有承上启下的作用。本书以数字系统基础实验为基础，通过对典型电路的应用及多种手段的设计，将学生引入数字系统实验中，进一步培养学生的实验技能和动手动脑能力。

本书以数字电路理论知识为背景，以典型的常用数字电路为实验对象，既重视学生“应知应会”的基础实验，又强调综合性、设计性、开放性实验教学，加强学生工程训练和设计能力培养。本书针对已掌握了数字系统的基本理论知识，但对理论的应用还需进一步加强学习和实践的学生，使其通过对本书的学习，逐步提高设计能力和独立思考能力。本书可作为高等院校电子类专业本科生的实验教材，也可作为电子技术应用爱好者的参考用书。

本教材为电子科技大学规划教材建设项目，为适应信息技术与教育教学深度融合，本书是纸质教材与数字资源有机融合的新形态教材。数字资源为自主学习和个性化学习创设了空间，能够满足不同专业、不同学习者个性化的教学要求。

本书的编写特点如下。

1. 每个实验都包括数字集成电路功能测试、Multisim仿真实现、FPGA设计实现三部分内容。本书通过多种实验方法的对比，既可以加深理论基础，又能提高实验技能和应用能力。

2. 本书在每个实验中设置了“预习题自测”和“实验常见故障及解决方法”，逐步引导学生掌握正确的实验技能和分析问题、解决问题的方法。

3. 本书对于实验提出了若干扩展的实验任务，学生可通过自己独立思考来完成设计。对完成任务有困难的同学也给出了实验任务引导，本书提供了参考方案。

4. 每个实验都可以通过扫描教材里设置的二维码来观看仪器使用、实验原理、实验任务等内容的视频，有利于学生自主学习。丰富的数字教学资源与纸质教材内容紧密配合，既是对纸质教材的补充和拓展，又提供了方便快捷的内容更新途径。

本书突出实验教程的特点，以实验为主线，共分为4章，以适应不同专业和不同层次学生的实验教学要求。其内容安排如下。

第1章为序言，介绍了现代数字设计发展史、数字电路实验基础知识、硬件描述语言Verilog HDL语言等内容。

第2章为数字设计常用实验仪器简介，介绍了数字示波器、信号源、电子电路实验箱等常用仪器的使用方法及使用注意事项。

第3章为常用软件平台简介，简单介绍了电路仿真软件Multisim 12.0和FPGA设计软件Vivado2017.4的使用。

第4章为数字系统实验，包括基本门电路、常用中规模组合逻辑电路、常用中规模时序逻辑电路等实验。本书介绍了基于Vivado运用Verilog HDL硬件描述语言进行数字逻辑设计的基本方法。

电子科技大学电子科学与工程学院电子实验中心负责应用层的实验教学，开设数字系统实验等课程。实验室通过团队协作，加强课程建设和实验室建设，教学团队开展经常性的教学研讨和教学观摩，交流教学经验，探讨教学中的问题和不足，共享教学资源。

本书由李春梅主编，副主编为陈英、孙可伟、王丁，参与本书编写工作的还有陈瑜、李庆嵘、李雷。感谢全体电子科技大学电子科学与工程学院电子实验中心教师在实验开发、教材编写及教学视频录制中所做出的努力。感谢关心本书出版的学校领导和电子科技大学出版社的大力支持。

由于水平有限，我们编写的教材难免有错误和问题，恳请广大读者指正。

编　者

2021年12月

◆ 与本书配套的EEC-2型数字逻辑实验箱由电子科技大学电子实验中心独自开发，如需使用请与电子科技大学电子实验中心联系。电话：（028）61830102

目录

CONTENTS

第1章 绪 言

1.1 现代数字设计发展史

当今社会是一个数字化的社会，数字系统在我们日常生活中起着越来越重要的作用，且广泛应用于许多领域。数字系统就是处理二进制离散信息单元的系统。二进制系统可以采用电子元器件来实现。电路中的电子器件可以工作于开关状态。

数字电路器件的发展与模拟电路器件一样，经历了由电子管、半导体分立器件到集成电路等几个时代，但数字电路的发展比模拟电路发展得更快。从20世纪60年代开始，数字集成器件由双极性工艺制成了小规模逻辑器件，随后发展到中规模逻辑器件。20世纪70年代末，微处理器的出现，使数字集成电路的性能产生了质的飞跃。

按电路有无集成元器件来分类，可分为分立元件数字电路和集成数字电路。按其采用的特定电路工艺来分类，常用的集成数字逻辑系列有RTL（电阻晶体管逻辑）、DTL（二极管晶体管逻辑）、TTL（晶体管-晶体管逻辑）、ECL（发射极耦合逻辑）、MOS（金属氧化物半导体）、CMOS（互补金属氧化物半导体）等。RTL和DTL在数字系统设计中已不再使用，DTL已经被TTL所替代，常用于逻辑运算。ECL在系统的高速运算方面具有优势。MOS系列适用于高密度元件的电路。CMOS电路以其功耗低、工作电压范围宽、抗干扰能力强等优点成为集成电路的主导技术。

按集成电路的复杂度进行分类，将电路分为SSI（小规模集成电路）、MSI（中规模集成电路）、LSI（大规模集成电路）和VLSI（超大规模集成电路）。20世纪60年代，第一个集成电路芯片问世，SSI器件是封装在一个单片内，独立的逻辑门的个数不到100个；MSI有100～1000个逻辑门，例如译码器、加法器、复用器、比较器、计数器等；20世纪70年代，包含几千个晶体管的LSI得以发展，例如处理器、存储器等；20世纪80年代，出现了包含10万个晶体管之多的VLSI；20世纪80年代后期，每个芯片上包含100万个晶体管，到90年代中期每个芯片上包含1000万个晶体管，而到了2004年，每个芯片上有超过1亿个的晶体管，现在一个芯片上已经可以集成超过10亿个晶体管，产生了许多具有特定功能的ASIC（专用集成电路）。集成电路的复杂程度按照半导体业界摩尔定律的趋势急剧增长。

早期的专用集成电路的生产周期长、价格昂贵。随着微电子技术的发展，设计与制造集成电路的任务已不完全由半导体厂商来独立承担。系统设计师们更愿意自己设计专用集成电路芯片，而且希望ASIC的设计周期尽可能短，最好是在实验室里就能设计出合适的ASIC芯片，并且立即投入实际应用之中，因此出现了FPLD（现场可编程逻辑器件），其中应用最广泛的为FPGA（现场可编程门阵列）和CPLD（复杂可编程逻辑器件）。

20世纪70年代，出现了PROM（只读存储器）和PLA（可编程逻辑阵列），这是最早的可编程逻辑器件。它们的实现工艺有反熔丝技术、EPROM技术和EEPROM等技术。由于结构的限制，它们只能完成简单的数字逻辑功能。20世纪70年代末，AMD公司对PLA进行了改进，推出了PAL（可编程阵列逻辑）。20世纪80年代初，Lattice公司发明电可擦写的、比PAL使用更灵活的通用GAL（可编程阵列逻辑）。这些早期的PLD器件价格比较贵、编程复杂、资源利用率低，只有GAL器件获得了广泛的应用。20世纪80年代中期，Xilinx公司提出“现场可编程”概念，同时生产出世界上第一片FPGA。20世纪80年代末，Lattice公司推出“在系统可编程技术”，并且推出了一系列具备在系统可编程能力的CPLD器件。20世纪90年代后，可编程集成电路技术进入飞速发展时期，器件的可用逻辑门数超过了几百万门，并出现了内嵌复杂功能模块（如加法器、乘法器、RAM、CPU核、DSP核、PLL等）的SOPC（可编程片上系统）。

随着系统级FPGA以及系统芯片的出现，软硬件协调设计和系统设计变得越来越重要。传统意义上的硬件设计越来越倾向于与系统设计和软件设计结合。常用于PCB（抑制电路板）设计的电路图软件有Protel、Altium Designer、PADS、Allegro、OrCAD等。例如Protel 99sE，以前常用于教学，如今已经被淘汰。用于电路仿真的软件有Multisim、Proteus等。

20世纪70年代以来，电路设计的工作量不断增加，不再可能以特定的电子元件（如CMOS、双极性晶体管）为基础开始进行复杂电路的设计工作。设计流程的关注重心开始转到电路系统的数据流动以及有关时序的信息。设计人员通过使用硬件描述语言，可以将精力放在电路逻辑功能、时序的设计上，不需要一开始就考虑具体的器件制造工艺以及它们对电路功能的影响。现代数字设计发展的主要趋势是采用HDL（硬件描述语言）描述和模拟数字电路的功能。20世纪80年代后期，VHDL和Verilog HDL语言适应了这种趋势的要求，先后成为IEEE标准。目前，全球FPGA常用的开发软件有Xilinx的ISE和Vivado 、Altera公司的Quartus Ⅱ 、Lattice公司的Diamone等，常用的第三方仿真工具有ModelSim SE，第三方代码编辑器如Notepad++/UltraEdit等。

1.2　数字电路实验基础知识

1.2.1　集成电路外引线的识别

集成电路是现代电子线路的重要组成部分。集成电路按工艺分类，可分为半导体集成电路、薄膜集成电路和由二者组成的混合集成电路；按功能分类，可分为模拟集成电路和数字集成电路；按集成度分类，可分为小规模集成电路、中规模集成电路、大规模集成电路以及超大规模集成电路等；按外形分类，可分为圆形集成电路、扁平形集成电路和双列直插形集成电路。

使用集成电路前，应认真阅读器件的相关资料，了解各个引脚的功能及分布，以免因接错而损坏器件。扁平形和双列直插形集成电路引脚排列的一般规律是：将器件的文字符号标记正放，由顶部俯视，从左下角起，按逆时针方向数，依次为1、2、3、4、5等，如图1.1所示。

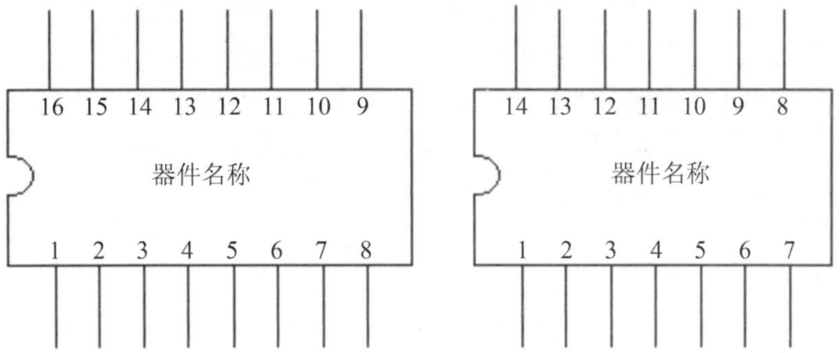

图1.1 16脚及14脚集成电路引脚排列

以上外引线的识别方法针对大多数集成电路，实际使用时最好仔细查看器件手册，以免用错。

1.2.2 电路接地的概念

电子线路图中总是有许多接地符号，在实验中正确理解接地的概念是很重要的。电路接地有以下几种含义。

（1）电子仪器的外壳接地接的是大地，这是保护性接地。这一接地措施可以使仪器的外壳与大地等电位，从而避免了因仪器漏电而使外壳带电造成的触电危险。

（2）电子电路图中的接地，对电路而言是一个共用参考点，电路中其他各点电压的高低都是以这一参考点为基准的，电路图中所标出的各点电压数据都是相对于地端的大小。接地符号是一种电路连线的省略画法，表示接地点与电源的正极或负极相连，这一接地与仪器外壳保护性接地概念不同。

（3）相同接地点之间的连线称为地线。

（4）采用正极性供电的电路图中，接地点是电源的负极。电路中所有与电源负极相连的元器件、线路都可以用同一个接地符号来表示，这样同一个电路图中相同符号接地点之间是相通的，这一接地就是共用参考点。采用这种方法后，可以减少电路图中的连线，从而便于电路的分析。

（5）采用负极性供电的电路图中，接地点是电源的正极。电路中所有与电源正极相连的元器件、线路都可以用同一个接地符号来表示，这一接地也是共用参考点。一般电路中，采用正极性电源供电的情况比较多。

（6）一般情况下，一张电路图中只有一种接地符号，此时所有的接地点是相连的。在少量的电路图中会出现两种不同的接地符号，此时表示这种电路中存在两个彼此独立的直流电源供电系统（相互之间没有共用参考点）。这时两种接地点之间是高度绝缘的，操作中不能将这两个地线接通，否则将烧坏相关电路。在彩色电视机电路中就存在这两种地线的情况，要高度重视。

（7）电路中某一个元器件与地线之间开路了，这意味着该元器件已不能构成电流回路，该元器件不能正常工作。

接地符号的使用并没有严格的规定，尤其当它们被提及或在文件中出现时特别容易混淆。常用的接地符号为三条向下递减的水平线，这代表地面。

一条水平线加上三条向下延伸的斜线代表大地或机箱的接地；三条向下递减的水平线代表模拟接地或电路接地；中空的三角形通常表示数字接地，但是也常被用作参考接地；一个符号或是数字摆在三角形中间，代表与其他参考点共地。

1.2.3 关于仪器的阻抗及阻抗匹配

一、仪器的阻抗

作为信号源的一类仪器，其输出阻抗都是很低的，通信系列的仪器（例如高频信号发生器）典型值是50 Ω，电视系列的仪器（例如扫频仪的扫频输出端或电视信号发生器的射频输出端）典型值是75 Ω。虽然有的低频信号发生器也有几百欧姆输出阻抗的输出端子，但是作为电压输出的端子，其输出阻抗一般不会超过1 kΩ（低频信号发生器的功率输出端子除外）。信号源的输出阻抗一般都做得很低，是因为信号源是产生信号的。在测量过程中，它是要将自己的信号耦合到被测电路上。如果信号源的阻抗做得很低，就很容易将信号源产生的信号耦合到输入阻抗较高的被测电路上。另外，对于高频测量，由于通信设备和电视设备一般射频输入端的阻抗是50 Ω和75 Ω，故而将仪器的输出阻抗设定为50 Ω和75 Ω，在测量过程中，就可以满足所要求的阻抗匹配。

一般在低频测量中，并不是非要阻抗匹配不可。大多数情况是被测电路的输入阻抗比信号源的输出阻抗大得多，对信号源而言，往往可等效为开路输出（即空载）。而在高频情况下，一般是必须与阻抗匹配；否则由于反射波的影响，会造成耦合到被测电路上的信号幅度与馈线的长短有关，从而会造成耦合到被测电路输入端的信号幅度与信号源上的指示值不同，这就会使得测量的结果不正确。当测量频率上升到几十兆乃至上百兆时，这种影响就会变得显著。

例如：对于扫频仪，当进行“零分贝校正”时，如果阻抗不匹配，则在频率较低的频段，屏幕上的扫描线是直的（不是指基线），但是在较高频率的频段，扫描线就会变得起伏不平。这尤其对于宽频带测量，就会带来较大的误差。作为电压表（例如晶体管毫伏表）或示波器一类的从被测电路上取得信号来测量的仪器，一般的输入阻抗都较高，典型值为1 MΩ，有的（例如示波器）还标有输入电容（例如25 pF）。之所以它们阻抗要做得较高，是因为这样可以使得它们对被测电路的影响较小。但是，当被测电路的输出阻抗大到与它们的输入阻抗相比拟时，则仪器的输入阻抗对被测电路的影响就变得显著了，这时测量结果往往不准确（这一点往往容易被初学者所忽略）。

对于仪器的输入电容来说，在低频情况下对测量没有大的影响，但是在高频情况下，有时就得注意。例如，用示波器直接测量一个没有经过缓冲的振荡器，由于示波器输入端的电容直接并联在被测振荡器上，就会对振荡器的工作有影响，所得到的测量结果也就不准确。

低频信号发生器的输出阻抗多为50 Ω，其输出幅度显示常见的有两种形式：高阻输出显示和50 Ω匹配输出显示。例如信号源采用50 Ω匹配输出显示，输出显示为1 $V_{p\text{-}p}$时；在信号源输出端并联50 Ω电阻时，用示波器测量输出幅值为1 $V_{p\text{-}p}$，但当输出端不并联50 Ω电阻而直接用示波器测量时为2 $V_{p\text{-}p}$。又如信号源采用高阻输出显示，输出显示为1 $V_{p\text{-}p}$时，在信号源输出端并联50 Ω电阻时用示波器测量输出幅值为0.5 $V_{p\text{-}p}$；由于示波器输入阻抗相对于信号源50 Ω输出阻抗是高阻，所以当输出端不并联50 Ω电阻而直接用示波器测量时，输出幅值为1 $V_{p\text{-}p}$。

二、阻抗匹配

信号源耦合到被测电路上的信号幅度在匹配和非匹配状态下是不同的。仪器面板上所指示的输出幅度一般要么是空载输出的幅度，要么是匹配输出的幅度，这可以通过仪器使用说明或通过实测来确定。如果被测电路的输入阻抗不比信号源输出阻抗大得多，也不与信号源的输出阻抗相匹配，则不可以通过信号源的面板指示来确定耦合到被测电路上的信号幅度，而要通过实测确定。

实际的电压源总是有内阻的，如图1.2所示。我们可以把一个实际电压源，等效成一个理想的电压源跟一个电阻r串联的模型。图1.2中R为负载电阻，r为电源E的内阻，E为电压源。由于r的存在，当R很大时，电路接近开路状态；而当R很小时接近短路状态。显然负载在开路及短路状态都不能获得最大功率。所以，当负载电阻等于电源内阻时，负载将获得最大功率。这就是电子电路阻抗匹配的基本原理。

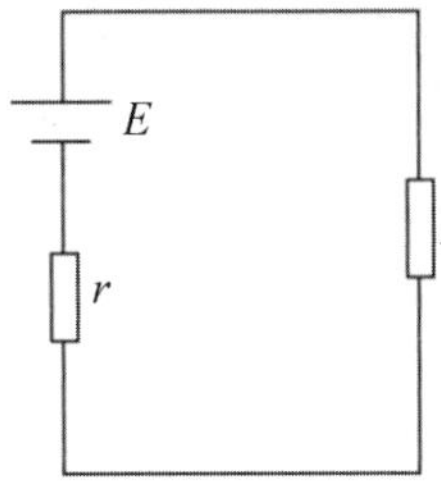

图1.2　电压源的等效电路

当阻抗不匹配时，可以采用以下几种方法来匹配：第一，可以考虑使用变压器来做阻抗转换；第二，可以考虑使用串联/并联电容或电感的办法，这在调试射频电路时常使用；第三，可以考虑使用串联/并联电阻的办法。一些驱动器的阻抗比较低，可以串联一个合适的电阻来跟传输线匹配，例如高速信号线，有时会串联一个几十欧的电阻。而一些接收器的输入阻抗则比较高，可以使用并联电阻的方法，来跟传输线匹配。

1.2.4 常用元器件的检测方法

元器件的检测是实验过程中的一项基本功，根据不同的元器件采用不同的方法，可以准确有效地检测元器件的相关参数，判断元器件是否正常。下面对常用电子元器件的检测方法进行了介绍。

一、电阻器的检测方法

（1）固定电阻器的检测。将两表笔（不分正负）分别与电阻的两端引脚相接即可测出实际的电阻值。为了提高测量精度，应根据被测电阻标称值的大小来选择量程。

注意：测量电阻的阻值应该将电阻与其他电路断开。

（2）电位器的检测。检查电位器时，首先要转动旋柄，看看旋柄转动是否平滑，开关是否灵活，开关通、断时“咔嗒”声是否清脆，然后听一听电位器内部接触点和电阻体摩擦的声音，如有“沙沙”声，说明质量不好。使用万用表测试时，先根据被测电位器阻值的大小，选择万用表合适的电阻挡位。

二、电容器的检测方法与经验

1. 固定电容器的检测

（1）检测10 pF以下的小电容：因10 pF以下的固定电容器容量太小，用万用表进行测量，只能定性地检查其是否有漏电、内部短路或击穿现象。测量时，可选用万用表的R×10 k挡，用两表笔分别任意接电容的两个引脚，阻值应为无穷大；若测出阻值（指针向右摆动）为零，则说明电容漏电损坏或内部击穿。

（2）检测10 pF～0.01 mF固定电容器是否有充电现象，进而判断其好坏。万用表选用R×1 k挡。两只三极管的β值均为100以上，且穿透电流要小。可选用3DG6等型号硅三极管组成复合管。万用表的红表笔和黑表笔分别与复合管的发射极e和集电极c相接。由于复合三极管的放大作用，把被测电容的充放电过程予以放大，使万用表指针摆动幅度加大，以便观察。

注意：在测试操作时，特别是在测较小容量的电容时，要反复调换被测电容引脚接触A、B两点，才能明显地看到万用表指针的摆动。

（3）对于0.01 mF以上的固定电容，可用万用表的R×10 k挡直接测试电容器有无充电过程以及有无内部短路或漏电现象，并可根据指针向右摆动的幅度大小估计出电容器的容量。

2. 电解电容器的检测

（1）因为电解电容的容量较一般固定电容大得多，所以测量时，应针对不同容量选用合适的量程。根据经验，一般情况下，1～47 mF的电容，可用R×1 k挡测量；大于47 mF的电容，可用R×100挡测量。

（2）将万用表红表笔接负极，黑表笔接正极，在刚接触的瞬间，万用表指针即向右偏转较大角度（对于同一电阻挡，容量越大，摆幅越大），接着逐渐向左回转，直到停在某一位置。此时的阻值便是电解电容的正向漏电阻，此值略大于反向漏电阻。实际的经验表明，电解电容的漏电阻一般应在几百千欧以上；否则，将不能正常工作。在测试中，若正向、反向均无充电的现象，即指针不动，则说明容量消失或内部断路；如果所测阻值很小或为零，说明电容漏电大或已被击穿损坏，不能再使用。

（3）对于正极、负极标志不明的电解电容器，可利用上述测量漏电阻的方法加以判别，即先任意测一下漏电阻，记住其大小，然后交换表笔再测出一个阻值。两次测量中阻值大的那一次便是正向接法，即黑表笔接的是正极，红表笔接的是负极。

（4）使用万用表电阻挡，采用给电解电容进行正向、反向充电的方法，根据指针向右摆动幅度的大小，可估测出电解电容的容量。

三、二极管的检测方法与经验

1. 检测小功率晶体二极管

（1）判别正、负电极。

①观察外壳上的符号标记。通常在二极管的外壳上标有二极管的符号，带有三角形箭头的一端为正极，另一端为负极。

②观察外壳上的色点。在点接触二极管的外壳上，通常标有极性色点（白色或红色）。一般标有色点的一端即为正极；还有的二极管上标有色环，带色环的一端则为负极。

③以阻值较小的一次测量为准，黑表笔所接的一端为正极，红表笔所接的一端则为负极。

（2）检测最高工作频率f_M。晶体二极管工作频率，除了可从有关特性表中查阅之外，实际使用中常常用眼睛观察二极管内部的触丝来加以区分，如点接触型二极管属于高频管，面接触型二极管多为低频管。另外，也可以用万用表R×1 k挡进行测试，一般正向电阻小于1 kΩ的多为高频管。

（3）检测最高反向击穿电压V_{RM}。对于交流电来说，因为电压不断变化，所以最高反向工作电压也就是二极管承受的交流峰值电压。需要指出的是，最高反向工作电压并不是二极管的击穿电压。一般情况下，二极管的击穿电压要比最高反向工作电压高得多（约大一倍）。

2. 变容二极管的检测

将万用表置于R×10 k挡，无论红、黑表笔怎样对调测量，变容二极管的两引脚间的电阻值均应为无穷大。如果在测量中，发现万用表指针向右有轻微摆动或阻值为零，说明被测变容二极管有漏电故障或已经被击穿损坏。对于变容二极管容量消失或内部的开路性故障，万用表是无法检测出来的。必要时，可用替换法进行检查判断。

3. 单色发光二极管的检测

在万用表外部附接一节1.5 V干电池，将万用表置于R×10挡或R×100挡。这种接法就相当于给万用表串联了1.5 V的电压，使检测电压增加至3 V（发光二极管的开启电压为2 V）。检测时，用万用表两表笔轮换接触发光二极管的两管脚。若管子性能良好，必定有一次能正常发光。此时，黑表笔所接的管脚为正极，红表笔所接的管脚为负极。

四、三极管的检测方法

1. 中、小功率三极管的检测

已知型号和管脚排列的三极管，可按下述方法来判断其性能好坏。

（1）测量极间电阻。将万用表置于$R\times100$挡或$R\times1$ k挡，按照红、黑表笔的六种不同接法进行测试。其中，发射结和集电结的正向电阻值比较低，其他四种接法测得的电阻值都很高，为几百kΩ至无穷大。但不管是低电阻还是高电阻，硅材料三极管的极间电阻要比锗材料三极管的极间电阻大得多。

（2）三极管的穿透电流I_{CEO}的数值近似等于管子的放大倍数β和集电结的反向电流I_{CBO}的乘积。I_{CBO}随着环境温度的升高而快速增长，I_{CBO}的增加必然造成I_{CEO}的增大。而I_{CEO}的增大将直接影响管子工作的稳定性，所以在使用中应尽量选用I_{CEO}小的管子。

使用万用表电阻挡直接测量三极管e-c极之间的电阻方法，可间接估计I_{CEO}的大小，具体方法如下：

万用表电阻的量程一般选用$R\times100$挡或$R\times1$ k挡，对于PNP管，黑表笔接e极，红表笔接c极；对于NPN型三极管，黑表笔接c极，红表笔接e极。要求测得的电阻越大越好。e-c间的阻值越大，说明管子的I_{CEO}越小；反之，所测阻值越小，说明被测三极管的I_{CEO}越大。一般来说，中功率硅管、小功率硅管、锗材料低频管，其阻值应分别在几百kΩ、几十kΩ及十几kΩ以上。如果阻值很小或测试时万用表指针来回摆动，则表明I_{CEO}很大，管子的性能不稳定。

（3）测量放大能力（β）。目前，有些型号的万用表具有测量三极管h_{FE}的刻度线及其测试插座，可以很方便地测量三极管的放大倍数。首先将万用表功能开关拨至h_{FE}挡，量程开关拨到ADJ位置，把红、黑表笔短接，调整调零旋钮，使万用表指针指示为零；然后将量程开关拨到h_{FE}位置，并使两短接的表笔分开，把被测三极管插入测试插座，即可从h_{FE}刻度线上读出管子的放大倍数。

另外，有此型号的中、小功率三极管，生产厂家直接在其管壳顶部标示出不同色点来表明管子的放大倍数β值，但要注意各厂家所用色标并不一定完全相同。

2. 检测判别电极

（1）判定基极。使用万用表$R\times100$挡，或$R\times1$ k挡测量三极管三个电极中每两个极之间的正、反向电阻值。当用第一根表笔接某一电极，而第二表笔先后接触另外两个电极均测得低阻值时，则第一根表笔所接的那个电极即为基极b。这时，要注意万用表表笔的极性，如果红表笔接的是基极b。黑表笔分别接在其他两极时，测得的阻值都较小，则可判定被测三极管为PNP型管；如果黑表笔接的是基极b，红表笔分别接触其他两极时，测得的阻值较小，则被测三极管为NPN型管。

（2）判定集电极c和发射极e（以PNP为例）。将万用表置于$R\times100$挡或$R\times1$ k挡，红表笔接基极b，用黑表笔分别接触另外两个管脚时，所测得的两个电阻值会是一个大一些，一个小一些。在阻值小的一次测量中，黑表笔所接管脚为集电极；在阻值较大的一次测量中，黑表笔所接管脚为发射极。

3. 判别高频管与低频管

高频管的截止频率大于3 MHz，而低频管的截止频率则小于3 MHz，一般情况下，两者是不能互换的。

4. 电路电压检测判断法

在实际应用中，小功率三极管多直接焊接在印刷电路板上，由于元件的安装密度大，拆卸比较麻烦，所以在检测时常常使用万用表直流电压挡测量被测三极管各引脚的电压值，来推断其工作是否正常，进而判断其好坏。

5. 大功率晶体三极管的检测

利用万用表检测中、小功率三极管的极性、管型及性能的各种方法，对检测大功率三极管来说基本上适用。但是，由于大功率三极管的工作电流比较大，其PN结的面积也较大。PN结的面积较大，其反向饱和电流也必然增大。所以，若像测量中、小功率三极管极间电阻那样，使用万用表的$R\times1$ k挡测量，必然测得的电阻值很小，好像极间短路一样，所以通常使用$R\times10$挡或$R\times1$挡检测大功率三极管。

1.2.5 数字电路中逻辑信号的高低电平范围

我们知道，0和1是数字世界的两个基本元素，在数字电路中它们由特定范围的高低电平来表示。数字电路发展的早期，绝大多数数字器件都采用TTL和CMOS数字逻辑标准。近几年，在功耗低、体积小的便携式设备（蜂窝电话、平板电脑、笔记本电脑、数码相机等）和高速通信设备应用需求驱动下，产生了许多针对不同应用的低压、高速的数字逻辑标准，例如LVTTL、LVCMOS、HSTL、SSTL、LVPECL等。 在现代数字电路设计中，往往需要在同一系统中采用许多不同逻辑标准的器件。首先了解一下数字逻辑信号的几个重要专业术语。

一、门限电压（V_{TH}）

顾名思义，V_{TH}为逻辑状态高或低转换的门限电压，在逻辑器件中，当信号电压高于V_{TH}时为逻辑高，反之则为逻辑低。通常CMOS电路的V_{TH}为电源电压的一半。

二、输出高电平（V_{OH}）和输出低电平（V_{OL}）

确切地说，V_{OH}应该为逻辑器件输出高电平的下限，V_{OL}为输出低电平的上限。通常在V_{OH}和V_{OL}之间有一个电压缓冲区，这样在实际电路中输出逻辑信号叠加噪声后，就不会导致对逻辑状态的错误判断。

三、输入高电平（V_{IH}）和输入低电平（V_{IL}）

V_{IH}为输入高电平的下限，V_{IL}为输入低电平的上限。在许多数字系统中，前一个逻辑器件的输出就是后一个逻辑器件的输入，所以必须满足$V_{OH}>V_{IH}$、$V_{OL}<V_{IL}$，否则就会出现逻辑状态判断错误。另外，它们之间的差值称为噪声容限，外部叠加的噪声应小于噪声容限，否则也会出现逻辑状态判断错误。

TTL、CMOS系列是应用最广泛的数字逻辑标准，被数字逻辑器件厂商普遍采用，下面介绍其逻辑信号的高低电平范围。

TTL电路和CMOS电路的输出高低电平不是一个值，而是一个范围。同样，它的输入高低电平也有一个范围，即它的输入信号允许一定的容差，称为噪声容限。

典型CMOS逻辑系列（HC系列）的规格如图1.3所示。图1.3中所有参数都是由CMOS厂商在一定温度和输出负载范围内担保的，同时这些参数还在一定的电源电压V_{CC}范围内担保，典型值为5.0 V±0.5 V。TTL信号也像CMOS信号那样，可以更加精确地定义TTL输出和输入电平，如图1.4所示。

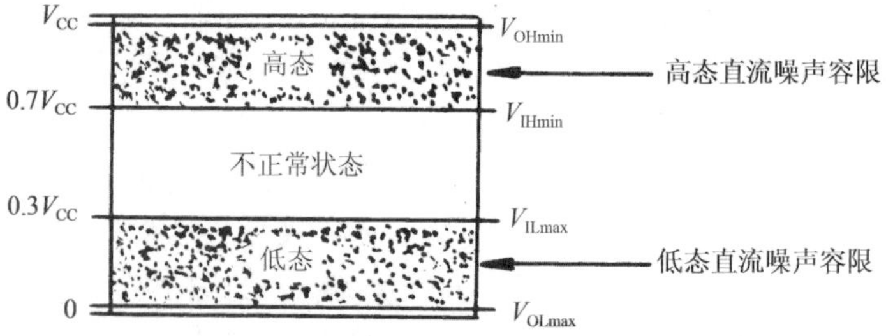

图1.3　HC系列CMOS系列的逻辑电平和噪声容限

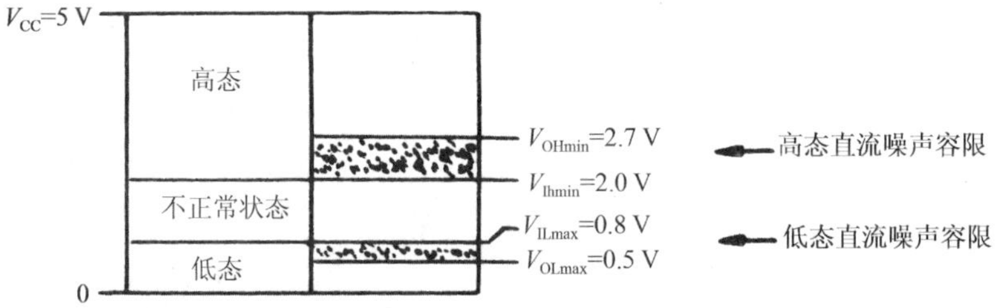

图1.4　TTL逻辑系列（74LS、74S、74ALS、74AS、74F）的逻辑电平和噪声容限

1.2.6　实验过程中仪器与电路故障检查

一、示波器探头的检查

直接测量示波器本身提供的校准信号，如果能正确测量，说明示波器和探头的探针部分正常。但要注意这种方法不能保证探头的地线正常。可以将探头和接地夹短接，此时在示波器显示屏上应看到0 V位置的一条直线。用手触碰探头，如果该直线波形无波动，说明探头地线正常；如果有明显波动，则可判断探头的地线断路。

一些示波器的探头帽与探针接触不良会造成信号测量错误，应在测试时注意拉紧探头帽，如探头上没有探头帽或探头帽与探针不匹配可不用探头帽，直接用探针测试。

但直接用探针测试时，需要用手扶牢，不便于画图。解决方法是，通过调节触发系统使波形稳定以后，按下示波器的“stop”键。此时示波器处于锁存状态，即便松开探针，显示波形也不会变化，便于记录波形。注意，必须波形稳定后，才可按下“stop”键，这一点对于双踪观测的情况尤为重要；否则，按下“stop”按键后示波器显示的画面，不能说明两个信号真实的相互时序关系。

二、开路电缆线的检查

将已测试正确的示波器直接测量信号源输出，若有正确信号输出，则开路电缆线好；若无正确信号输出，则可初步判断开路电缆线坏或信号源坏。如有信号输出，但信号无公共地电平，则开路电缆线的地线断等。

也可以使用万用表的二极管挡（蜂鸣挡）检测开路电缆的黑色夹子和接口外壳是否导通，以此来判断是否是开路电缆的地线断路。

三、数字逻辑箱检查

打开逻辑箱电源后，应首先观察power灯，如果未亮或亮度明显偏低，说明逻辑箱电源有故障，使用时可以用万用表或示波器检测是否正常。若5 V电源的输出纹波较大，可能是由芯片的故障引起，此时可用示波器检测波形观测。

逻辑开关可通过万用表检查，高电平接近5 V，低电平为0 V。

指示灯未接输入时应不亮，接高电平时应该点亮。

数码管与显示译码器检查可通过将4个逻辑开关接显示译码器输入端DCBA，根据DCBA输入与译码显示情况判断好坏。在实验中，显示译码器CD4511的输入端都不应该悬空；否则，它很可能将该悬空脚识别为高电平，造成输入超出BCD码范围，七段LED全灭。

尽管逻辑箱中提供了1 Hz的TTL信号，但在实验过程中建议使用信号源提供，可用逻辑箱上指示灯检测1 Hz的TTL输入每秒亮灭一次的情况。

四、示波器的正确使用

掌握示波器的正确使用方法是进行电路测量以及故障检测的重要保障。注意：探头和地线的正确连接，示波器通道内部的通道比例设置应与实际探头上的比例开关相匹配。本课程的实验中通常测量的信号包含有直流分量，输入通道耦合方式一般应设置成直流耦合。

正确调整示波器的触发系统参数，使得波形能够正确地稳定显示是必要的。两个不同频率的相关信号，首先应选择频率低的为触发源，再调整触发电平，使触发电平位于触发源信号的幅度范围内。如果测量对象是复杂周期信号，还须调节触发释抑参数。

在测量信号参数时，必须在保证测量对象完整显示在示波器显示区域内，合理设置相关尺度。例如，当测量某信号的幅度和周期时，该信号的波形上下顶点不应超出示波器的显示区域，并且应至少显示一个完整周期。当测量某方波信号的上升时间时，就不需要在屏幕上显示一个完整周期，而应合理调节示波器的水平时基和水平位置，使得在示波器上能完整并且较宽地显示该信号的上升沿，这样才能较准确地测量该信号的上升时间。

五、连接线的检查

实验中使用的跳线由于使用频率较高，有可能损坏。可采用将逻辑箱5 V电源用连线接至指示灯，灯亮则连接线是通的。使用万用表的二极管挡也可完成连接线的检查。

六、芯片的检查

1. 先检查电源和地。在本课程实验中，电源引脚应该为5 V，地引脚应该为0 V。如果地引脚不正常，例如为1 V左右，说明地引脚连接线断路。如果电源不为5 V，则应先注意观察逻辑箱的power灯，并检测逻辑箱的5 V输出端。当未连接电路时，逻辑箱电源正常，而连接电路后，power灯的亮度明显降低，电源电压明显低于5 V，说明在电路中有芯片损坏或电路中有短路的现象。

2. 检查芯片各输入端的信号是否符合理论分析，特别注意测量使能端以及清零置数端口。在检查的过程中，注意应用TTL/CMOS电路识别高低电平的相关理论。

3. 检查芯片的输出，根据上一步骤的输入信号，判断是否符合芯片的逻辑功能表。如不符合，说明芯片有故障。

4. 如果芯片有故障，不可用手拔，而应向老师申请借用芯片起拔器。在更换芯片的整个过程中，必须关闭逻辑箱电源。

1.2.7 示波器探头的工作原理与使用方法

示波器探头是示波器的专用测试电缆。探头的正确使用在测试中具有重要的作用，如图1.5所示。探头的等效电路中包含了电阻、电容和电感。

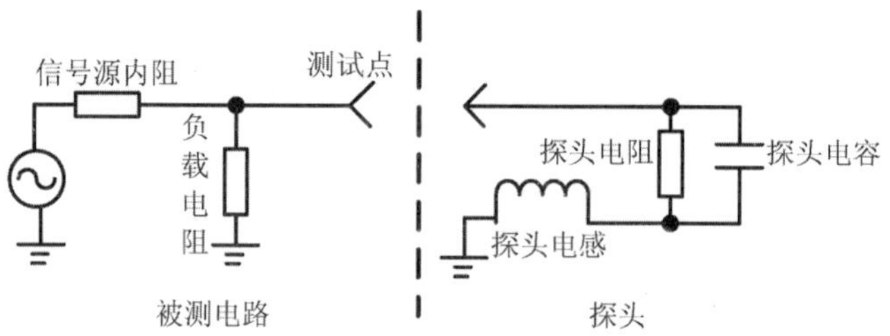

图1.5 探头的等效电路

首先，探头是介于示波器和被测信号之间的环节，如果信号在探头处就已经失真，示波器的显示功能就会受到很大影响。探头本身有输入电阻，和万用表测电压的原理一样，为尽可能地减少对测量的影响，希望探头的输入电阻尽量大，但由于不可能做到无穷大，总会对被测电路有分压的影响，所以实际测到的电压不是探头测试点本身的电压，这种现象经常会出现在电源或放大器电路的测试中。为减小分压的影响，一般要求探头的输入电阻比被测源的输出电阻大10倍以上，我们可以利用具有衰减的探头中的10×比例来增大探头的输入电阻。

其次，探头本身有输入电容，是由探头的寄生电容等效而来的，这个电容是影响探头带宽的重要因素，这个电容会衰减信号中的高频成分，使波形的边沿变缓，一般无源探头的输入电容在10 pF至几百皮法之间，有源探头的输入电容在0.2 pF至几皮法之间。

最后，探头的输入端还会受到电感的影响，电感来自探头和被测电路之间的导线电感，探头的寄生电感和寄生电容组成了谐振回路，在电感值太大时，在输入信号激励时可能会产生高频谐振，造成信号的失真，所以高频测试时应严格控制信号和地线的长度，否则会产生振铃。等效电感的大小还与接地线长度有关，其越长电感效应就越大，对波形的破坏效应就是会产生脉冲信号的振荡、过冲等信号完整性问题。

有些示波器探头里没有串联的电阻，这类探头主要由一段电缆和一个测试头构成，因此，在其有用带宽之内，探头对信号没有衰减作用。这类探头被称为1∶1或X1探头。由于这类探头在测试点处将其自身的电容（包括电缆的电容）与示波器的输入阻抗连在了一起，所以这种探头具有负载效应。信号频率升高时，探头的容性负载效应就变得更加显著。由于电缆的类型和长度不同，以及探头本身构造等原因，1∶1探头的输入电容一般可以取35～100 pF，甚至更高，这等于给被测电路施加了一个低阻抗负载；具有47 pF输入电容的1∶1探头在20 MHz之下的电抗仅为169 Ω，这就使得该探头在此频率无法使用。

我们可以在探头中增加一个和示波器输入阻抗相串联的阻抗，用这种办法就可以减小探头的负载效应。然而，这就意味着输入电压不能完全加到示波器的输入端，因为我们现在已经引入了一个电阻分压结构。

图1.6给出了10倍无源电压探头的等效电路，R_p和R_s构成了一个10∶1的分压器，R_s为示波器的输入阻抗。调节补偿电容C_3使得探头和示波器通道RC乘积相匹配，这样就能保证在探头的尖端获得正确的频率响应曲线，并且这种探头的频率响应比1∶1探头的频率响应要宽得多。

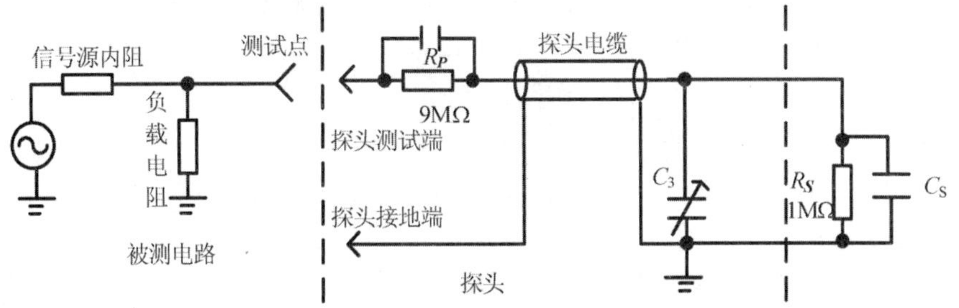

图1.6　10倍无源电压探头的等效电路

一个实际的10∶1探头具有几个可调的电容和电阻以便在很宽的频率范围内获得正确的频率响应，这些可调元件大多数都是在制造探头时由工厂调好的。只有一个微调电容留给用户去调节。这个电容称为低频补偿电容，应当通过调节这个电容使得探头和与相配用的示波器匹配，使用示波器前面板上的信号输出可以很容易地进行这项调节工作，示波器的这个输出端标有“探头调节”“校准器”“CAL”或“探头校准”等标志，并能送出一个方波输出电压。方波中包含很多频率分量。当所有这些分量都以正确的幅度送至示波器时，就能在示波器屏幕上再现方波信号。

大多数10∶1探头适合于最大输入电压为峰值400 V或500 V的情况，所以这些探头可以用于信号电平高达数百伏的应用场合，对于需要测量更高电压的场合，我们推荐使用电压额定值更高的100∶1探头。

1.2.8　数字示波器测量的一些问题

1. 示波器指标中的带宽

带宽是示波器的基本指标，和放大器带宽的定义一样，是所谓的–3 dB点，即在示波器的输入端加正弦波，幅度衰减为实际幅度的70.7%时的频率点称为带宽。也就是说，使用100 MHz带宽的示波器测量1 V、100 MHz的正弦波得到的幅度只有0.707 V。这还只是点频正弦波的情形。因此，我们在选择示波器的时候，为达到一定的测量精度，示波器带宽建议选择为被测信号频率的5倍。

2. 在使用示波器时如何消除毛刺

如果毛刺是信号本身固有的，而且想用边沿触发同步该信号（如正弦信号），可以用高频抑制触发方式，通常可同步该信号。如果信号本身有毛刺，但想让示波器滤除该毛刺，不显示毛刺，通常很难做到。可以试着使用限制带宽的方法，但不小心可能也会把信号本身滤掉一部分信息。

3. 示波器的实时采样率

实时采样是指对波形进行等时间间隔取样，按照取样先后的次序进行A/D转换并存入存储器中，实时取样是最明显和最直观的取样方式，这类取样只需要简单地在时间上分布取样点，所有的取样点是响应示波器的一次触发而获得的。

4. 示波器的等效时间采样

等效时间采样指的是示波器把多次采集（多次触发）到的波形拼凑成一个波形，每次采样速率可能很慢，两次采集触发点有一定的偏移，最后形成的两个点间的最小采样间隔的倒数被称为等效采样速率。其指标可以达到很高。

5. 测量中应用触发释抑功能的作用

触发释抑的含义是暂时将示波器的触发电路封闭一段时间（即释抑时间），在这段时间内，即使有满足触发条件的信号波形点示波器也不会触发。示波器的触发部分的作用就是稳定的显示波形，触发释抑也是为了稳定显示波形而设置的功能。触发释抑主要针对大周期重复而在大周期内有很多满足触发条件的不重复的波形点而专门设置的。

6. 测量直流电压

首先需要设置耦合方式为直流，根据大概的范围调节垂直挡位到一个合适的值，然后比较偏移线跟通道标志的位移。

7. 测量系统的总带宽

测量数字信号时，信号的上升时间决定系统的总带宽，测量系统的总带宽＝0.35/上升时间。

1.3 硬件描述语言Verilog HDL语言简介

1.3.1 实验预习

一、节导语

本节是为FPGA初学者简单介绍Verilog语言，主要介绍与组合逻辑的门级和真值表描述相对应的Verilog结构，以及Verilog语言的特点与使用。

二、预习题自测

1. 观看MOOC教学录像，总结我们将要学习的Verilog HDL语言的基本模块结构。

2. 使用Verilog HDL语言提供的三种不同建模方式，即数据流方式、行为方式和结构方式，设计电路，实现将输入A的值存入寄存器，然后与输入C相乘。

提示：数据流方式是使用连续赋值语句对电路建模。行为方式是使用带有顺序程序块的always语句，将电路建模为顺序程序描述。结构方式是假定已存在8位寄存器和8位乘法器，将电路建模为线网表。

1.3.2 Verilog HDL

Verilog HDL是一种硬件描述语言，用于从算法级、门级到开关级的多种抽象设计层次的数字系统建模。被建模的数字系统对象的复杂性介于简单的门和完整的电子数字系统之间。使用硬件描述语言的设计需要：编写文本形式的电路描述，编译这些描述以验证它的语法正确性，对模型及其设计功能进行功能验证。

Verilog给设计者提供了几种不同的描述电路的方法。常用工具（如原理图、真值表、布尔方程）都有与之对应的代码结构。Verilog包含组合逻辑的结构描述也包含他们的抽象模型描述。Verilog HDL语言具有下列描述能力：设计的行为特性、设计的数据流特性、设计的结构组成，以及包含响应监控和设计验证方面的时延和波形产生机制，所有这些都使用同一种建模语言。

Verilog HDL语言不仅定义了语法，而且对每个语法结构都定义了清晰的模拟、仿真语义。因此，使用这种语言编写的模型能够使用Veilog仿真器进行验证。Verilog HDL语言的核心子集非常易于学习和使用，这对大多数建模应用来说已经足够。当然，完整的硬件描述语言足以对从最复杂的芯片到完整的电子系统进行描述。

1.3.3 Verilog HDL主要能力

1. 基本逻辑门，例如and、or和nand等都内置在语言中。

2. 用户定义原语（UDP）创建的灵活性。用户定义的原语既可以是组合逻辑原语，也可以是时序逻辑原语。

3. 开关级基本结构模型，例如PMOS和NMOS等也被内置在语言中。提供显式语言结构指定设计中的端口到端口的时延及路径时延和设计的时序检查。

4. 可采用三种不同方式或混合方式对设计建模。这些方式包括：行为描述方式——使用过程化结构建模；数据流方式——使用连续赋值语句方式建模；结构化方式——使用门和模块实例语句描述建模。

5. Verilog HDL中有两大数据类型：线网数据类型和寄存器数据类型。线网数据类型表示构件间的物理连线，而寄存器数据类型表示抽象的数据存储元件。

6. 能够描述层次设计，可使用模块实例结构描述任何层次。

7. 设计的规模可以是任意的，语言不对设计的规模（大小）施加任何限制。

8. Verilog HDL不再是某些公司的专有语言，而是IEEE标准。

9. 人和机器都可阅读Verilog HDL语言，因此它可作为EDA的工具和设计者之间的交互语言。

10. Verilog HDL语言的描述能力能够通过使用编程语言接口（PLI）机制进一步扩展。PLI允许外部函数访问Verilog模块内信息，允许设计者与模拟器交互的例程集合。

11. 设计能够在多个层次上加以描述，从开关级、门级、寄存器传送级（RTL）

到算法级，包括进程和队列级。

12. 能够使用内置开关级原语在开关级对设计完整建模。

13. 同一语言可用于生成模拟激励和指定测试的验证约束条件，例如输入值的指定。

14. Verilog HDL 能够监控模拟验证的执行，即模拟验证执行过程中设计的值能够被监控和显示。这些值也能够用于与期望值比较，在不匹配的情况下，打印报告消息。

15. 在行为级描述中，Verilog HDL 不仅能够在 RTL 级上进行设计描述，而且能够在体系结构级描述及其算法级行为上进行设计描述。

16. 能够使用门和模块实例化语句在结构级进行结构描述。

17. Verilog HDL 还具有内置逻辑函数，例如&（按位与）和|（按位或）。

18. 对高级编程语言结构，例如在条件语句、情况语句和循环语句中都可以使用。

19. 可以显式地对并发和定时进行建模。

20. 提供强有力的文件读写能力。

21. 语言在特定情况下是非确定性的，即在不同的模拟器上模型可以产生不同的结果。例如，事件队列上的事件顺序在标准中没有定义。

1.3.4 语言使用指南

1. 模块

模块是 Verilog HDL 的基本描述单位，用于描述某个设计的功能或结构及其与其他模块通信的外部端口。一个设计的结构可使用开关级原语、门级原语和用户定义的原语方式描述，设计的数据流行为使用连续赋值语句进行描述，时序行为使用过程结构描述。一个模块可以在另一个模块中使用。句的执行顺序依赖于发生在变量 A 和 B 上的事件。

在模块中，可用下述方式描述一个设计：

（1）数据流方式；

（2）行为方式；

（3）结构方式；

（4）上述描述方式的混合。

在模块描述中还需注意时延，Verilog HDL 模型中的所有时延都根据时间单位定义。使用编译指令将时间单位与物理时间相关联。这样的编译器指令需在模块描述前定义。

如下所示：

’timescale 1ns /100 ps

此语句说明时延时间单位为 1 ns 并且时间精度为 100 ps（时间精度是指所有的时延必须被限定在 0.1 ns 内）。如果此编译器指令所在的模块包含上面的连续赋值语句，#2 代表 2 ns。

2. Verilog HDL 语言要素

Verilog HDL 的基本要素，包括标识符、注释、数值、编译程序指令、系统任务和系统函数。

（1）Verilog HDL中的标识符可以是任意一组字母、数字、$符号和_（下划线）符号的组合，但标识符的第一个字符必须是字母或者下划线。另外，标识符是区分大小写的。

（2）在Verilog HDL中有两种形式的注释：

第一种形式：/ *表示可以扩展至多行* /

第二种形式：/ /表示在本行结束

（3）Verilog HDL是自由格式的，即结构可以跨越多行编写，也可以在一行内编写。白空（新行、制表符和空格）没有特殊意义。

（4）以$字符开始的标识符表示系统任务或系统函数。任务提供了一种封装行为的机制。这种机制可在设计的不同部分被调用。任务可以返回0个或多个值。函数除只能返回一个值以外与任务相同。此外，函数在0时刻执行，即不允许延迟，而任务可以带有延迟。

（5）以反引号开始的某些标识符是编译器指令。在Verilog语言编译时，特定的编译器指令在整个编译过程中有效（编译过程可跨越多个文件），直到遇到其他不同编译程序指令。

（6）Verilog HDL有下列四种基本的值：

0：逻辑0或“假”；1：逻辑1或“真”；x：未知；z：高阻。注意：这四种值的解释都内置于语言中。如一个为z的值总是意味着高阻抗；一个为0的值，通常是指逻辑0。

3. Verilog HDL有两大数据类型

（1）线网数据类型（net type），表示Verilog结构化元件间的物理连线。它的值由驱动元件的值决定，例如连续赋值或门的输出。如果没有驱动元件连接到线网，线网的缺省值为z。

（2）寄存器数据类型（register type），表示一个抽象的数据存储单元。它只能在always语句和initial语句中被赋值，并且它的值从一个赋值到另一个赋值被保存下来。寄存器类型的变量具有x的缺省值。

4. Verilog HDL的表达式

表达式由操作数和操作符组成。表达式可以在出现数值的任何地方使用。

（1）操作数可以是以下类型中的一种：

常数、参数、线网、寄存器、位选择、部分选择、存储器单元、函数调用。

（2）操作符可以分为下述类型：

①算术操作符、关系操作符、相等操作符、逻辑操作符、按位操作符、归约操作符、移位操作符、条件操作符、连接和复制操作符。

②常量表达式是在编译时就计算出常数值的表达式。通常，常量表达式可由下列要素构成：

表示常量文字，如'b10和326；参数名，如RED的参数表明：parameter RED = 4'b1110；

标量表达式是计算结果为1位的表达式。如果希望产生标量结果，但是表达式产生的结果为向量，则最终结果为向量最右侧的位值。

5. 门电平模型化

Vcrilog HDL可以使用的内置基本门和如何使用它们来进行硬件描述，包括内置基本门、多输入门、多输出门、三态门、上拉电阻、下拉电阻、MOS开关、双向开关、门时延、实例数组、隐式线网等。

例：如图1.5所示显示的2-4译码器电路的门级描述如下：

```
module decoder (A,B,Enable,Y );//带有端口A,B,Enable,Y的模块,模块名为decoder
input A,B,Enable; //输入为A,B,Enable
output [3:0] Y ; //输出为Y,有4位Y[3],Y[2],Y[1],Y[0]
wire AW,BW; //定义两个线网型变量AW,BW
not(AW,A); //非门输入A,输出AW
not(BW,B); //非门输入B,输出BW
nand(Y[3],Enable,A,B); //与非门输入Enable,A,B,输出Y[3]
nand(Y[0],Enable,AW,BW); //与非门输入Enable,AW,BW,输出Y[0]
nand(Y[1],Enable,AW,B); //与非门输入Enable,AW,B,输出Y[1]
nand(Y[2],Enable,A,BW); //与非门输入Enable,A,BW,输出Y[2]
endmodule //模块结束
```

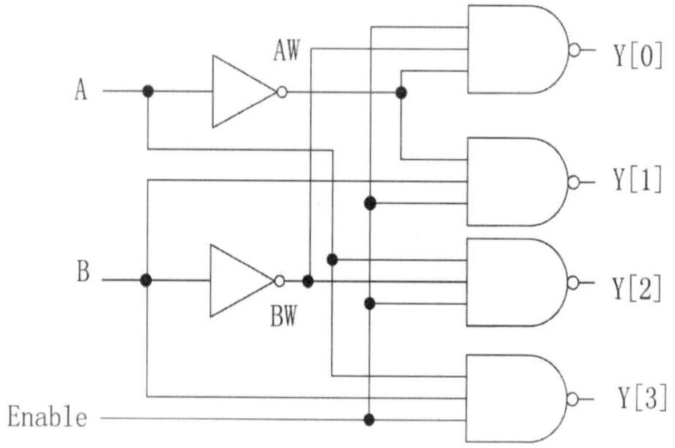

图1.5　2-4译码器电路

6. 数据流模型化

Verilog HDL语言中连续赋值用于数据流行为建模；相反，过程赋值用于顺序行为建模。组合逻辑电路的行为最好使用连续赋值语句建模。

连续赋值语句将值赋给线网型变量（连续赋值不能为寄存器型变量赋值），它的格式如下（简单形式）：

assign LHS_target = RHS_expressio；n

连续赋值的目标类型如下：

（1）标量线网；

（2）向量线网；

（3）向量的常数型位选择；

（4）向量的常数型部分选择；

（5）上述类型任意的拼接运算结果。

若1位全加器的逻辑表达式为：Sum = A ⊕B ⊕Cin，Cout= A·Cin+ B·Cin+ A·B

采用数据流方式描述1位全加器如下：

```
module F A _ D f (A,B,Cin,Sum,Cout );
input A,B,Cin;
output Sum,Cout;
assign Sum = A ^B ^Cin;
assign Cout = (A & Cin) | (B & Cin) | (A & B) ;
endmodule
```

在本例中，有两个连续赋值语句。这些赋值语句是并发的，与其书写的顺序无关。只要连续赋值语句右端表达式（RHS_expressio）中操作数的值变化（即有事件发生），连续赋值语句即被执行。如果A变化，则两个连续赋值都被计算，即同时对右端表达式求值，并将结果赋给左端目标。

7. 行为建模

（1）行为建模的主要语句有initial语句和always语句。一个模块中可以包含任意多个initial语句或always语句。这些语句并行执行，即这些语句的执行顺序与其在模块中的顺序无关。一个initial语句或always语句的执行产生一个单独的控制流，所有的initial语句和always语句在0时刻开始并行执行。

（2）时序控制与过程语句关联。有2种时序控制形式，即时延控制和事件控制。

（3）语句块提供将两条或更多条语句组合成语法结构上相当于一条语句的机制。在Verilog HDL中有两类语句块：顺序语句块（begin … end）——语句块中的语句按给定次序顺序执行，并行语句块（fork … join）——语句块中的语句并行执行。

（4）过程性赋值是在initial语句或always语句内的赋值，它只能对寄存器数据类型的变量赋值。表达式的右端可以是任何表达式。

（5）if语句

if语句的语法如下：

```
if(condition_1)
procedural_statement_1
{else if(condition_2)
procedural_statement_2}
{else
procedural_statement_3}
```

如果对condition_1求值的结果为一个非零值，那么procedural_statement_1被执行。如果condition_1的值为0、x或z，那么procedural_statement_1不执行。如果存在

一个else分支，那么这个分支被执行。

（6）Verilog HDL中有四类循环语句，它们是forever循环、repeat循环、while循环 、for循环。

（7）case语句

case语句是一个多路条件分支形式，其语法如下：

```
case(case_expr)
case_item_expr{,case_item_expr}:procedural_statement
…
…
[default:procedural_statement]
endcase
```

case语句首先对条件表达式case_expr求值，然后依次对各分支项求值并进行比较，第一个与条件表达式值相匹配的分支中的语句被执行。可以在一个分支中定义多个分支项。这些值不需要互斥。缺省分支覆盖所有没有被分支表达式覆盖的其他分支。

（8）过程性连续赋值是过程性赋值的一类，即它不能够在always语句或initial语句中出现。这种赋值语句能够替换其他所有对线网或寄存器的赋值。它允许赋值中的表达式被连续驱动到寄存器或线网中。注意：这不是一个连续赋值，连续赋值发生在initial语句或always语句之外。

过程性连续赋值语句有两种类型：赋值和重新赋值过程语句，它们对寄存器进行赋值；强制和释放过程性赋值语句，它们虽然也可以用于对寄存器赋值，但主要用于对线网赋值。赋值和强制语句在如下意义上是"连续"的，即当赋值或强制发生效用时，右端表达式中操作数的任何变化都会引起赋值语句重新执行。过程性连续赋值的目标不能是寄存器部分选择或位选择。

8. Verilog HDL的测试验证程序

Verilog HDL提供强有力的结构来说明测试验证程序。

（1）编写测试验证程序

测试验证程序有三个主要目的：

①产生模拟激励（波形）；

②将输入激励加入测试模块并收集其输出响应；

③将响应输出与期望值进行比较。

（2）波形产生

有两种产生激励值的主要方法：

①产生波形，并在确定的离散时间间隔加载激励；

②根据模块状态产生激励，即根据模块的输出响应产生激励。

通常需要两类波形：一类是具有重复模式的波形，例如时钟波形；另一类是一组指定的值确定的波形。

（3）可以向文本文件中写入向量，也可以从文本文件中读取向量。

1.3.5 Verilog HDL语言示例

用Verilog HDL语言提供的三种不同建模方式，即数据流方式、行为方式和结构方式，设计电路，实现一位全加器。

例1：数据流方式

数据流描述方式，又可称为寄存器传输级描述，主要从数据的变换和传送角度来描述设计模块，使用的语句多为和硬件行为一致的并行语句。在数据流描述方式中，还必须借助于HDL提供的一些运算符，如按位逻辑运算符：逻辑与（&），逻辑或（|）等。程序如下：

```
'timescale 1ns/100ps
module fa_flow(a,b,cin,sum,count)
input a,b,cin;
output sum,count;
wire s1,t1,t2,t3;
assign # 2 s1 = a ^ b;
assign # 2 sum = s1 ^ cin;
assign #2 t3 = a & b;
assign #2 t1 = a & cin;
assign #2 t2 = b & cin ;
endmodule
```

注意：在各assign语句之间，是并行执行的，即各语句的执行与语句之间的顺序无关。如上，当a发生变化时，s_1、t_3、t_1将同时变化，s_1的变化又会引起sum的变化。

例2：行为方式

行为级描述的抽象级别最高、概括能力也最强。程序如下：

```
module fa_act(sum,count,a,b,cin );
input a,b,cin;
output sum,count;
assign {count,sum} = a + b + cin;//
endmodule
```

例3：结构方式

结构化的建模方式就是通过对电路结构的描述来建模，即通过对器件的调用（Verilog HDL概念称为例化），并使用线网来连接各器件的描述方式，也是最接近实际硬件的描述方式。这里的器件包括Verilog HDL的内置门，如与门and、异或门xor等，也可以是用户的一个设计。结构化的描述方式反映了一个设计的层次结构。代码如下：

```
module fa_struct (a,b,cin,sum,count);
input a;
input b;
```

```
input cin;
output sum;
output count;
wire s1,t1,t2,t3;
xor x1 (s1,a,b);
xor x2 (sum,s1,cin);
and a1 (t3,a,b );
and a2 (t2,b,cin);
and a3 (t1,a,cin);
or o1 (cout,t1,t2,t3 );
endmodule
```

该实例显示了一个全加器由两个异或门、三个与门、一个或门构成。s_1、t_1、t_2、t_3则是门与门之间的连线。代码显示了用纯结构的建模方式，其中xor 、and、or 是Verilog HDL内置的门器件。以 xor x_1 （s_1、a、b） 该例化语句为例：xor 表明调用一个内置的异或门，器件名称xor，代码实例化名x_1（类似原理图输入方式）。括号内的s_1、a、b 表明该器件管脚的实际连接线（信号）的名称，其中 a、b是输入，s_1是输出。

到这里就可以对最基本的创建文件进行仿真和RTL分析了，在左侧导航栏进行实现即可。具体可见本书4.4 FPGA设计初步。

第2章 数字设计常用实验仪器简介

2.1 数字示波器

2.1.1 实验预习

节导语

数字示波器将输入待测信号进行采样、量化、存储，然后在存储器中取出量化值，将量化值转化为模拟量在屏幕上显示。在数字示波器中，信号的获得功能和显示功能是分开的，其性能和精度基本上取决于A/D转换器、半导体存储器D/A转换器的性能。

下面以鼎阳SDS1000X系列示波器和普源DS1000系列示波器为例，介绍其使用方法。

微课1 数字示波器面板及接口介绍

2.1.2 鼎阳SDS1000X系列示波器使用指南

一、示波器外观

鼎阳SDS1000X系列示波器前面板如图2.1所示，各功能区的划分说明见表2.1所列。

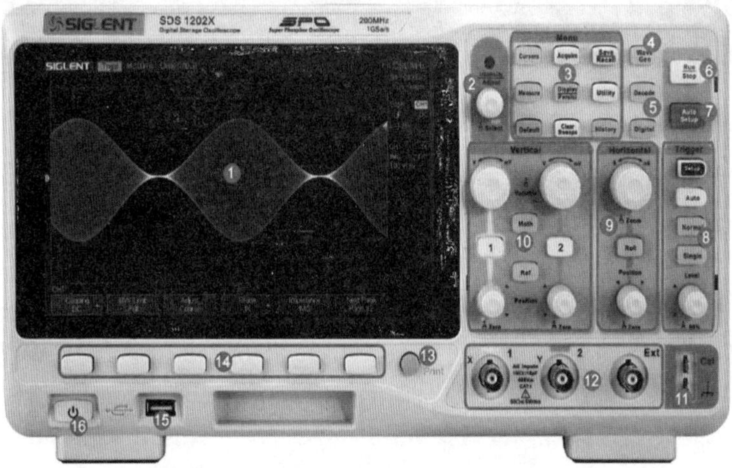

图2.1 鼎阳SDS1000X系列示波器前面板

表2.1 前面板功能区划分说明

编号	说明	编号	说明
1	屏幕显示区	9	水平控制系统
2	多功能旋钮	10	垂直通道控制区
3	自动设置常用功能区	11	补偿信号输出端/接地端
4	内置信号源	12	模拟通道输入端
5	解码功能选件	13	打印键
6	停止/运行	14	菜单软键
7	自动设置	15	USB Host端口
8	触发控制系统	16	电源软开关

注意:这款示波器关机时需要长按电源开关按键。

鼎阳SDS1000X系列示波器显示界面如图2.2所示。

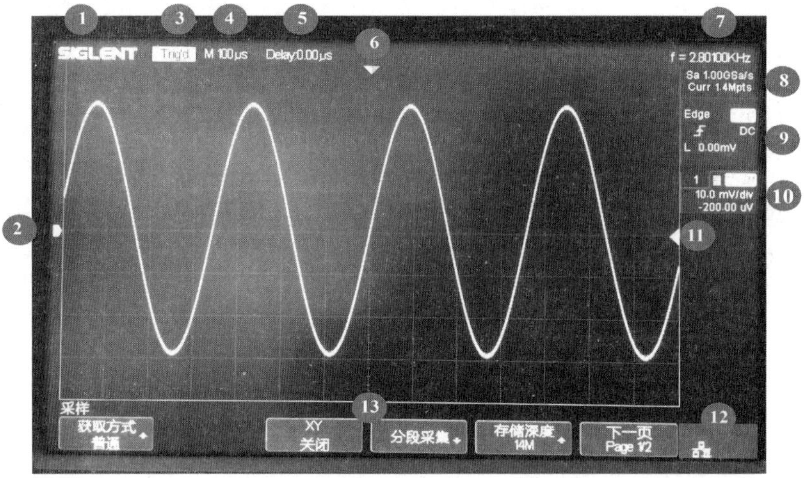

图2.2 鼎阳SDS1000X系列示波器显示界面

号码【1】对应部分显示的是产品商标。

号码【2】对应部分显示的是通道标记。箭头指示的位置是通道0 V显示对应的位置。在箭头上有数字1或2，代表是CH1的通道标志或CH2的通道标志。

号码【3】对应部分显示的是运行状态。可能的运行状态包括：Arm（采集预触发数据）、Ready（等待触发）、Trig'd（已触发）、Stop（停止采集）、Auto（自动）。

号码【4】对应部分显示的是水平时基。表示屏幕水平轴上每格所代表的时间长度。使用水平挡位旋钮可以修改该参数，可设置范围为2 ns/div～50 s/div。

号码【5】对应部分显示的是触发位移的偏移值。使用水平Position旋钮可以修改该参数。按下按钮参数自动被设为0，且箭头回到屏幕正中央。

号码【6】对应部分显示的是倒三角指示了当前的屏幕中波形的触发位置。

号码【7】对应部分显示的是当前触发通道波形的频率值。

号码【8】对应部分显示的是示波器当前使用的采样率及存储深度。使用水平挡位旋钮可以修改该采样率及存储深度。

号码【9】对应部分显示的是当前的触发设置，包括触发类型的英文标识和图形符号、触发源、触发源耦合方式、触发电平值。

例如，在图2.2中，触发类型为上升沿触发，触发源为CH1，触发耦合方式为DC，触发电平为0.00 mV。

号码【10】对应部分显示的是垂直通道设置，包括通道号、带宽限制（若当前带宽为开启，则显示B标志；若全带宽显示，则无标志）、探头衰减系数，当前通道开启的输入阻抗（1 MΩ或50 Ω）、通道耦合方式、电压挡位（垂直偏转系数）。

号码【11】对应部分显示的是触发电平位置，它是一个向左的箭头，箭头所指的是当前触发通道的触发电平在屏幕上的位置。按下Level旋钮使电平自动回到触发源波形中心位置。

号码【12】对应部分显示的是接口状态，可以显示USB设备和网口设备的连接情况。

号码【13】对应部分是菜单区，显示示波器当前所选功能模块对应的菜单。

二、示波器操作

（一）基本功能检查

首次使用某一台示波器时，要进行此项调节。对于鼎阳SDS1000X系列示波器操作步骤如下。

1. 按“Default”按键将示波器恢复为默认设置。

2. 如图2.3所示，将探头的接地鳄鱼夹与探头补偿信号输出端下面的“接地端”相连，将探针与探头补偿信号输出端相连。

3. 由于鼎阳SDS1000X系列示波器默认设置只显示CH1，如果需要两个通道同时检查，需要手动将CH2通道选中（按“CH2”键，将其点亮）。

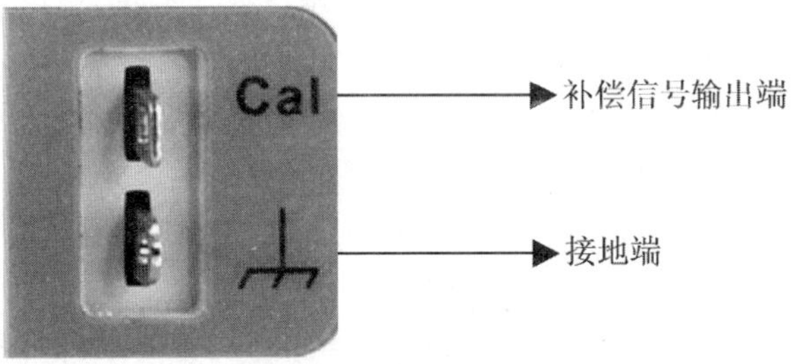

图2.3　示波器补偿信号输出端

微课2　校准方波的测试

4. 按“Auto Setup”键，几秒钟内，可见到幅度为3 V、频率为1 kHz的方波显示。

5. 检查所显示的波形形状并与图2.4对比，用非金属手柄的改锥调整探头上的可变电容，直到屏幕显示的波形如图2.4中的“补偿适当”。

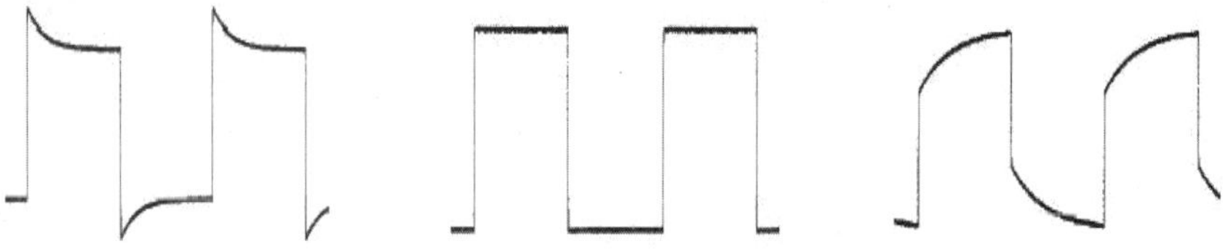

图2.4　示波器探头补偿调节

（二）波形显示的自动设置

SDS1000X系列示波器具有自动设置功能。使用自动设置功能时，首先将被测信号连接到信号输入通道，再按下“Auto Setup”键，示波器将根据输入信号自动调整垂直挡位、水平时基及触发方式，使波形以最佳方式显示。

（三）设置垂直系统

如图2.5所示，在垂直控制区（Vertical）有一系列的按键、旋钮。

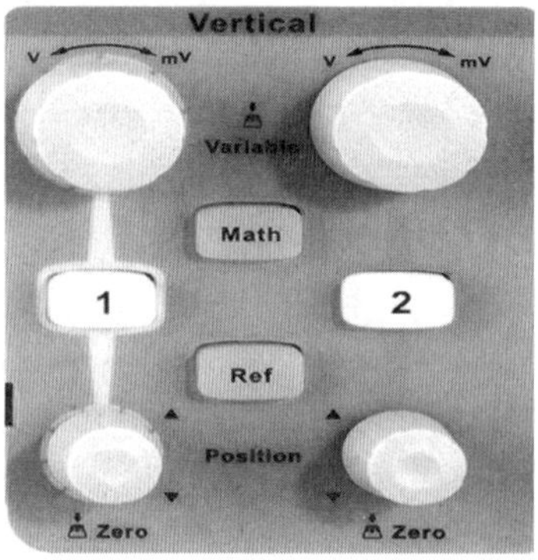

图2.5　垂直控制系统

微课3　示波器垂直系统的正确设置

1. 垂直通道旋钮及按键的应用

（1）垂直Position旋钮控制信号的垂直显示位置。当转动垂直旋钮时，指示通道接地位置的通道标志跟随波形上下移动。按下该旋钮可将通道标志设置到屏幕中央。

（2）转动垂直挡位旋钮可以改变当前通道的垂直偏转系数“V/div”（伏/格），修改过程中波形在显示屏上被垂直拉伸或压缩，同时屏幕右方状态栏对应通道的垂直偏转系数显示会相应地变化。按下该按钮可快速将垂直挡位调节方式切换为“粗调”或“细调”。

（3）按“1”“2”“Math”“Ref”键，屏幕显示对应通道的操作菜单、标志、波形和挡位状态信息。在当前通道被选中时，再次按下该按键将关闭当前选择的通道。

2. 通道的设置

每个通道有独立的垂直菜单。每个项目都按不同的通道单独设置。按1或2键，系统显示CH1或CH2通道的操作菜单如图2.6所示。垂直通道设置菜单的说明见表2.2所列。

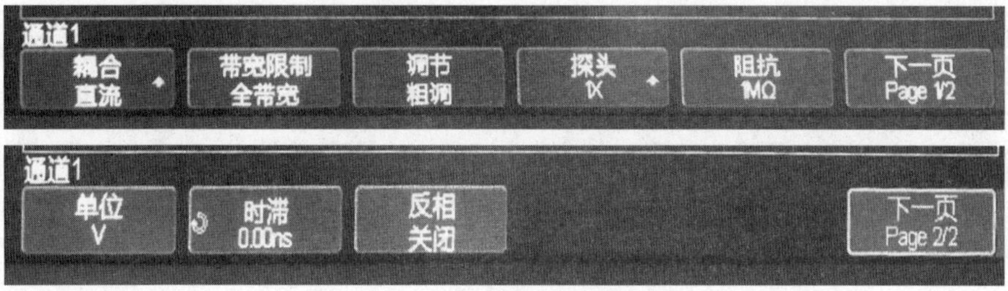

图2.6　垂直通道设置菜单

表2.2　通道菜单说明

功能菜单	设定	说明
耦合	直流	通过输入信号的交流和直流成分
	交流	阻挡输入信号的直流成分
	接地	断开输入信号
带宽限制	20 M	限制带宽至20 MHz，以减少显示噪声
	全带宽	满带宽
调节	粗调	按1—2—5进制设定垂直偏转系数，如10 V/div、5 V/div、2 V/div
	细调	在粗调设置范围之间进一步细分，以改善垂直分辨率，如2 V/div、1.98 V/div、1.96 V/div
探头	0.1× 0.2× …… 10 000×	根据探头衰减系数选取其中一个值，以保持垂直偏转系数的读数正确。共16种，探头比默认值为1′
阻抗	1 MΩ	适用于许多无源探头，可进行通用测量，高阻抗可在被测设备上使示波器的负载效应最小化
	50 Ω	可与高频测量时常用的50 Ω电缆和50 Ω有源探头匹配。如果用无源探头，但阻抗设置为50 Ω可能导致不能正常观测到波形
单位	V或A	根据测试内容选择不同的单位
时滞	0～100 ns	用于校正电流探头和电压探头之间的延迟差
反相	开	打开波形反相功能
	关	波形正常显示

3. 数学运算

数学运算（Math）功能是显示CH1、CH2通道波形相加、相减、相乘以及FFT运算的结果。参考功能（Ref）可将实测波形与参考波形相比较，以判断电路的故障。

（四）设置水平系统

如图2.7所示，在水平控制区（Horizontal）有一系列的按键、旋钮。

1. 调节水平位置

调节水平Position旋钮使波形水平移动，屏幕上方信息栏中将显示位移的时间（例如，Delay：–860 μs）。按下Position按钮可将位移恢复为0。

2. 调节水平时基挡位

调节水平时基挡位旋钮使波形在水平方向显示被拉伸或压缩。设置水平挡位时，屏幕左上角显示的是挡位信息（例如，M500 μs）的实时变化。水平挡位的变换范围是2 ns/div～50 s/div。

按下该按钮快速开启分屏缩放（Zoom）功能。

3. 滚动模式的设置

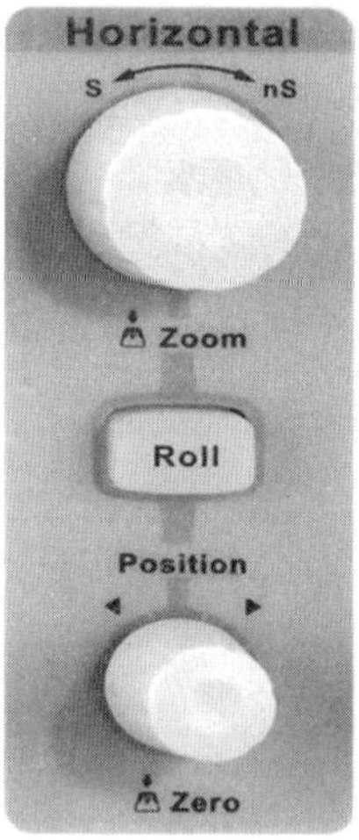

图2.7　水平控制区

微课4　示波器水平系统的正确设置

按下Roll按键进入滚动模式（也可通过改变时基挡位至50 ms及以上时基进入滚动模式）。波形自右向左滚动刷新显示，波形水平位移和触发控制不起作用，水平挡位的调节范围是50 ms～50 s。

4. 分屏缩放功能的设置

分屏缩放功能可用对比观察一段波形的全貌和其中局部波形的细节。

按下示波器前面板的时基旋钮可打开分屏缩放功能，再次按下关闭该功能。分屏缩放模式下，屏幕被分成两个显示区域如图2.8所示。显示屏的上半部分显示主窗口视图，下半部分显示延迟窗口视图。

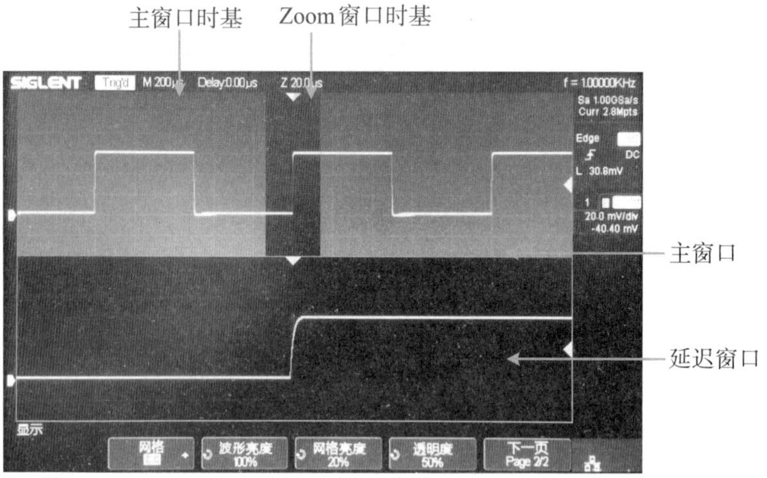

图2.8　分屏缩放

（1）主窗口视图

屏幕上半部分未被半透明灰色覆盖的展开区域是放大前的波形，可通过旋转水平挡位旋钮控制该展开区域的大小。旋转水平Position旋钮水平向左（向右）移动该区域。

（2）延迟窗口视图

屏幕下半部分是经过水平扩展后的波形。由于延迟窗口时基相对于主窗口时基提高了分辨率，所以延迟窗口时基不论如何变化，应始终小于或等于主窗口。

（五）设置触发系统

触发决定了示波器何时开始采集数据和显示波形。若触发未被正确设定，示波器将不能稳定地显示实时的波形。鼎阳SDS1000X系列示波器在显示屏右侧的状态栏将显示出当前示波器的触发类型、触发源、触发耦合及触发电平值等信息。

1. 触发控制区面板旋钮及按键功能介绍

示波器操作面板的触发控制区如图2.9所示。它包括触发设置按键Setup、触发模式按键（Auto、Normal、Single）和触发电平调整旋钮Level。

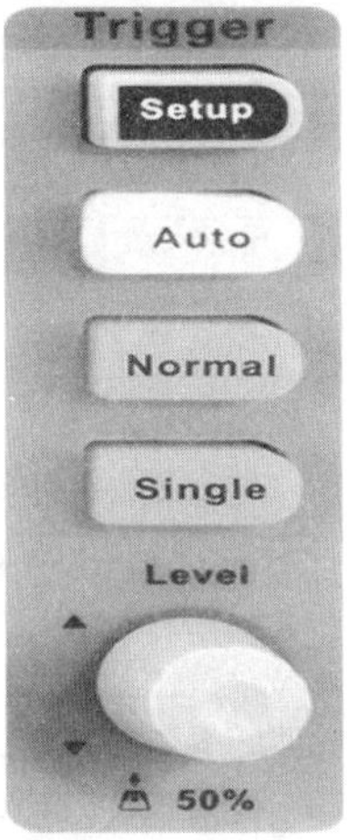

图2.9　触发控制区

微课5　如何使波形同步

◆ Level旋钮用于设置触发电平。按下该按钮可快速将触发电平恢复至对应通道波形中心位置。

◆ 按下Auto键切换触发模式为自动模式。

◆ 按下Normal键切换触发模式为正常模式。

◆ 按下Single键切换触发模式为单次模式。

◆ 按下Setup键打开触发功能菜单，其工作界面如图2.10所示。

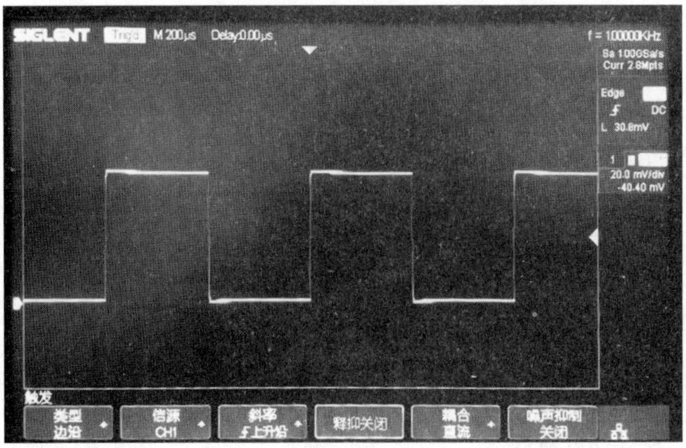

图2.10　触发设置界面

2. 边沿触发类型设置介绍

鼎阳SDS1000X系列示波器提供边沿、斜率、脉宽、视频、窗口、间隔、超时、欠幅、码型和串行总线（IIC/SPI/URAT/RS232）等多种的触发类型。此处只简单介绍边沿触发方式。在边沿触发类型下可以进行表2.3所示的设置。

表2.3　边沿触发设置说明

功能菜单	设定	说明
类型(触发方式)	边沿	边沿触发类型通过查找波形上的指定沿(上升沿、下降沿、上升&下降沿)和电压电平来识别触发
信源选择	CH1	设置CH1作为信源触发信号
	CH2	设置CH2作为信源触发信号
	EXT	设置外触发输入通道作为信源触发信号
	EXT/5	设置外触发源除以5,扩展外触发电平范围
	市电	设置市电触发
斜率	上升	设置在信号上升边沿触发
	下降	设置在信号下降边沿触发
	上升、下降	设置在信号上升边沿和下降边沿触发
触发释抑	释抑关闭	关闭释抑时间的调节功能
	释抑时间	通过调节释抑时间稳定触发复杂波形(详见下页)
触发耦合	直流	允许直流(DC)和交流信号(AC)进入触发路径
	交流	阻挡信号的直流成分并衰减低于5.8 Hz的信号
	高频抑制	抑制信号中高于1.27 MHz的高频成分
	低频抑制	阻挡信号的直流成分并抑制低于2.08 MHz的低频成分
噪声抑制	开启/关闭	开启该功能后,能减小触发信号中噪声触发的可能性,但同时会降低触发的灵敏度

3. 触发释抑

触发释抑可以稳定触发复杂波形（如脉冲系列）。释抑时间是指从触发之后到下一次重新启用触发电路之前示波器等待的时间。示波器在释抑结束前不会触发。

正确的释抑时间一般略小于波形的一次重复，将释抑设置为此时间，会为一个重复波形生成唯一的触发点。

例如，要在如图2.11所示的重复脉冲上获得稳定的触发，可将释抑时间（Hold-off）设置为200～600 ns。

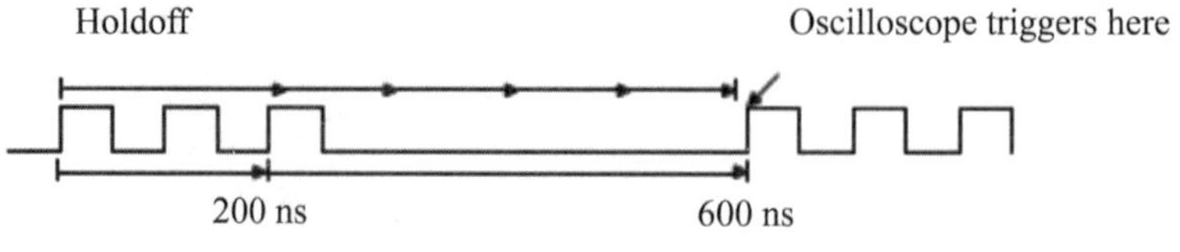

图2.11　释抑时间示意图

操作说明：

（1）按下触发控制区的“Setup”键。

（2）触发释抑设置键默认为释抑关闭，按“释抑关闭”按键将显示默认释抑时间为100 ns。

（3）旋动多功能旋钮（↻）改变释抑时间，直至所需设定的值。

（六）设置显示系统

如图2.12所示，在常用功能区正中的Display/Persist为显示系统的功能按键。按下该键将显示两页菜单的功能，见表2.4所列。

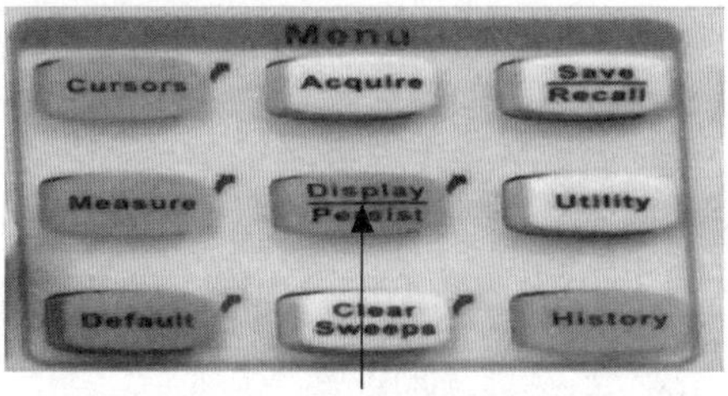

图2.12　显示功能按钮

表2.4　显示设置菜单说明

功能菜单	设定	说明
显示类型	矢量	采样点之间通过连线的方式显示
	点	直接显示采样点
色温	开启/关闭	色温功能开启时采用颜色的变化来体现波形出现频率的大小。波形出现的频率越大，颜色越暖
余辉	关闭 可变余辉时间 无限	新的数据加入将刷新余辉时间前的数据。使用无限余辉示波器永不清除已采集的波形，可测量噪声和抖动，捕获偶发事件。余辉关闭时，屏幕波形以高刷新率更新
清除显示	—	清除当前屏幕所显示的波形，采集并显示新的波形
网格	—	根据实际需要选择所需网格类型
波形亮度	百分比值	通过调节多功能旋钮设置波形的亮度
网格亮度	百分比值	通过调节多功能旋钮设置网格的亮度
透明度	百分比值	通过调节多功能旋钮设置弹出菜单操作中信息显示框的透明程度

注意：

显示类型包含矢量显示和点显示。在点显示模式下，若输入信号频率较高，而扫描速度较低时，会出现频率混叠的问题，即此时示波器显示波形就好像未同步的低频信号。为解决频率混叠的问题应采用矢量显示模式。

（七）自动测量

如图2.13所示，Measure为自动测量功能按键。自动测量包括电压参数测量、时间参数测量和延迟参数测量。

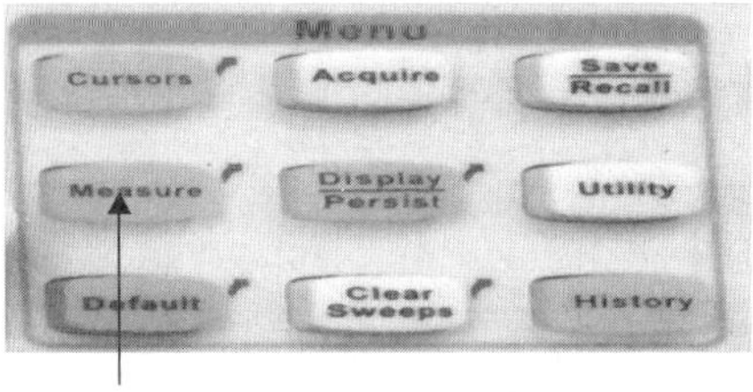

图2.13　自动测量功能按钮

按下“Measure”键，系统出现参数测量显示菜单，首次按下“Measure”键自动开启测量统计功能，如图2.14所示。

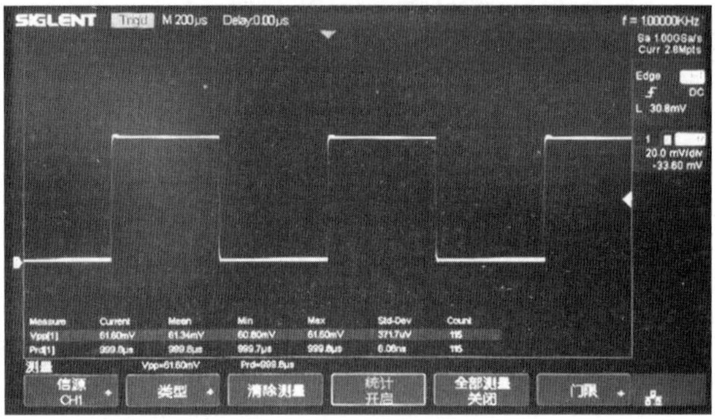

图2.14　自动测量显示界面

自动测量菜单各项功能见表2.5所列。

1. 自动测量的基本操作步骤

（1）按下“Measure”键打开自动测量菜单。

（2）按下信源软键，旋转多功能旋钮选择要测量波形通道。

（3）选择要测量的参数并显示。

表2.5　自动测量菜单的功能

功能菜单	设定	说明
信源	CH1/CH2/Math/Ref	确认被测信号源
类型	—	选择被测的参数
清除测量	—	按下清除测量软键可清除当前屏幕显示的所有测量参数
统计	开启/关闭	统计并显示最后打开的测量结果的当前值、平均值、最小值、最大值、标准差以及计数(进行测量的次数)
全部测量	开启/关闭	打开所有电压测量和时间测量参数并显示在屏幕上方
门限	开启/关闭	通过设置门限的上下限来进行区域测量

按下类型软键，将出现如图2.15所示的界面。旋转多功能旋钮可以左右移动光标，旋转触发电平旋钮可以上下移动光标选择要测量的参数。按下旋钮后，该参数被选中，其值显示在屏幕底部。若显示的数据为“*****”，表明在当前的设置下，此参数不可测量。

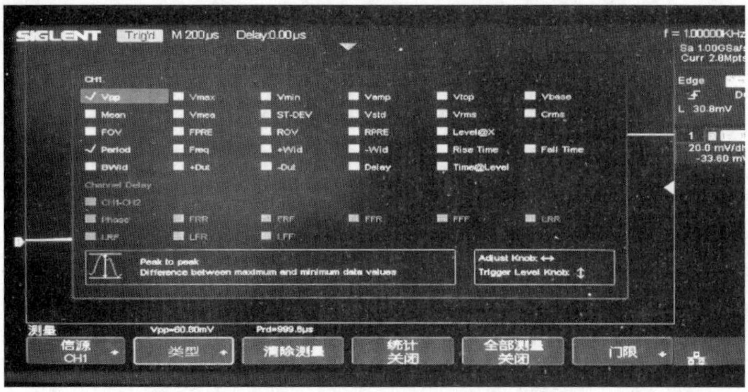

图2.15 测量参数的选择

注意：

只有在CH1和CH2通道都被点亮时，才能进行延迟参数测量；否则这些参数将被灰化，不可能被选中（如图2.15所示）。延迟参数测量时，在CH1和CH2通道都被点亮的前提下，先选中CH1和CH2选项才能够选择具体的延迟参数。

2. 全部测量

全部测量可同时打开这款示波器自动测量时被测通道能测试的电压和时间参数，并全部显示在屏幕上方的信息显示框中。正确步骤如下：

（1）按“Measure”键打开自动测量菜单；

（2）按下信源软键选择要测量的波形通道；

（3）按下全部测量键显示测量结果。

3. 参数缩写含义说明（如图2.16所示）

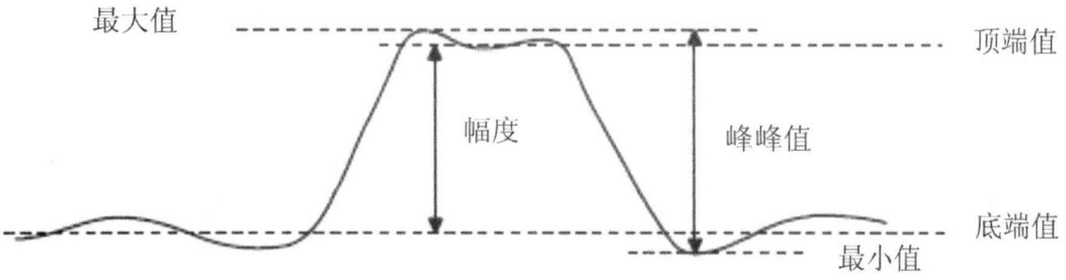

图2.16 基本电压参数示意

（1）电压测量

鼎阳SDS1000X系列示波器可以自动测量以下电压参数。

➢ 峰峰值 V_{pp}：峰峰值是最大值和最小值之间的差值。

➢ 最大值 V_{max}：波形最高点至GND（地）的电压值。

➢ 最小值 V_{min}：波形最低点至GND（地）的电压值。

➢ 幅值 V_{amp}：波形的幅度是顶端值和低端值之间的差值。

➢ 顶端值 V_{top}：波形平顶至GND（地）的电压值。

➢ 底端值 V_{base}：波形平底至GND（地）的电压值。

➢ 周期平均值Mean：整个波形或选通区域上的算术平均值。

➢ 平均值Vmea：第一个周期内波形的算术平均值。

➢ 标准差ST-DEV：所有波形点电压的方差的算术平方根。

➢ 周期标准差 V_{std}：第一个周期内所有波形点的标准差。

➢ 均方根 V_{rms}：整个波形或选通区域上的均方根值。

➢ 周期均方根Crms：第一个周期内波形的均方根值。

微课6 如何利用“自动测试”功能测量波形参数

➢ 过激：是大边沿（距触发参考点最近的边沿）转换后的失真，以幅度的百分比表示。它包括上升过激（FPRE）和下降过激（FOV），如图2.17所示。

$$上升过激=\frac{最大值-顶端值}{幅值}\times 100\%$$

$$下降过激=\frac{最小值-底端值}{幅值}\times 100\%$$

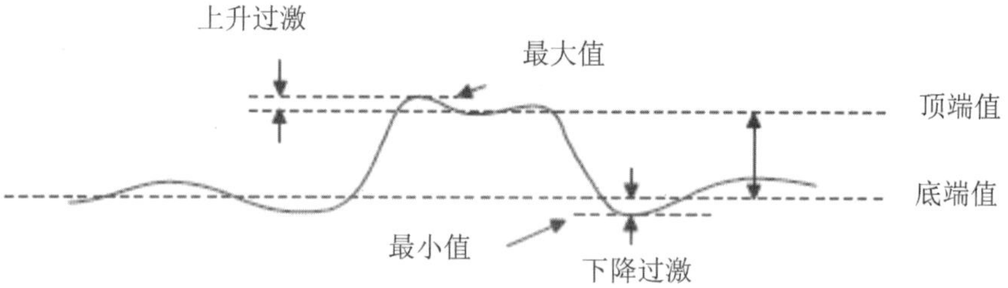

图2.17 上升/下降过激示例图

➢ 前激：是大边沿（距触发参考点最近的边沿）转换前的失真，以幅度的百分比表示。它包括上升前激（RPRE）和下降前激（ROV），如图2.18所示。

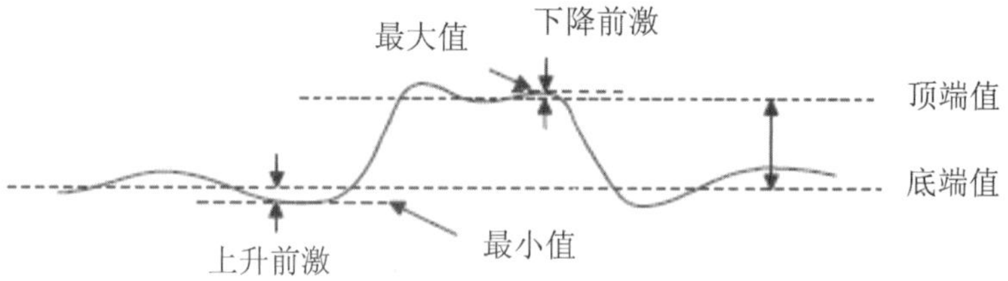

图2.18 上升/下降前激示例图

$$下降前激=\frac{最大值-顶端值}{幅值}\times 100\%$$

$$上升前激=\frac{最小值-底端值}{幅值}\times 100\%$$

（2）时间测量

鼎阳SDS1000X系列示波器可以自动测量以下11种时间参数，如图2.19所示。

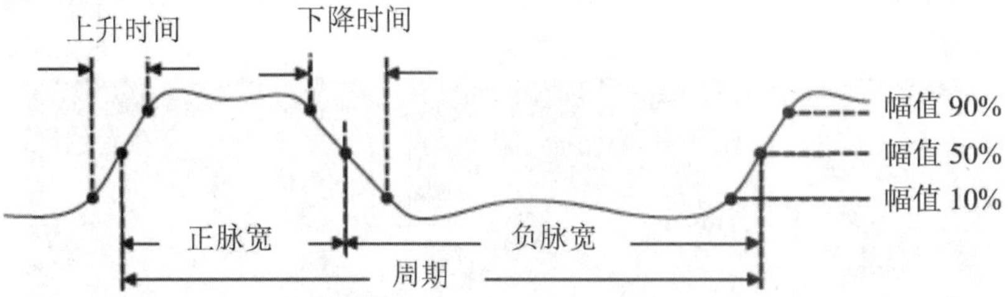

图2.19 时间参数示意图

➢ Period周期：两个连续、同极性边沿的中阈值交叉点之间的时间。

➢ Freq频率：周期的倒数。

➢ +Wid正脉宽：从脉冲上升沿的50%阈值处到紧接着的一个下降沿的50%阈值处之间的时间差。

➢ –Wid负脉宽：从脉冲下降沿的50%阈值处到紧接着的一个上升沿的50%阈值处之间的时间差。

➢ Rise Time上升时间：信号幅度从10%上升至90%所经历的时间。

➢ Fall Time下降时间：信号幅度从90%下降至10%所经历的时间。

➢ BWid脉宽：从第一个脉冲上升沿的50%阈值处到最后一个下降沿的50%阈值处之间的时间差。

➢ +Dut正占空比：正脉宽与周期的比值。

➢ –Dut负占空比：负脉宽与周期的比值。

➢ Delay延迟：第一个触发沿的50%阈值处到触发点之间的时间差。

➢ Time@Level：过每个上升沿的50%幅值的点到触发位置的时间统计。

（八）光标测量

示波器自动测量的参数总是有限的，对自动测量功能下不能测试的参数可以通过光标手动测量完成。

如图2.20所示，在Menu控制区的Cursors为光标测量功能按键。

微课7 如何利用“光标测试”功能测量波形参数

图2.20 光标测量功能按钮

光标测量分为两种模式：手动和追踪。追踪模式下示波器的光标会自动跟踪对应通道信号变化，此处主要介绍手动测量模式。操作步骤如下。

1. 按下示波器前面板的“Cursors”键快速开启光标，并进入光标测量菜单，如图2.21所示。

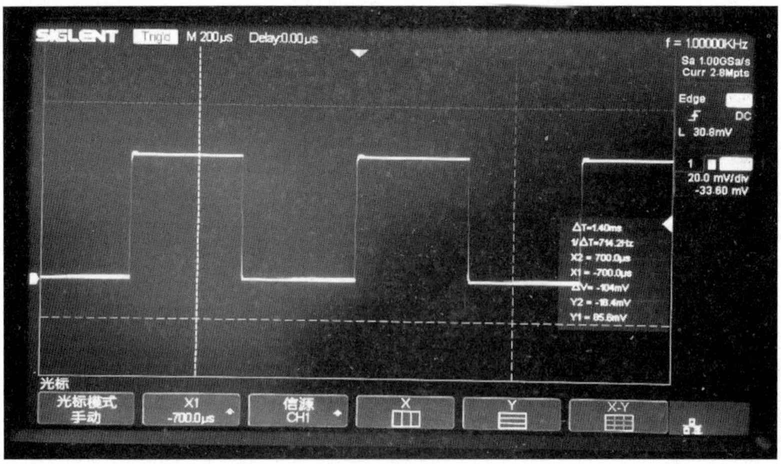

图2.21　光标测量菜单

2. 按下光标模式软键选择手动模式。

3. 按下信源软键，旋转多功能旋钮选择被测信号通道，按下旋钮进行确认。

4. 选择光标类型

如果只测试时间参数可以选择菜单第四个按键“X”，则屏幕上只显示X光标；

如果只测试电压参数可以选择菜单第五个按键“Y”，则屏幕上只显示Y光标；

如果选择菜单第六个按键“X-Y”，则屏幕上同时显示X和Y光标，可以同时测量时间值和电压值。

5. 具体光标的调节

按菜单第二个按键，可以选择具体光标，旋转多功能旋钮将光标移到待测量处，通过屏幕上的信息可以读出所测量的值，如图2.22所示。

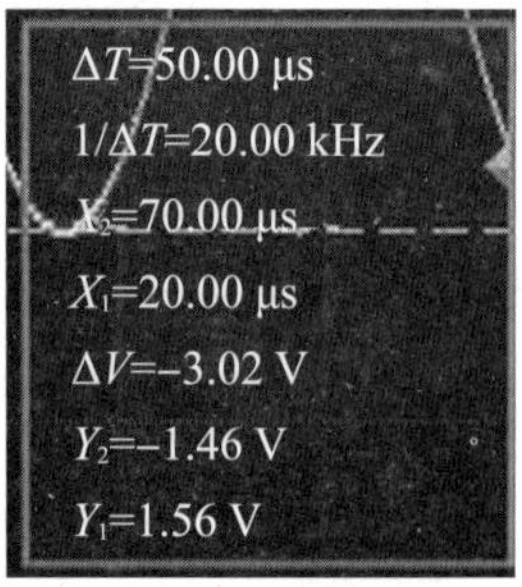

图2.22　光标测量结果

6. 屏幕显示参数的含义

ΔT：表示两个光标之间的时间值。

$1/\Delta T$：表示两个光标之间时间值的倒数。

X_2：表示X_2光标相对水平参考点的时间值。

X_1：表示X_1光标相对水平参考点的时间值。

ΔV：表示被测通道两个光标之间的电压差值。

Y_2：表示Y_2光标对被测通道地的电压值。

Y_1：表示Y_1光标对被测通道地的电压值。

2.1.3　普源DS1000系列示波器

一、示波器外观

普源DS1000系列示波器面板如图2.23所示，显示界面如图2.24所示。

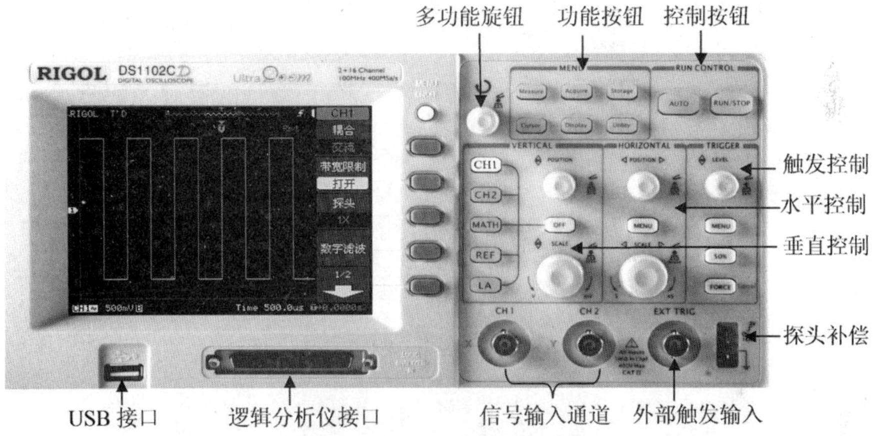

图2.23　面板操作说明图

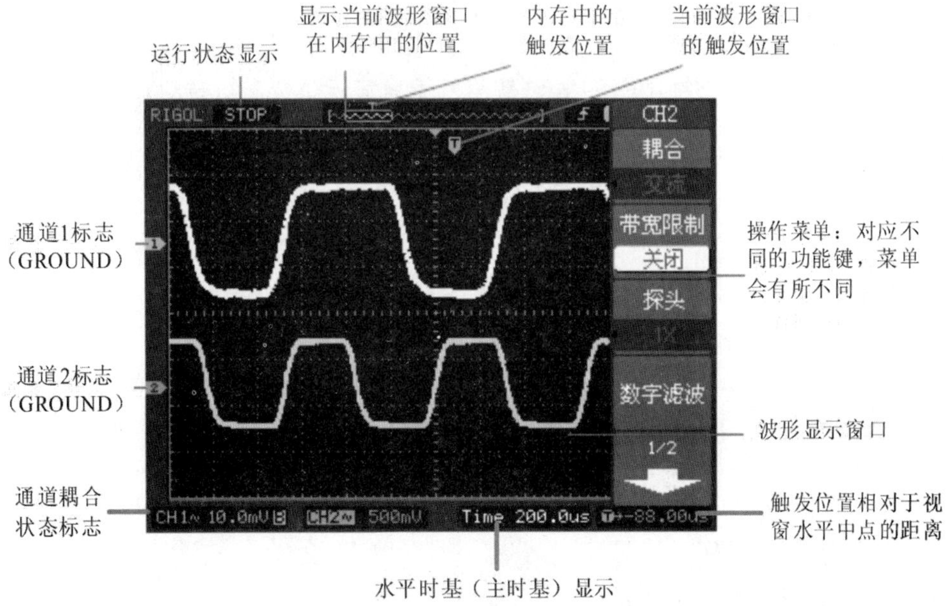

图2.24　显示界面说明图

二、示波器操作

（一）探头补偿

在首次将探头与任一输入通道连接时，需要对此项进行调节，操作方法与鼎阳示波器类似（示波器没有Default键，可以跳过恢复默认设置这一步骤）。

（二）波形显示的自动设置

DS1000系列数字示波器具有自动设置的功能。根据输入的信号，可自动调整电压倍率、时基以及触发方式至较好形态。应用自动设置要求被测信号的频率大于或等于50 Hz，占空比大于1%。

使用自动设置功能时，首先将被测信号连接到信号输入通道，再按下AUTO按钮，示波器将自动设置垂直、水平和触发控制。如有其他需要，可手动调节这些控制使波形显示达到最佳。

（三）设置垂直系统

如图2.25所示，在垂直控制区（VERTICAL）有一系列的按键、旋钮。

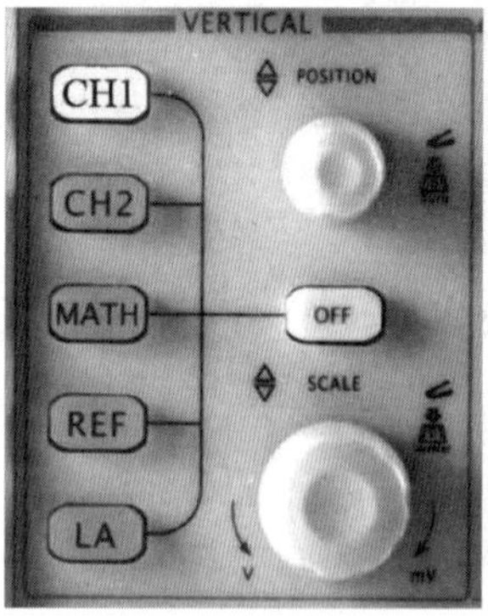

图2.25　垂直控制系统

1. 垂直通道旋钮的应用

（1）垂直POSITION旋钮——控制信号的垂直显示位置。当转动垂直POSITION旋钮时，指示通道地的标志跟随波形上下移动。

按下垂直POSITION旋钮时，通道垂直标志恢复到屏幕垂直方向的中心。

（2）转动垂直SCALE旋钮改变“V/div”（伏/格）垂直挡位，显示界面状态栏对应通道的挡位显示发生了相应的变化。

（3）按CH1、CH2、MATH、REF、LA屏幕显示对应通道的操作菜单、标志、波形和挡位状态信息。按“OFF”键，关闭当前选择的通道。

（4）按下垂直SCALE旋钮作为切换输入通道的粗调/微调状态的快捷键。

注意：需要调整的通道只有处于选中的状态，垂直POSITION旋钮和垂直SCALE旋钮才能调节此通道。通道按键灯亮说明该通道已被激活，若需要关闭某个通道，再次按下该通道按键，或此通道在当前处于选中状态时，按“OFF”键也可将其关闭，通道按键灯灭。

2. 通道的设置

每个通道有独立的垂直菜单，按“CH1”或“CH2”功能键将出现通道设置菜单，各项设置与鼎阳示波器类似。

（四）设置水平系统

如图2.26所示，在水平控制区（HORIZONTAL）有一系列的按键、旋钮。

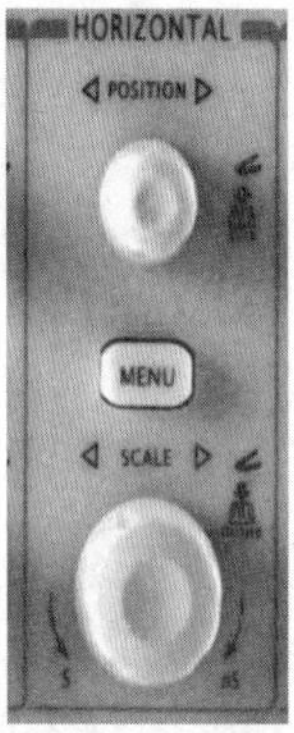

图2.26　水平控制区

1. 水平通道旋钮的应用

屏幕水平方向上的中点是波形的时间参考点。改变水平刻度会导致波形相对屏幕中心扩张或收缩。改变水平位置会改变波形相对于触发点的位置。

（1）使用水平POSITION旋钮调整信号在波形窗口的水平位置。按下该键使波形位移（或延迟扫描位移）恢复到水平零点处。

（2）使用水平SCALE旋钮改变水平挡位设置，即秒/格（ s/div），水平扫描速度从2 ns～50 s（示波器型号不同，其水平扫描速度也有差别），以1—2—5的形式步进。按下该键切换到延迟扫描状态。

2. 水平系统的设置

按水平控制区内MENU 按钮，显示Time菜单。在此菜单下，可以开启/关闭延迟扫描或切换Y－T、X－Y和ROLL模式，还可以设置水平触发位移复位，见表2.6所列。

表2.6　水平设置菜单

功能菜单	设　定	说　明
延迟扫描	打开	进入Delayed波形延迟扫描
	关闭	关闭延迟扫描
时基	Y—T	Y—T方式显示垂直电压与水平时间的相对关系
	X—Y	X—Y方式在水平轴上显示通道1幅值，在垂直轴上显示通道2幅值
	Roll	Roll方式下示波器从屏幕右侧到左侧滚动更新波形采样点
采样率	—	显示系统采样率
触发位移复位	—	调整触发位置到中心零点

操作说明：

◆ 滚动模式

进入滚动模式，波形自右向左滚动刷新显示。此时，波形水平位移和触发控制不起作用。一旦设置滚动模式，时基控制设定必须为500 ms/div，或更慢。适用于被测波形频率很低的情况。

◆ 延迟扫描

延迟扫描用来放大一段波形，以便查看图像细节。延迟扫描时基设定不能慢于主时基的设定。

在延迟扫描下，分两个显示区域，如图2.27所示。

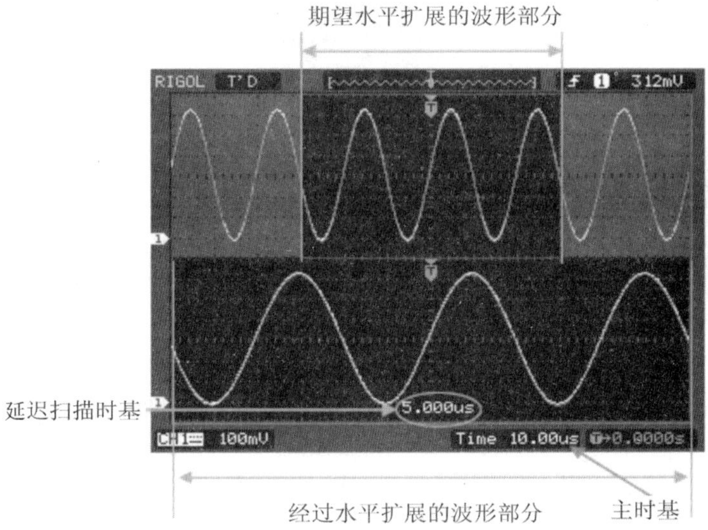

图2.27　延迟扫描示意图

上半部分显示的是原波形，未被半透明灰色覆盖的区域是期望被水平扩展的波形部分。此区域可以通过转动水平POSITION旋钮左右移动，或转动水平SCALE旋钮扩大和减小选择区域。

下半部分是选定的原波形区域经过水平扩展的波形。

值得注意的是，延迟时基相对于主时基提高了分辨率（如图2.27所示）。由于整个下半部分显示的波形对应于上半部分选定的区域，因此转动水平SCALE旋钮减小选择区域可以提高延迟时基，即提高了波形的水平扩展倍数。

在延迟扫描打开的模式下，能同时看到信号的完整周期以及测量者所关心的局部细节。

（五）设置触发系统

触发决定了示波器何时开始采集数据和显示波形。若触发未被正确设定，它将不能稳定地显示实时的波形。

示波器操作面板的触发控制区如图2.28所示。

LEVEL旋钮用于调节触发电平。设定触发点对应的信号电压，按下此旋钮使触发电平立即回零。

50%：将触发电平设定在触发信号幅值的垂直中点。

FORCE：强制产生一触发信号，主要应用于触发方式中的“普通”模式和“单次”模式。

MENU：触发设置菜单键。

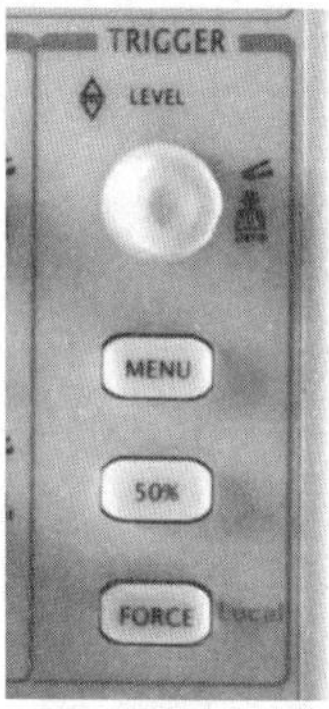

图2.28　触发控制区

普源DS1000系列示波器提供了边沿、脉宽、斜率、视频、交替、码型和持续时间等多种触发方式。其触发菜单MENU设置类似鼎阳示波器触发系统Setup设置，仅有触发释抑设置稍有不同，具体操作如下。

①按下触发MENU菜单按钮，显示触发菜单。

②按“触发设置”对应的菜单操作键，进入触发设置菜单。

③按“触发释抑”对应的菜单按键。

④旋动多功能旋钮（↻）改变释抑时间，直至波形稳定触发。

（六）设置显示系统

如图2.29所示，在MENU控制区的Display为显示系统的功能按键。可以设置实时波形的类型、亮度、网格类型等项目，设置方式与鼎阳示波器类似。

（七）自动测量

如图2.30所示，在MENU控制区的Measure为自动测量功能按键。

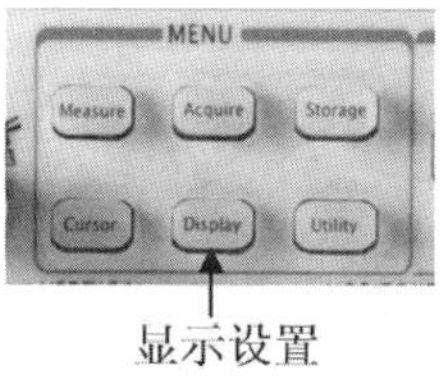

图2.29　显示功能按钮

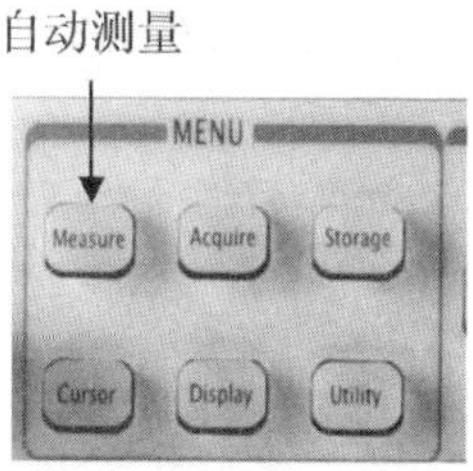

图2.30　自动测量功能按钮

按Measure自动测量功能键，系统显示自动测量操作菜单，见表2.7所列。本示波器具有20种自动测量功能，包括10种电压测量和10种时间测量。

表 2.7　测量功能菜单

功能菜单	设 定	说　明
信源选择	CH1 CH2	选择被测信号的输入通道
电压测量	—	选择测量电压的参数
时间测量	—	选择测量时间的参数
消除测量	—	清除测量结果
全部测量	关闭	关闭全部测量显示
	打开	打开全部测量显示

操作说明：

1. 选择被测信号通道：根据信号输入通道不同，选择CH1或CH2。

按钮操作顺序为：Measure→信源选择→CH1或CH2。

2. 选择参数测量：按菜单键选择测量类型。选择电压测量或时间测量，再旋动多功能旋钮（ ）选择所需测量的参数，当该选项被点亮时，向下旋动多功能旋钮进行确认。

3. 获得测量数值：选择相关的测量参数后，测试结果出现在屏幕下方，若显示的数据为“*****”，表明在当前的设置下，此参数不可测量。

注意：

自动测量的结果显示在屏幕下方，最多可同时显示3个。当显示已满时，新的测量结果会导致原结果左移，从而将原屏幕最左端的结果挤出屏幕之外。

4. 获得全部测量数值：按菜单操作键，设置“全部测量”项状态为打开，18种测量参数值将全部显示在屏幕下方。

注意：

全部测量数值只包括本通道的参数，不包括两个通道的相对值，如延迟时间。

普源DS1000系列示波器能自动测量的主要参数的说明：

➢ 普源DS1000系列示波器能自动测量的电压参数及说明（如图2.31所示）：

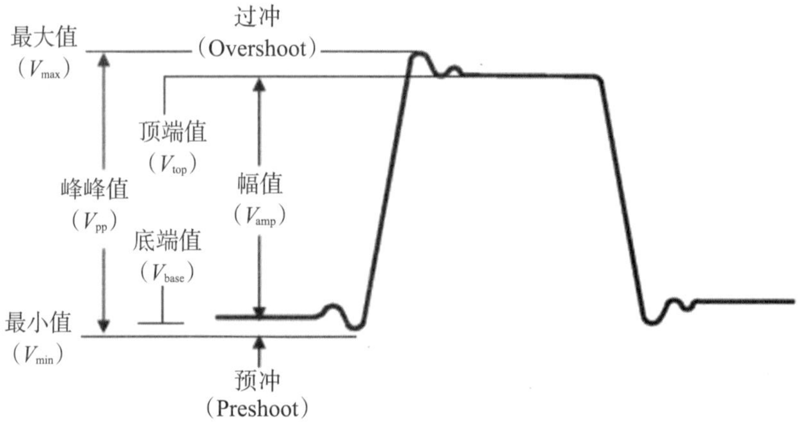

图2.31　电压参数示意图

峰峰值（V_{pp}）：波形最高点波峰至最低点的电压值；
最大值（V_{max}）：波形最高点至GND（地）的电压值；
最小值（V_{min}）：波形最低点至GND（地）的电压值；
幅值（V_{amp}）：波形顶端至底端的电压值；
顶端值（V_{top}）：波形平顶至GND（地）的电压值；
底端值（V_{base}）：波形平底至GND（地）的电压值 ；
过冲（Overshoot）：波形最大值与顶端值之差与幅值的比值；
预冲（Preshoot）：波形最小值与底端值之差与幅值的比值；
平均值（Average）：单位时间内信号的平均幅值；
均方根值（V_{rms}）：有效值。

➢ DS1000系列数字示波器能自动测量的时间参数及说明（如图2.32所示）：
上升时间（RiseTime）：波形幅度从10%上升至90%所经历的时间；
下降时间（FallTime）：波形幅度从90%下降至10%所经历的时间；
正脉宽（+Width）：正脉冲在上升沿50%幅度与下降沿50%幅度点间的脉冲宽度；
负脉宽（–Width）：负脉冲在下降沿50%幅度与上升沿50%幅度点间的脉冲宽度；
延迟1.2↗（Delay1.2↗）：通道1、2相对于上升沿的延时；
延迟1.2↘（Delay1.2↘）：通道1、2相对于下降沿的延时；
正占空比（+Duty）：正脉宽与周期的比值；
负占空比（–Duty）：负脉宽与周期的比值。

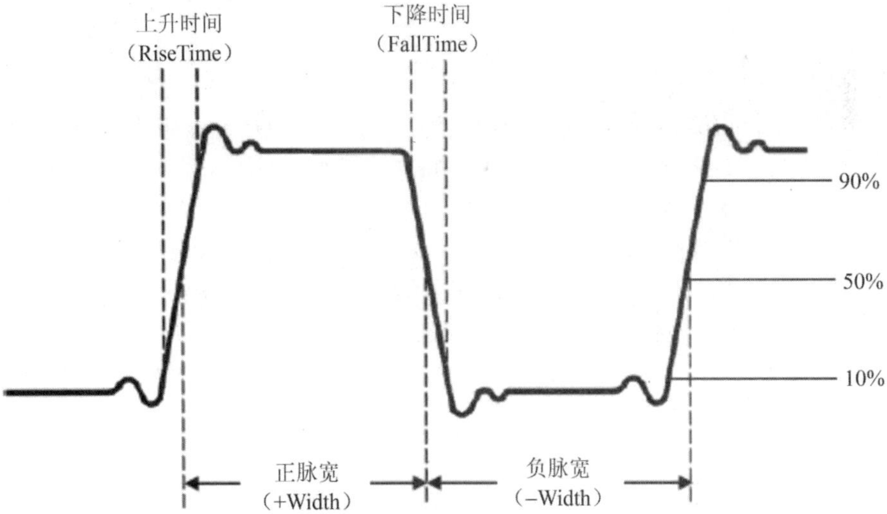

图2.32　时间参数示意图

（八）光标测量

示波器自动测量的参数总是有限的，对自动测量功能不能测试的参数可以通过光标手动测量完成。

如图2.33所示，在MENU控制区的Cursor为光标测量功能按键。

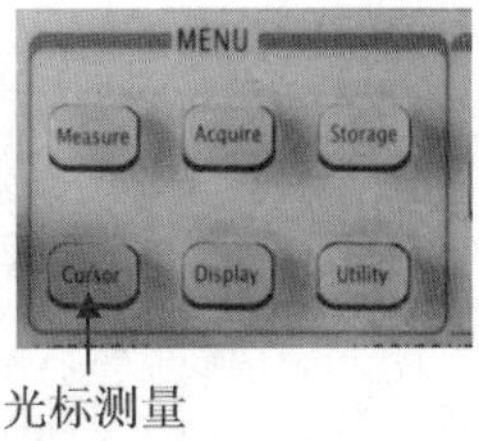

图2.33　光标测量功能按钮

光标测量分为3种模式。

1. 手动方式

X光标或Y光标成对出现，并可手动调整光标所处的位置。当使用光标时，首先将信号源设定成所需要测量的波形。以下介绍光标手动测量模式，见表2.8所列。

表2.8　手动测量菜单

功能菜单	设定	说明
光标模式	手动	手动调整光标间距以测量X或Y参数
光标类型	X	光标显示为垂直线,用来测量水平方向上的参数
	Y	光标显示为水平线,用来测量垂直方向上的参数
信源选择	CH1	选择被测信号的输入通道 （LA只适用于DS1000D系列）
	CH2	
	MATH/FFT	
	LA	

2. 追踪方式

水平光标与垂直光标交叉构成十字光标，共有两个。每个十字光标自动定位在所选中的被测信号波形上，通过旋动多功能旋钮可以调整十字光标在波形上的位置。示波器同时显示光标点的时间和电压值。

3. 自动测量方式

通过此设定，在自动测量模式下，系统会显示对应的电压或时间光标，以揭示测量值的物理意义。系统根据信号的变化，自动调整光标位置，并计算相应的参数值。

操作步骤如下：

（1）选择手动测量模式：按键操作顺序为Cursor→光标模式→手动；

（2）选择被测信号通道：根据被测信号的输入通道不同，选择CH1或CH2，按键操作顺序为：信源选择→CH1、CH2、MATH（FFT）或LA（仅DS1000D系列）；

（3）选择光标类型：根据需要测量的参数分别选择X光标或Y光标，按键操作顺序为光标类型→X或Y；

（4）移动光标以调整光标间的增量；

（5）获得如下测量数值：

光标1位置（时间以水平中心位置为基准，电压以通道接地点为基准）；

光标2位置（时间以水平中心位置为基准，电压以通道接地点为基准）；

光标1、2的水平间距（ΔX）：即光标间的时间值；

光标1、2水平间距的倒数（1/ΔX）；

光标1、2的垂直间距（ΔY）：即光标间的电压值。

以上为普源DS1000系列示波器测试简单波形所涉及的相关功能的简单介绍，如需进一步了解请查阅说明书或相关资料。

2.1.4 应用示例

不同型号数字示波器的具体仪器指标不同，但它们的基本使用方法与基础测试方法都是相似的。下面以前面介绍的两款示波器为例展示一些常见的应用。

例1：测量简单信号。

观测电路中一未知信号，如图2.34所示，迅速显示波形并测量信号的周期和幅度。

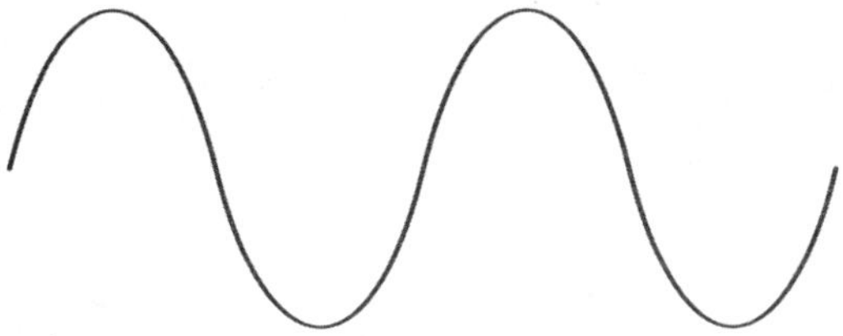

图2.34 例1 待测波形

测试过程如下。

1. 将CH1的探头连接到电路被测点。欲迅速而稳定地显示该信号，请按如下步骤操作。

（1）设定垂直通道

- 在垂直通道菜单中将探头衰减系数与探头上的开关设定一致（例如：探头开关拨至10×挡，则菜单中探头衰减系数选择为10×）。
- 在垂直通道菜单中将输入耦合设置为直流耦合。

（2）按下AUTO按钮

示波器将自动设置使波形显示到屏幕上。

（3）设置触发系统

若在AUTO状态下，波形不一定能稳定显示在屏幕上，此时需要正确设置触发系统才能使波形稳定显示在屏幕上。

- 首先，正确选择触发源。

若使用普源DS1000系列示波器，在面板Trigger框内按下MENU按键，在菜单中将“信源选择”项设置与实际输入的垂直通道一致（在本例中选择为CH1）。

若使用鼎阳SDS1000X系列示波器，在面板Trigger框内按下Setup按键，在菜单中按信源软键将触发源与实际输入的垂直通道设置一致（在本例中选择为CH1）。

- 其次，正确设置触发电平。

调节Level旋钮，保证触发电平在触发源幅度范围内或者按“50%”按键，示波器自动将触发电平设定在触发信号幅值的垂直中点。

（4）正确设置水平扫描时基和垂直灵敏度，以提高测量精度

- 调节水平位移和SCALE旋钮，使波形在屏幕上显示一个完整周期的前提下，

尽量水平展开。

● 调节垂直位移和SCALE旋钮，使波形在屏幕上显示波峰和波谷的前提下，尽量垂直展开。

2. 测量信号的电压和时间参数。示波器可对大多数显示信号进行自动测量。欲测量信号频率和峰峰值，请按如下步骤操作。

（1）若使用普源DS1000系列示波器按如下步骤操作：

● 按Measure按键，显示自动测量菜单；

● 按下“信源选择”右侧对应菜单按键，选择测试信源（在本例中选择为CH1）；

● 按下“电压测量”右侧对应菜单按键，利用多功能旋钮选择“幅值”，当相应项被点亮后向下按多功能旋钮进行确认，测试结果将显示在显示屏左下方，如图2.35所示；

● 按下“时间测量”右侧对应菜单按键，利用多功能旋钮选择“周期”，当相应项被点亮后向下按多功能旋钮进行确认，测试结果将显示在显示屏左下方，如图2.35所示。

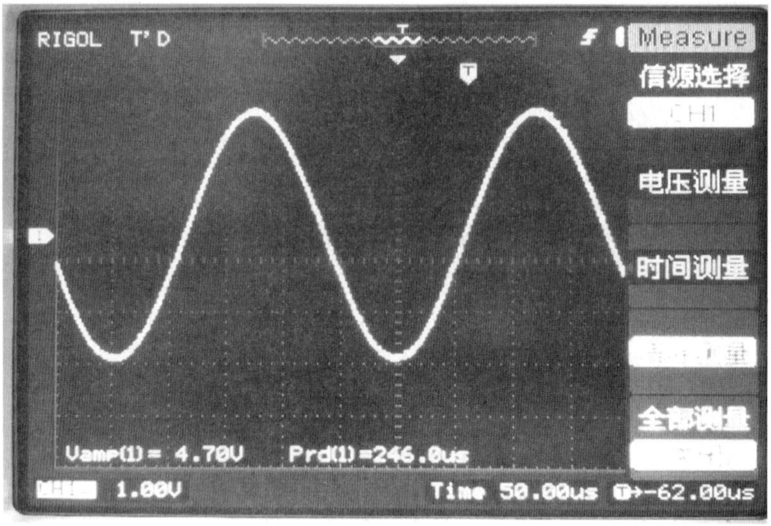

图2.35 普源DS1000系列示波器自动测量

（2）若使用鼎阳SDS1000X系列示波器按如下步骤操作：

● 按Measure按键，显示自动测量菜单；

● 按下信源键，选择测试信源（在本例中选择为CH1）；

● 按下类型键，调节多功能旋钮，分别选中V_{pp}和Freq，按下多功能旋钮进行确认，测试结果显示在菜单上方，如图2.36所示；

对常见参数也可以通过按全部测量键直接读出测量结果，如图2.37所示。

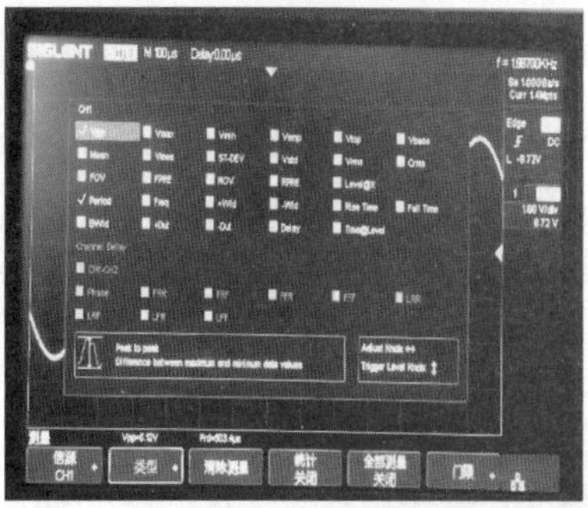

图2.36　鼎阳SDS1000X系列示波器自动测量参数选择

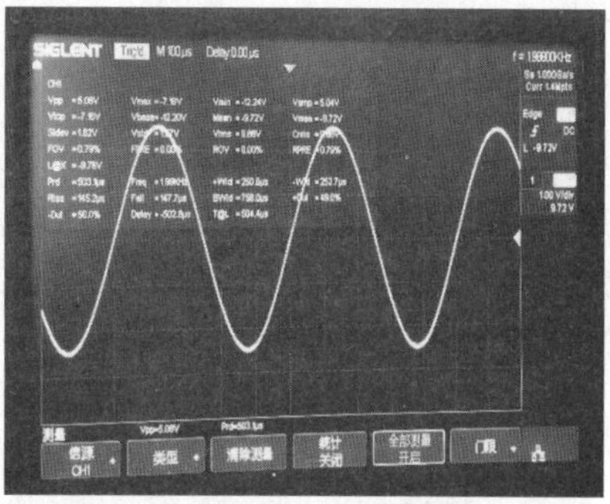

图2.37　鼎阳SDS1000X系列示波器全部测量

例2：双踪测试某分频电路的输入及输出波形，分别测试两波形的频率及高低电平的电压值，如图2.38所示。

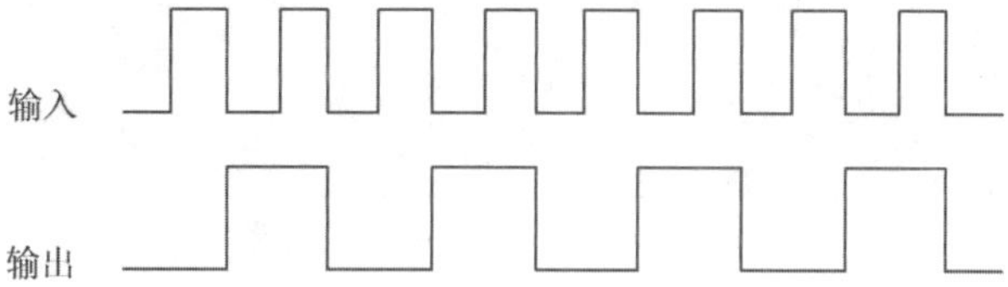

图2.38　例2　待测波形

测试过程如下。

1. 将CH1的探头连接到电路输入端，CH2的探头连接到电路输出端，欲迅速而稳定地显示该信号，请按如下步骤操作。

（1）设定垂直通道

按例1方法对CH1和CH2的探头衰减倍率和输入耦合方式分别进行设置。

（2）按下AUTO按钮

示波器将自动设置使波形显示到屏幕上。

（3）设置触发系统

● 首先，正确选择触发源。

测试两个不同频率的相关信号时应该选用频率较低的一个作为触发源（在本例中选择为CH2），否则两个波形不能同时稳定，如图2.39、图2.40所示。

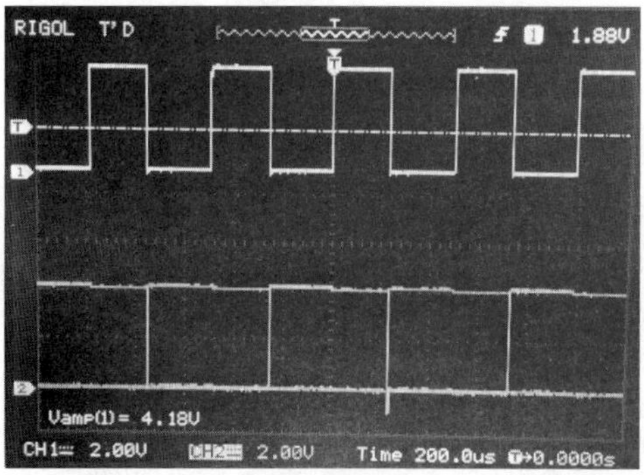

图2.39　触发源设置错误时

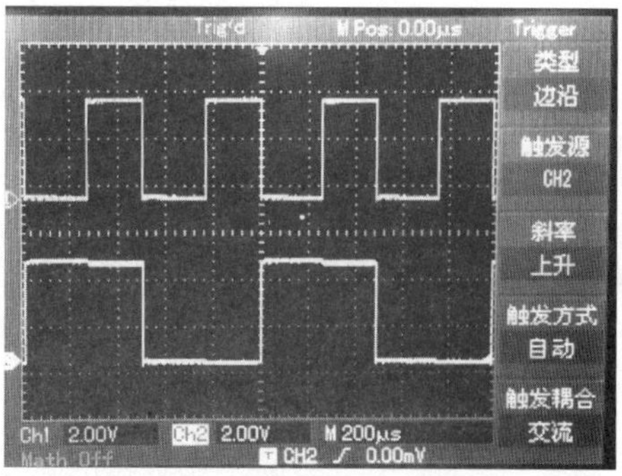

图2.40　触发源设置正确时

● 其次，正确的设置触发电平。

“50%”按键，示波器自动将触发电平设定在触发信号幅值的垂直中点。必须要特别指出的是，如果要正确测量两个相关信号间的时序关系时，触发源不能选择“交替”，否则示波器显示的两者波形时序将很可能出错。这是因为选择“交替”触发时，CH1和CH2两路信号以各自作为触发源，此时示波器不能正确显示两路信号间的对应关系，如图2.41所示。

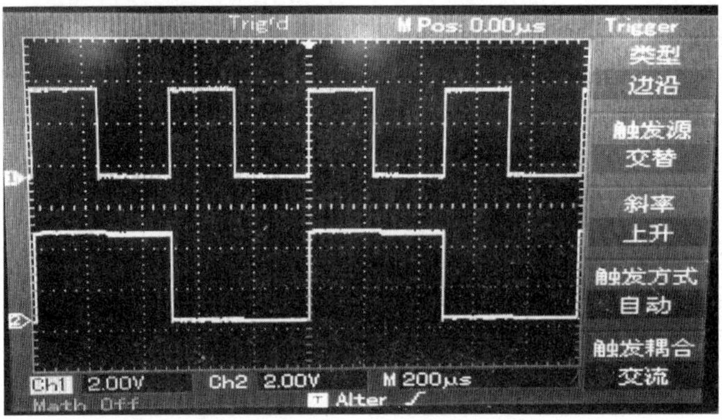

图2.41　触发源错误设置为“交替”时

（4）正确设置水平扫描时基和垂直灵敏度，以提高测量精度。

● 调节水平位移和SCALE旋钮，使波形在屏幕上显示一个完整周期的前提下，尽量水平展开。

● 调节垂直位移和SCALE旋钮，使CH1和CH2波形在屏幕上上下分开显示，不要重叠，在各自半区能显示波峰和波谷的前提下，尽量垂直展开。

2. 测量信号的电压和时间参数

我们可以利用示波器自动测量功能对两个波形的频率及高低电平的电压值进行测量，方法同例1。双踪测试电压值时，因为其测量读数系统只有一个，而垂直通道有两路信号输入，所以要特别注意测试信源的选择。

例3：伪随机序列的测试。

某电路输入、输出如图2.42所示，要求用双踪示波器测试输入、输出波形，并读出每个波形的周期和高低电平的电压值。

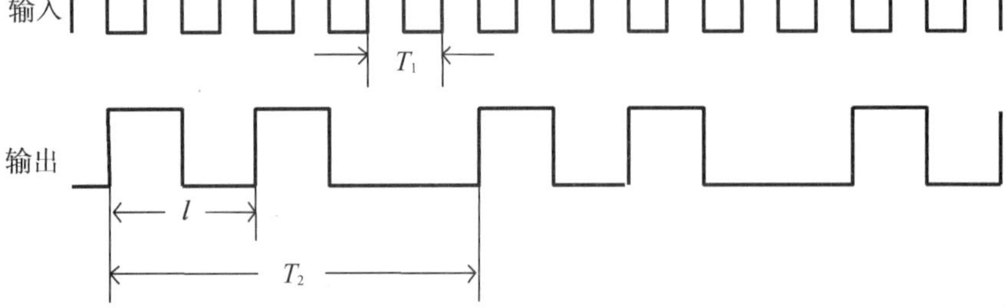

图2.42　例3　待测波形

这组波形的测试难点在于如何将波形稳定显示在示波器屏幕上及如何准确测试复杂信号的周期。

测试过程如下。

1. 将CH1的探头连接到电路输入端，CH2的探头连接到电路输出端，欲迅速而稳定地显示该信号，请按如下步骤操作。

（1）设定垂直通道

按例1方法对CH1和CH2的探头衰减倍率和输入耦合方式分别进行设置。

（2）按下AUTO按钮

示波器将自动设置使波形显示到屏幕上。

（3）设置触发系统

● 首先，正确选择触发源。

从例2可知，本例中对这两个信号的测试应选用CH2作为触发源。

● 其次，正确的设置触发电平。

● 再次，正确设置触发释抑。

大多数示波器，自动运行时一般触发方式默认为边沿触发。对于CH2的信号，由于在它的一个周期内有多个上升沿和下降沿，一个周期内将多次触发示波器。每次触发点不同，造成每次触发所得的波形在屏幕上不能重合，波形不同步，左右跑动。此时应该正确设置触发释抑时间，以保证每个周期一次而且只有一次触发。一般触发释抑时间t应略小于周期T_2，大于1，即$1<t<T_2$。可以设置触发释抑时间t为：$(T_2-T_1)<t<T_2$。

若使用普源DS1000系列示波器按如下步骤操作：

➢ 在面板Trigger框内按下触发MENU按钮，显示触发菜单；

➢ 按“触发设置”对应的菜单操作键，进入触发设置菜单；

➢ 按“触发释抑”对应的菜单按键；

➢ 旋动多功能旋钮（↻）改变释抑时间，直至波形稳定触发。

若使用鼎阳SDS1000X系列示波器按如下步骤操作：

➢ 在面板Trigger框内按下Setup按键，开启触发设置菜单；

➢ 按下释抑关闭软键，打开释抑时间设置，旋动多功能旋钮（↻）改变释抑时间，直至波形稳定触发。

（4）正确设置水平扫描时基和垂直灵敏度，以提高测量精度。

● 调节水平位移和SCALE旋钮，使波形在屏幕上显示一个完整周期的前提下，尽量水平展开。

● 调节垂直位移和SCALE旋钮，使CH1和CH2波形在屏幕上上下分开显示，不要重叠，在各自半区能显示波峰和波谷的前提下，尽量垂直展开。

2. 测量信号的电压和时间参数

对于本例中的输出信号频率只能用手动方式进行测试。这是因为示波器自动测量频率时，是测试波形两个相邻上升沿50%点的时间差，然后求其倒数，将它认为是被测信号的频率。而本例中的输出信号一个周期内不止一个上升沿，那么相邻上升沿50%点的时间差不是它的周期，采用自动测量得到的频率数字是错误的。

若使用普源DS1000系列示波器按如下步骤操作：

➢ 在面板上按Cursors按钮，进入光标测量菜单；

➢ 将“光标模式”选为手动；

➢ 将“光标类型”选为X；

➢ 将“信源选择”设为被测信号输入通道（在本例中选择为CH2）；

➢ 按菜单“CurA”选项对应按键，激活A游标，旋动多功能旋钮（↻）将A光标移至波形的某一上升沿；

➢ 再次按“CurA”选项对应按键，取消激活。按菜单“CurB”选项对应按键，激活B光标，旋动多功能旋钮（↻）将B光标移至波形的下一周期同一上升沿处；

➢ 屏幕上ΔX读数为被测信号周期值，1/ΔX读数为被测信号频率值，如图2.43所示。

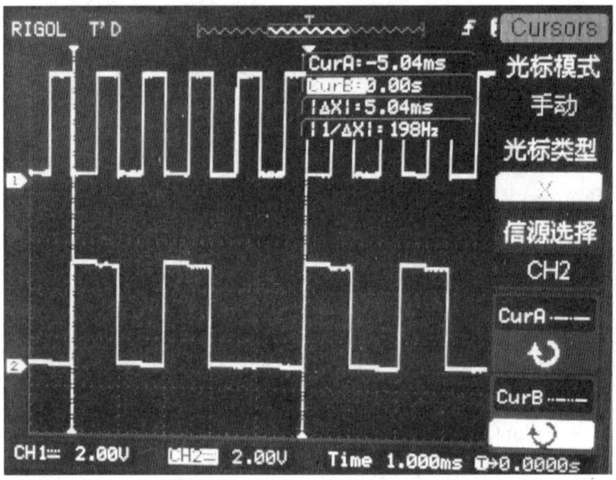

图2.43　普源DS1000系列示波器光标测量

若使用鼎阳SDS1000X系列示波器按如下步骤操作：

➢ 在面板上按Cursors按钮，进入光标测量菜单；

➢ 将“光标模式”选为手动；

➢ 将“光标类型”选为X或X-Y；

➢ 将“信源选择”设为被测信号输入通道（在本例中选择为CH2）；

➢ 按菜单第二个按键，选择X1选项，激活X1游标，旋动多功能旋钮（↻）将X1光标移至波形的某一上升沿；

➢ 按菜单第二个按键，选择X2选项，激活X2游标，旋动多功能旋钮（↻）将X2光标移至波形的下一周期同一上升沿处；

➢ 屏幕上ΔT读数为被测信号周期值，1/ΔT读数为被测信号频率值，如图2.44所示。

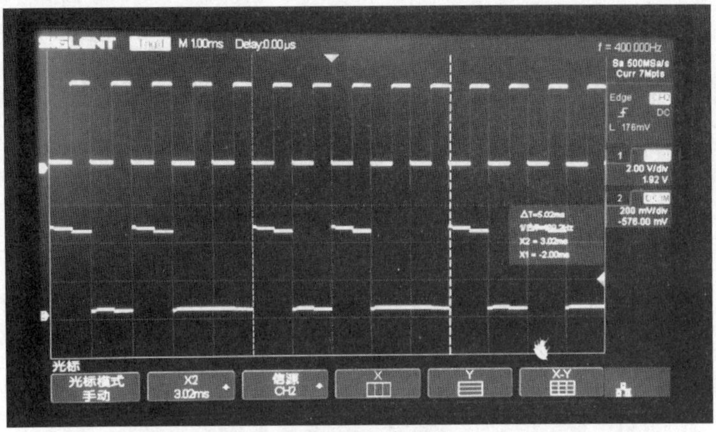

图2.44　鼎阳SDS1000X系列示波器光标测量

其余参数测量采用自动测量或光标测量均可。

2.2　EE1661型函数/任意波形发生器

一、概述

EE1661型函数/任意波形发生器采用直接数字合成（DDS）技术，可生成精确、稳定、纯净、低失真的输出信号。

二、面板介绍

EE1661型函数/任意波形发生器的前面板如图2.45所示。

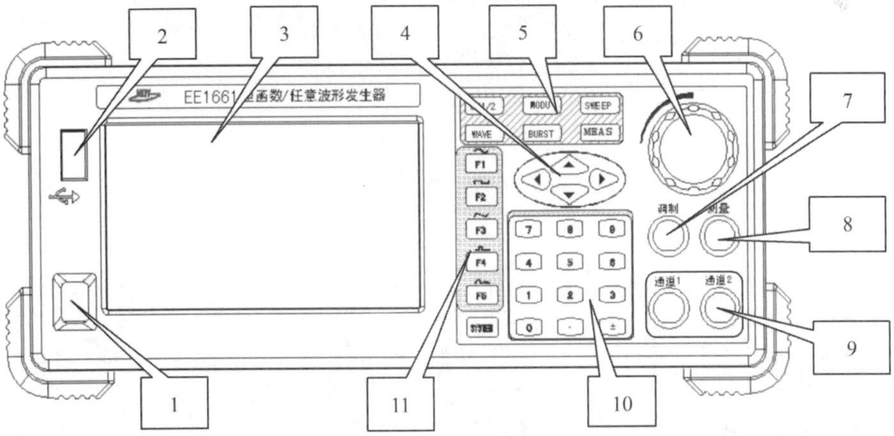

1—电源开关；　　2—USB Host接口(U盘)；
3—显示屏；　　4—方向键；
5—功能按键,包括通道、波形、调制、突发、扫描、测量6个按键；
6—手动调节旋钮；　　7—调制输入接头；
8—测量输入接头；　　9—通道1/通道2输出接头；
10—数字键盘；　　11—与操作菜单对应的功能按键及波形按键(F1～F5)。

图2.45　EE1661型函数/任意波形发生器的前面板

三、应用举例

此处只简单介绍符合5 V电源下CMOS及TTL电路要求的连续脉冲信号输出。

例1：给某5 V电源下的数字电路输入一个频率为2 kHz的连续脉冲信号。

（1）选择正确的输出端口

开机时默认输出正弦波，界面如图2.46所示。两个输出通道参数同时显示在屏幕上，当前选中的通道数据多一层蓝色外边框，“通道X”衬有紫色底色，如图2.46中左侧的通道1。如果此时是从面板上“通道2”端口输出信号，则需要通过功能按键处的“通道”按键进入通道设置菜单，根据屏幕右侧菜单指示选择旁边的F1～F5按键，将当前输出通道的数据激活。

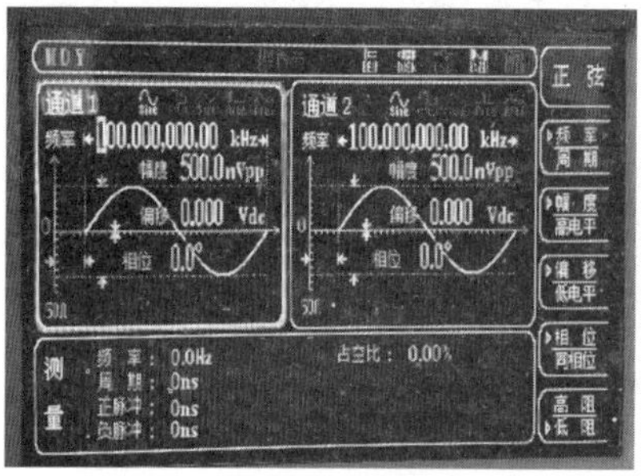

图2.46　开机界面

微课8　函数发生器的使用

（2）选择不同负载阻抗时对应的参数显示方式

信号源有一定的内阻，在指定显示方式下，当输出负载阻抗与定标值不同时，在设置条件不变的前提下，信号源显示的幅度和负载实际接收的幅度可能不一致，应该以实际测试值为准。若空载用示波器直接测量信号源输出时，可以在开机界面按“F5”键，将负载阻抗设置为“高阻”，此时信号源显示输出幅度与示波器接收的幅度一致。

（3）波形设置

按面板上功能按键处的“波形”按键进入波形设置菜单，如图2.47所示。按“F4”键选择脉冲波形，进入如图2.48所示的参数设置界面。

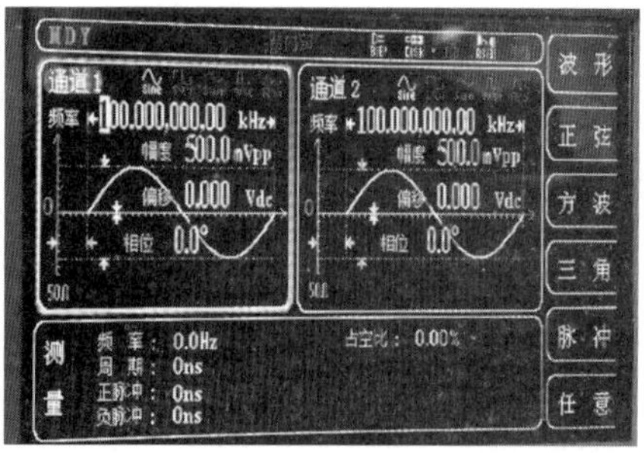

图2.47　波形选择界面

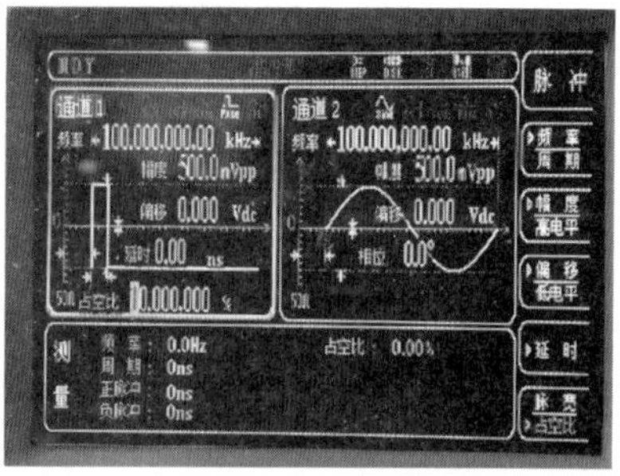

图2.48　脉冲波形参数设置界面

（4）频率设置

在图2.48界面下，按“F1”键进入频率设置状态。此时可以通过数字键输入数字，再按“F1～F5”中的某一按键选择对应的单位；旋转手动旋钮可以连续改变点亮的数字。根据要求按数字键“2”，再观察屏幕右侧菜单，按F1～F5中对应“kHz”的按键。

（5）幅度设置

在图2.48界面下，按“F2”键进入幅度设置状态，幅度设置方法与频率设置类似。因为要满足5 V电源下的数字电路要求，此处设置幅度为4.8V_{pp}，分别按数字键“4”“.”“8”，再观察屏幕右侧菜单，按“F1～F5”中对应“V_{pp}”的按键。

（6）偏移设置

在图2.48界面下，按“F3”键进入偏移设置状态，设置方法与频率设置类似。因为要满足5 V电源下的数字电路高低电平要求，幅度已经设置为4.8 V_{pp}，所以偏移值设为2.4 V，分别按数字键“2”“.”“4”，再观察屏幕右侧菜单，按“F1～F5”中对应“V_{dc}”的按键；也可以连续按两次“F3”按键，直接将低电平设置为0 V。

2.3　EEC-2型电子电路实验箱

EEC-2型电子电路实验箱由电源、逻辑开关、七段译码显示器、五状态逻辑测试笔、电平显示器、时钟电路、时序发生器和脉冲信号源、电阻、电容、电位器组和实验面包板各部分组成。

一、电子电路实验箱外观

EEC-2型电子电路实验箱面板如图2.49所示。

图2.49　EEC-2型电子电路实验箱面板图

二、各组成部分详细说明

1. 直流稳压电源

电子电路实验箱提供了3.3 V、5 V、12 V，以及1.25～12.5 V可调的直流稳压电源。其中，3.3 V和5 V直接输出，12 V和可调直流稳压电源各有一个开关控制输出。

2. 集成芯片插座实验板

多块可替换集成芯片插座实验板是由IC插座和锁紧式插座组成。实验板上备有

14P、16P、8P等各种规格的IC插座，可根据需要替换不同类型的插座板。每个插座的引脚都与锁紧式插座对应连接，锁紧式插座上标的数字与电路的脚位相同。

在实验连线时，将锁紧式插头插入锁紧式插座后顺时针方向旋转30°左右，就很牢固；拔出插头时，需向逆时针方向旋转30°左右就很容易拔出。

3. 16个逻辑开关

开关向上输出为逻辑“1”，向下输出为逻辑“0”，实验中可根据需要设置数据或控制信号。与插座相连的小插孔便于与实验面包板连接。

4. 16个电平显示电路

当插座接高电平时，发光管亮；接低电平或没接信号时，发光管无显示。实验中用于显示数据、地址或高低电平，与插座相连的小插孔便于与实验面包板连接。

5. 4位7段译码显示电路

8421码——七段码译码器CD4511安装在逻辑箱的内部，数码管安装在实验仪的上部。8421码二进制电平信号在对应的各插座输入（DCBA）端，输入二进制码后，显示器即显示“0”～“9”的数字。当输入8421码为无效码时，显示器不显示。

6. 数字电压表

本仪器提供一个简单的数字电压表，用于定量测试直流信号电压值。

7. 脉冲源

脉冲源包括单脉冲和连续脉冲。

单脉冲由一个按键控制输出，按键按下时输出为高电平，放开时输出为低电平。

本仪器提供三种固定频率脉冲源和一个频率可调脉冲源，三种固定频率脉冲源输出频率分别为1 Hz、10 kHz、100 kHz。频率可调脉冲源可通过调节电位器选择频率。

8. 通断测试

仪器上设有通断测试孔，可以方便快速地测试连线的通断。

9. 电位器

面板上配有两个独立的（W1-10K和W2-100K）电位器，它们是未与其他线路连接的独立元件，每个电位器的三个引出端已连接到与电位器符号对应的锁紧插座上。

10. 简单的可变芯片源

通过四个拨码开关，按照对应的编码拨动开关，可以实现相应的数字逻辑中常见的中小规模集成芯片的功能。

11. 测试转接口

电子电路实验箱面板两侧各有多组不同规格的转接测试插座、测试针，便于连接示波器、函数发生器、实验面包板等实验仪器。

微课9　电子电路实验箱的使用

第3章 常用软件平台简介

3.1 Multisim 12.0软件应用简介

Multisim 12.0是美国国家仪器有限公司推出的以Windows为基础的仿真工具，Multisim 12.0是目前该软件的最高版本，软件包含了电路原理图的图形输入、电路硬件描述语言输入方式、电路分析、电路仿真、仿真仪器测试、射频分析、单片机分析、PCB布局布线、基本计算机辅助机械设计等应用。本节以Multisim12.0 教育版为例进行介绍。

Multisim12.0具有以下典型特色：

（1）直观的图形界面；

（2）丰富的元器件；

（3）强大的仿真能力；

（4）丰富的测试仪器；

（5）完备的分析手段；

（6）独特的射频（RF）模块；

（7）强大的MCU模块；

（8）完善的后处理；

（9）详细的报告；

（10）兼容性好的信息转换。

3.1.1 Multisim 12.0简介

一、Multisim 12.0的界面

Multisim 12.0窗口界面中主要包含了以下几个部分：菜单栏、工具栏、元件库、仪表工具栏、电路窗口、状态栏和项目栏。

1. 菜单栏如图3.1所示，包括了12个菜单项。

图3.1　菜单栏

File：主要用于管理所创建的电路文件，包括打开、新建、存储、打印和调用文件等基本文件操作命令。

Edit：包括剪切、复制、粘贴、位置变化、转向、回退等基本的编辑操作命令。

View：包括添加去除工具条、元件库栏，在界面窗口中显示网格，放大、缩小视图尺寸，以及设置各种显示元素等调整窗口视图的命令。

Place：可通过此菜单中的相应命令在窗口中放置节点、元件、总线等对象。

MCU：提供在窗口内的MCU的调试操作命令。

Simulate：用于仿真的设计与操作，如运行、暂停、仪表、分析等。

Transfer：可将所搭电路及分析结果传输给其他程序。

Tools：提供了20个元件、电路编辑和管理命令，用于编辑和管理元件库或元件。

Reports：产生当前电路的各种报告，如元件清单、电路图的统计报告、电路图中未使用的剩余门电路报告等。

Options：提供了7个有关电路界面和电路某些功能的设定命令，如全部参数设置、工作台面设置等。

Window：提供了窗口操作命令，包括新建窗口、窗口层叠、调整窗口尺寸等。

Help：为用户提供了在线技术帮助和使用指导命令。

2. 工具栏如图3.2所示，通过工具栏用户可以方便地使用软件的各项功能。例如寻找相关设计实例、显示3D电路板、创建元件编辑器、电器规则校验等。

图3.2　工具栏

3. 元件库如图3.3所示。

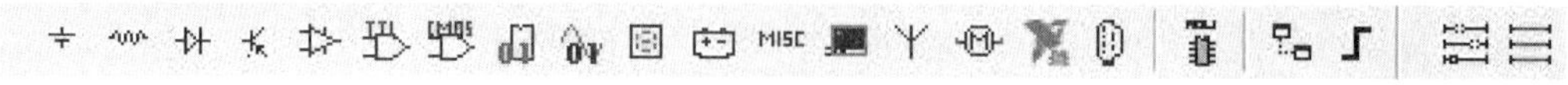

图3.3　元件库

元件库图标从左至右依次如下。

（1）电源/信号源库：包含接地端、直流电压源（电池）、正弦交流电压源、方波（时钟）电压源、压控方波电压源等多种电源与信号源。

（2）基本器件库：包含电阻、电容等多种元件。基本器件库中的虚拟元器件的参数是可以任意设置的，非虚拟元器件的参数是固定的，但是可以选择的。

（3）二极管库：包含二极管、可控硅等多种器件。

（4）晶体管库：包含晶体管、FET等多种器件。

（5）模拟集成电路库：包含多种运算放大器。

（6）TTL数字集成电路库：包含74××系列和74LS××系列等74系列数字电路器件。

（7）CMOS数字集成电路库：包含40××系列和74HC××系列多种CMOS数字集成电路系列器件。

（8）其他数字器件库：包含DSP、FPGA、CPLD、VHDL等多种器件。

（9）数模混合集成电路库：包含ADC/DAC、555定时器等多种数模混合集成电路器件。

（10）指示器件库：包含电压表、电流表、七段数码管等多种器件。

（11）功率组件库：电源器件库包含三端稳压器、PWM控制器等多种功率器件。

（12）其他数字集成电路器件库：包含晶体、滤波器等多种器件。

（13）外围设备库：包括液晶显示器、键盘等。

（14）射频部件库：包含射频晶体管、射频FET、微带线等多种射频元器件。

（15）机电类元件库：包含开关、继电器等多种机电类器件。

（16）NI元件库：包含NI的多种常用器件。

（17）连接元件库：包含各种电路中的连接元件。

（18）微处理器库：包含8051、PIC等多种微控制器。

（19）放置分层模块。

（20）放置总线。

（21）放置梯形图示。

（22）放置阶梯连接。

4. 仪表工具栏如图3.4所示。通常仪表工具栏位于电路窗口的右边，选用仪器以图标方式存在，可以将选用的仪器拖放到电路窗口内，然后可以通过双击仪器图标设置仪器参数。仪器仪表库中共提供了多种虚拟仪器。

图3.4　仪表工具栏

在图3.4中由左至右分别是：数字多用表、函数信号发生器、瓦特表、双踪示波器、4通道示波器、波特图仪、频率计数器、字信号发生器、逻辑分析仪、逻辑转换仪、IV特性分析仪、失真度分析仪、频谱分析仪、网络分析仪、安捷伦（现是德科技）函数信号发生器、安捷伦万用表、安捷伦示波器、泰克示波器、实时测量探针、Labview虚拟仪器、NI教学实验室仪器以及电流探针。

5. 电路窗口位于中间区域，用于构建被仿真的电路系统。

6. 状态栏位于电路窗口下方，主要用于显示当前的操作以及鼠标所指的相关信息。

7. 项目栏位于电路窗口左侧，可以将相关电路分层管理。

二、建立电路文件

1. Multisim 12.0中创建新文件

运行Multisim 12.0，它会自动打开一个空白的电路文件。单击界面中的“”按钮，也可以新建一个空白的电路文件。创建电路之前，一般先通过运行基本界面上的Options菜单中的Preference项对用户界面进行定制，可以设置窗口图纸格式、图纸大小、元件颜色、电路导线宽度等多项内容。定制好用户界面后，就可以创建一个具体的电路了。在File-Save中将新文件命名为Amp1并选择合适的路径存储，则在界面的最上方会出现Amp1的文件名。

2. Multisim 12.0中元器件调用、编辑与新建

Multisim 12.0元器件库中具有种类丰富的元器件。即使在仿真时缺少所需元件，

也可以在现有元件模型上通过元件编辑工具进行修改或重建，当然也有些元器件库中的元件是不能被编辑的，只能修改参数。

选取电阻、电容等基本元件，选择电源、地以及需要的仿真仪器。按照前面讲述的方法将所需元件等放置到电路窗口内，双击元件图标可对元件参数进行设置。

当选择某个元件库中的元件时，对话框左上角有三种元件数据库，如图3.5所示。Master Database：用来存放Multisim 12.0为用户提供的大量元件模型。Corporate Database：用于多人开发项目时建立共有的元件库。User Database：用于存放用户自行开发或修改的元件模型。

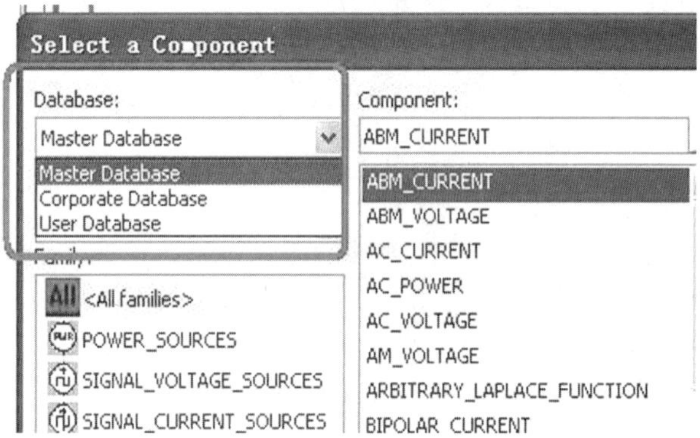

图3.5　三种元件数据库

如需创建一个仿真元件，进入元件创建向导对话框，共有八个内容需要设置，包括元件名称、类型、外形、符号信息、定义引脚、元件模型等。创建好的元件可在原理图中进行调用。

可以在Multisim 12.0中编辑已存在于元件库中的仿真元件。首先选择需被编辑的元件到原理图，点击鼠标右键后选择properties，如图3.6所示，即可编辑相关的一些参数。

调用已在数据库中的元器件时，可以很方便地进行复制、粘贴和多次使用。

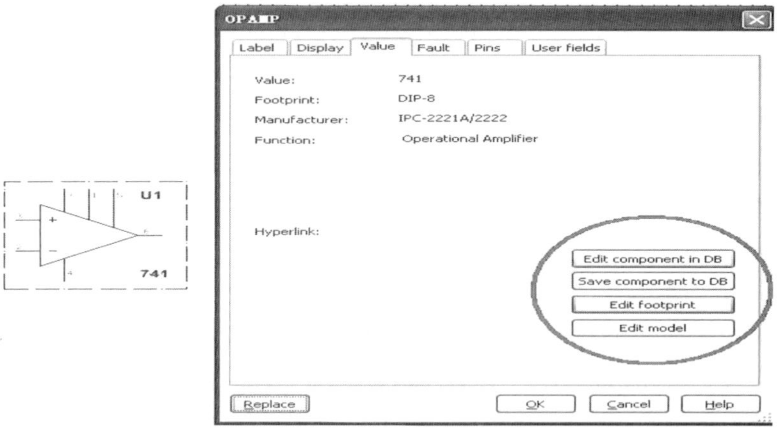

图3.6　编辑已有元件

3. Multisim 12.0中的连线操作

在Multisim 12.0中连线很方便，将所需元件选出，并摆放在原理图窗口中后，若需在元件之间连线，将鼠标指针移至接近元件引脚一端，指针会自动变为“+”字，点击鼠标左键并拖动所需连接的元件引脚，当再次出现“+”字指示后，再按一次鼠标左键即可连好一根连线了。如果将元件与已有线路的中间点连线，则如上所述从元件引脚拖动鼠标至所需连接位置后再次点击鼠标左键，可自动连线并生成一个连接点。在Multisim 12.0中的两条线十字交叉时并不相连，当一条线终止于另一条线上时会自动产生节点。连线的轨迹、颜色、节点均可以进行修改。

三、Multisim 12.0中常用虚拟仿真仪器的使用

在需选择的仪器上单击鼠标左键，仪器即可跟随鼠标移动，在电路窗口中选择好放置位置后再点击鼠标左键，即可将仪器放置在指定位置。用鼠标左键双击仪器图标，即可打开仪器的控制面板，并进行必要的设置。每种仪器的设置方法与使用方法都不同，大致分为参数设置与调整、电路与仪器连接两方面。在菜单中选择“▷”键，即可开始仿真，测量仪器就会显示仿真测量的结果。

若要保存仪器仿真数据，单击菜单命令Options-Global Preferences打开Save页，选择保存仪器仿真数据即可。

如图3.7所示，设计人员可以进行基于瞬态分析修改仪器的设置项数据，包括瞬态分析的起始时间、终止时间、系统操作的最大时间步长等，按确认后将会在下一次仿真运行时生效。注意：电路有时会因为设置了不同的时间步长而造成仿真出错，这时就需要对仪器的设置进行调整。

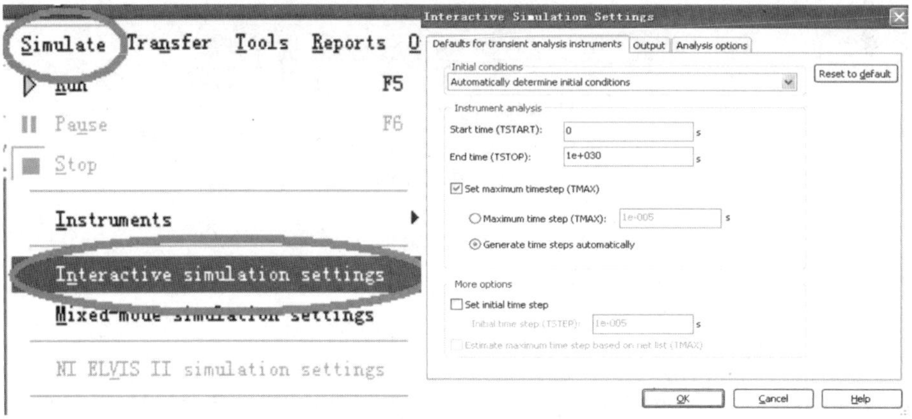

图3.7　更改瞬态分析时的仪器设置

1. 模拟电路和电路分析中的常用仪器

模拟电路和电路分析中常用到数字万用表、函数发生器和示波器。3种仪器的图标及面板分别如图3.8、图3.9、图3.10所示。

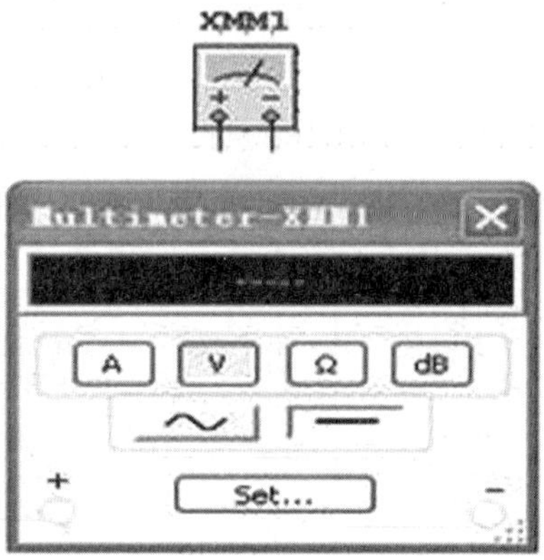

图3.8　万用表图标与面板

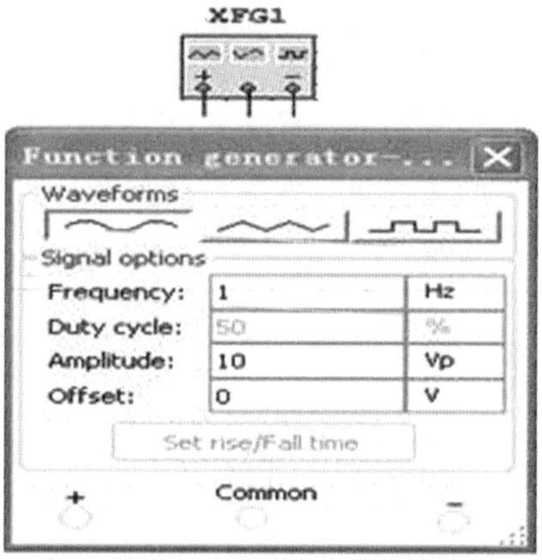

图3.9　函数发生器图标与面板

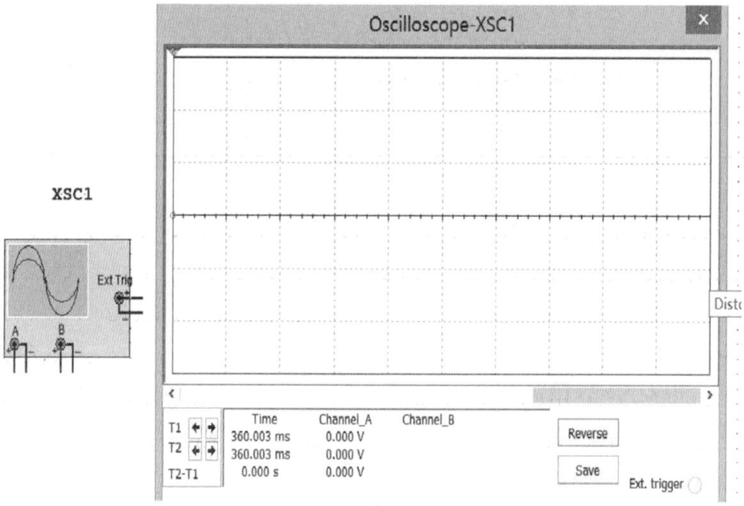

图3.10　示波器的图标与面板

使用时，除了注意相应参数的设置外，还应注意仪器端口的连接方法。例如，函数发生器有“+”“common”“-”三个输出端子，与外电路相连接时。连接“+”和“common”端子输出正极性信号，连接“common”和“-”端子输出负极性信号，同时连接“+”“common”和“-”端子，且将“common”与公共地相接，则可输出两个幅值相等、极性相反的信号。又如，示波器中的“A”和“B”两个通道接被测点，接地端应接地，但如果电路中已有接地符号时示波器也可不接地。

2. 数字电路中的常用仪器

数字电路中的常用仪器有字信号发生器、逻辑分析仪和逻辑转换仪。

（1）字信号发生器的图标和面板如图3.11所示，可以产生32路位同步的逻辑信号，也称为“数字逻辑信号源”。它的面板右侧为可写入、可编辑的十六进制数，可以在Set选项中选择字信号的编码方式。图3.12中是选择了右移方式编码的数据。

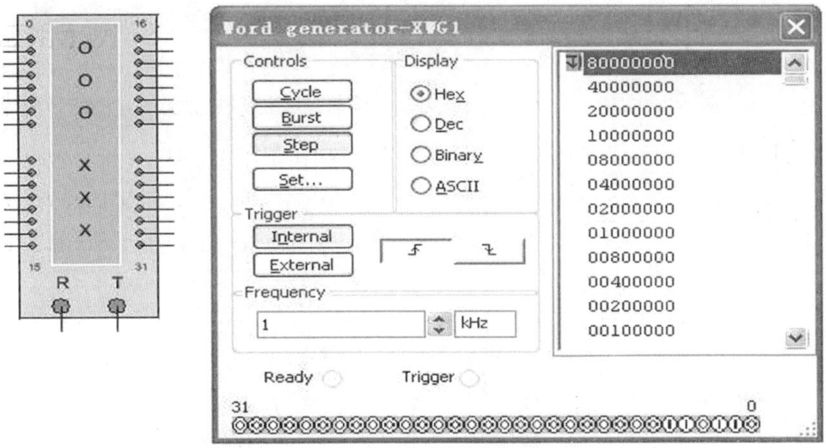

图3.11 字信号发生器的图标与面板

（2）逻辑分析仪可以同时记录和显示16路逻辑信号，用于对数字逻辑信号的采集与分析。图3.12是逻辑分析仪与字信号发生器相连时的测试图片，图中可见逻辑分析仪的图标及面板，面板上显示的是字信号发生器8路输出信号的逻辑状态。

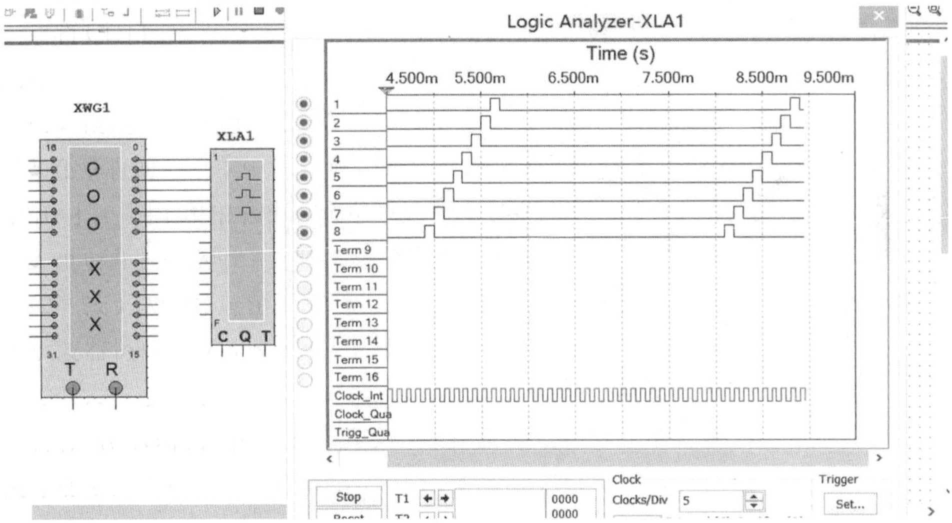

图3.12 逻辑分析仪的应用

（3）逻辑转换仪可以将逻辑电路与真值表、逻辑表达式、与非门逻辑电路之间进行转换，是现实仪器中没有的。

图3.13是设置了真值表后逻辑转换仪转换的各个结果演示。图中可见逻辑转换仪的符号及面板，面板中可见B和C为输入变量，最下方是将真值表转换成的逻辑表达式，图3.13左下角是将真值表转换成了两种不同的逻辑电路。

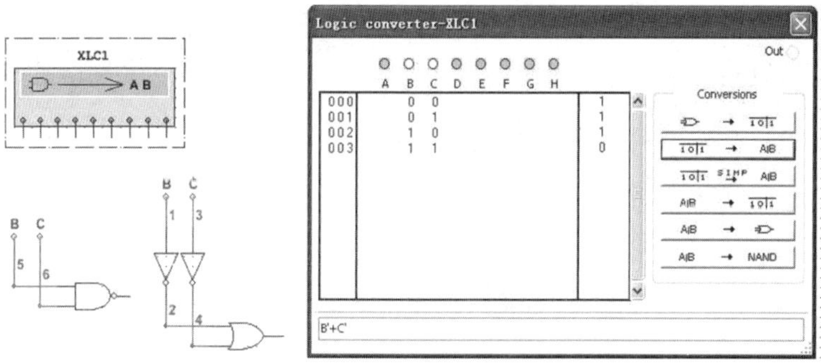

图3.13　逻辑转换仪的应用

四、Multisim 12.0中的仿真分析方法

Multisim 12.0中提供了多种仿真分析方法，如图3.14所示。

应用Multisim 12.0时，在Simulate选项下弹出分析方法的菜单项后，由上至下依次为直流工作点分析、交流分析、单一频率交流分析、瞬态分析、傅里叶分析、噪声分析、噪声系数分析、失真分析、直流扫描分析、灵敏度分析、参数扫描分析、温度扫描分析、零-极点分析、传递函数分析、最坏情况分析、蒙特卡罗分析、线宽分析、批处理分析、自定义分析。

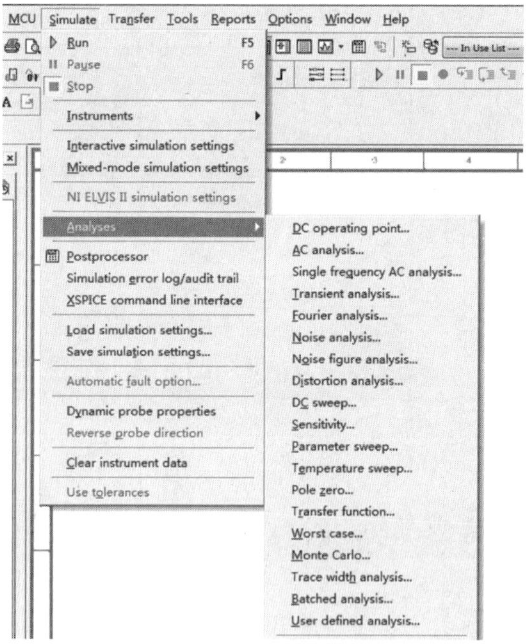

图3.14　Multisim12.0中的仿真分析菜单

这里以直流分析为例展示Multisim 12.0的分析功能。

如图3.15所示为对简单晶体放大器电路进行直流分析结果的演示，可以看到各电路节点的静态直流电压，如节点2、4和5的直流工作点电压分别为2.98 V、8.86 V和2.36 V；以及流过元件的静态工作电流，如流过R_3的直流电流约为1 mA。

交流分析可以对电路进行交流频响分析，获得幅频特性及相频特性。还可以对电路进行频谱分析、失真度分析等。

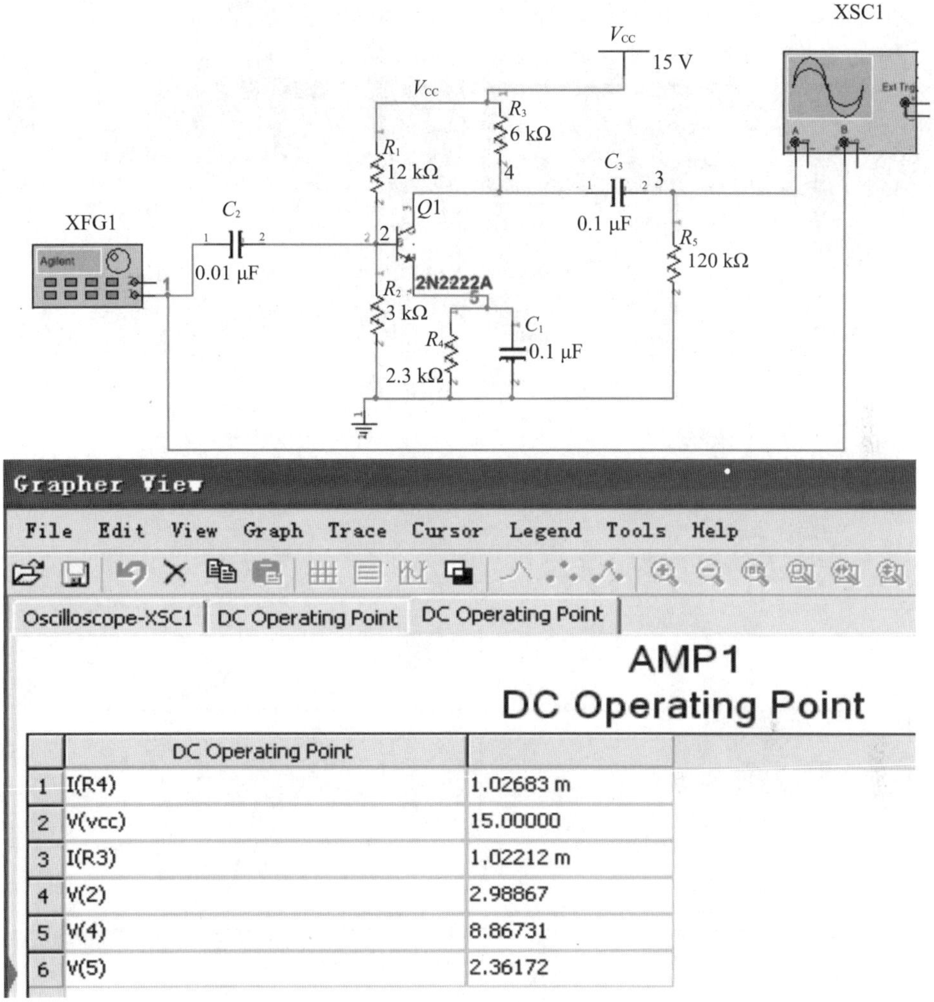

	DC Operating Point	
1	I(R4)	1.02683 m
2	V(vcc)	15.00000
3	I(R3)	1.02212 m
4	V(2)	2.98867
5	V(4)	8.86731
6	V(5)	2.36172

图3.15　电路图及直流工作点分析

五、仿真的运行与停止

在图3.16电路中设置仿真信号源的输入信号参数。本例中使用安捷伦函数发生器，双击图标打开仪器界面可以看到其界面与真实仪器一致，但仪器处于关闭状态。用鼠标点击电源按键使函数发生器通电，此时仪器处于工作状态。按“Freq”按键函数发生器显示当前输出信号频率，调节右侧旋钮设置频率为100 kHz；按“Ampl”按键函数发生器显示当前输出信号电压值，调节右侧旋钮设置峰峰值为100 mV的正弦波。

单击元器件栏右侧的“ ▷ ”运行仿真快捷按钮，则开始电路仿真，仿真结果如图3.17所示。由图可见双踪示波器分别观测输入和输出信号，所测波形展示在示波器上。

在图3.17示波器的测试界面中，显示屏下方窗口中显示数据Time、Channel_A、Channel_B，其中第一行数据分别为测试光标T_1（此例为显示屏中左侧的垂线）相对水平零点的时间值，T_1与A、B通道波形相交点的电压值；第二行数据分别为测试光标T_2（此例为显示屏中右侧的垂线）相对水平零点的时间值，T_2与A、B通道波形相交点的电压值；第三行数据分别为T_1、T_2两根光标以上参数之差。

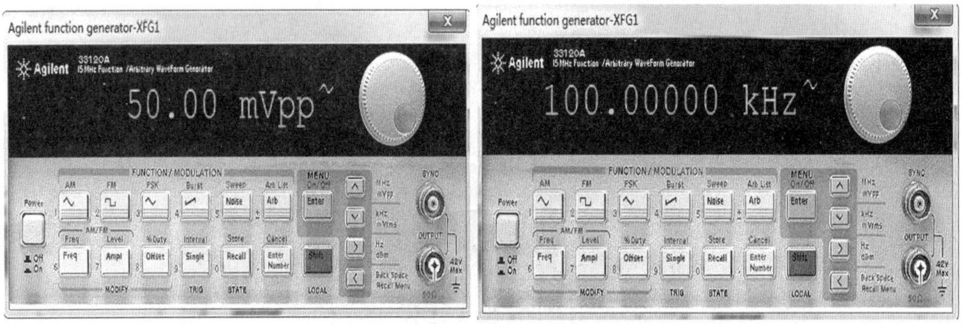

图3.16　安捷伦函数发生器的设置

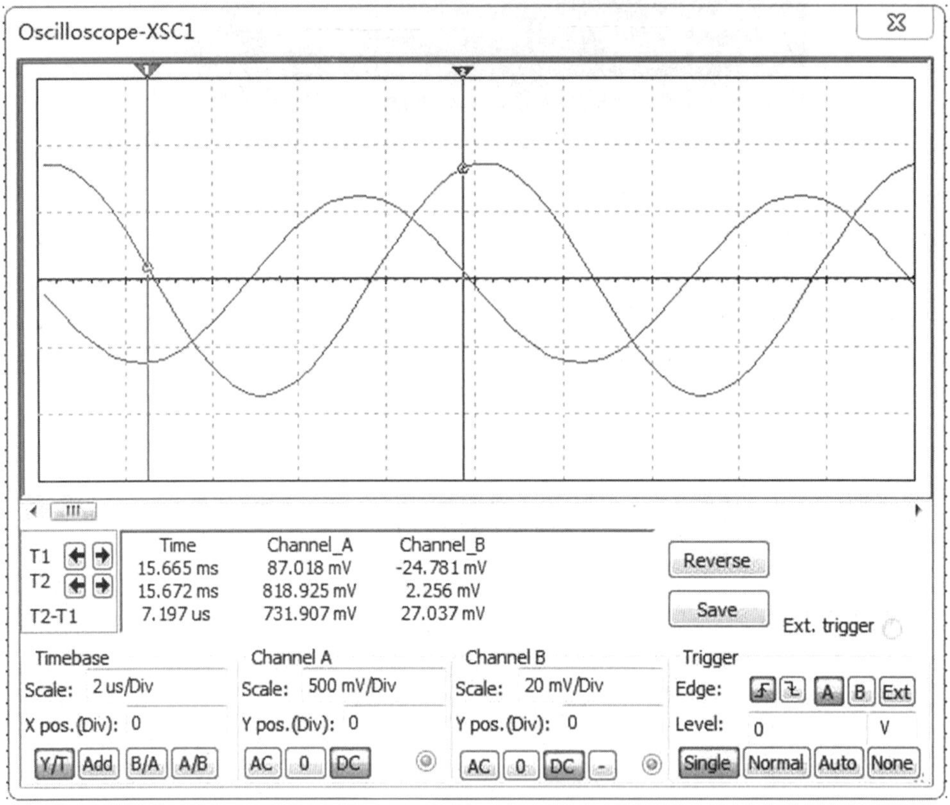

图3.17　示波器上的仿真结果

点击“▷”运行仿真快捷按钮旁边的“■”按钮可以停止本次仿真。在仿真期间可以调节测量仪器的设置（如示波器水平时基、垂直偏转等），改变可调元器件的参数（如电位器），但是不能对电路结构进行调整，只有在仿真终止时才能改变电路结构。在仿真期间可以调节信号源的设置，但是也只有在重新运行仿真后才能观察其变化。

同样还可以用其他仪器和分析方法对电路进行仿真。由此可见，Multisim 12.0是一款适用于电子电路设计、方便易学的仿真软件。

3.1.2 Multisim 12.0仿真实验

1. 实验一

实验任务：测试一个2输入异或门的逻辑功能。

提示：使用字信号发生器作为输入信号，通过逻辑分析仪或逻辑转换仪观测输出与输入的关系。

2. 实验二

实验任务：用芯片NE555产生频率为10 Hz的方波。

提示：设计多谐振荡器电路，使用数字示波器和频率计对输出进行仿真测试。

3. 实验三

实验任务：测试显示译码器功能。

提示：使用四个开关控制二进制数输入，利用数码管或逻辑分析仪显示输出结果。

4. 实验四

实验任务：设计一个100 mW的低频功率放大器，输出阻抗为50 Ω，输入信号为2 kHz、50 mV的正弦波。

提示：设计互补对称的功率放大器电路，合理设计直流通路与交流通路，输出用双踪示波器观测。

5. 实验五

实验任务：设计六十进制计数器电路，并用数码管显示输出计数结果。

提示：使用时钟信号源作为输入，选择合适的计数器进行级联。

6. 实验六

实验任务：利用移位寄存器设计流水灯电路，可以轮流点亮LED灯。

提示：移位寄存器设计成环形计数器，输出采用仿真LED观测结果。

3.2 FPGA设计软件Vivado2017.4简介

3.2.1 实验预习

节导语

本节是为FPGA初学者提供熟悉Vivado2017.4的安装及初步使用准备的。观看教学录像，学习Vivado2017.4的安装方法，并了解其基本界面。

3.2.2 Vivado2017.4的安装

1. 下载软件及许可证。安装路径不能用中文。

2. 解压压缩包，运行 xsetup.exe。

3. 会提示有新版本，是否更新，选择Continue（不更新），点击Next，如图3.18所示。

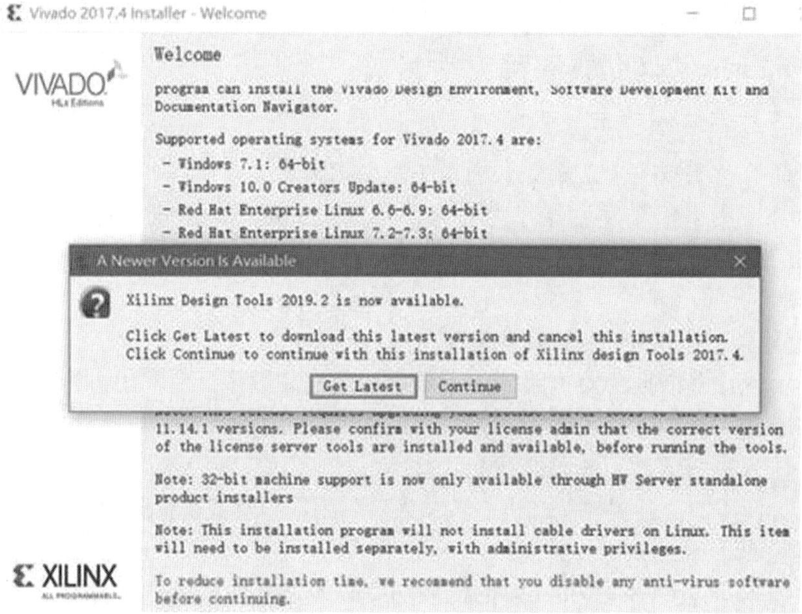

图3.18　不选择下载新版本

4. 如图3.19所示，选择三个I Agree，点击Next。

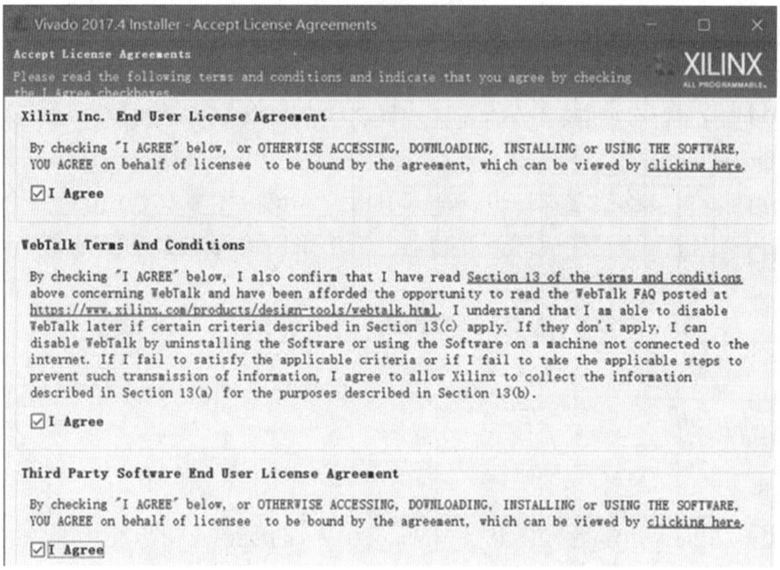

图3.19　同意相关安装要求

5. 一般选择第二个或第三个。区别在于HL System Edition相比第二个HL Design Edition，还包含system Generator for DSP with Matlab工具（如图3.20所示）。

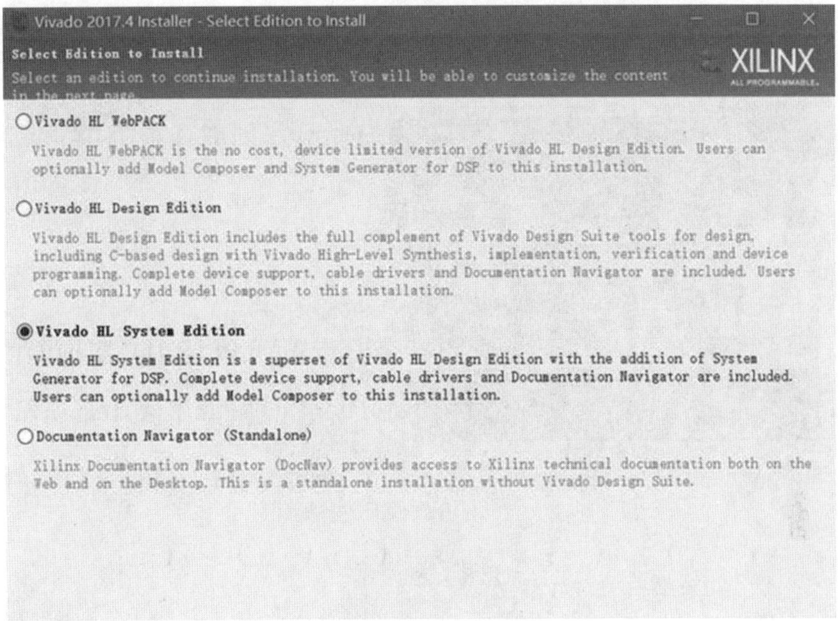

图3.20　选择安装版本

6. 根据自己的需求，选择需要的器件序列。

7. 选择安装路径，不能包含中文，如图3.21所示。

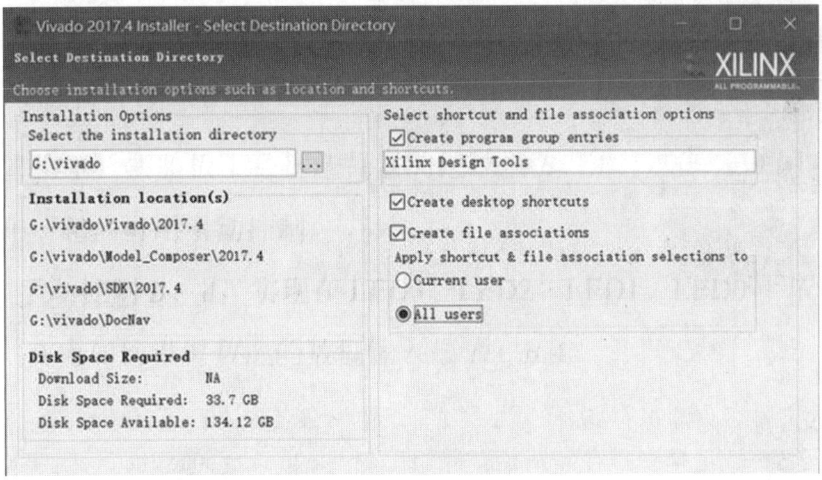

图3.21　选择安装路径

8. 开始安装。

9. 安装中途，提示安装Winpcap，如已安装，选择取消；如未安装，选择确定。

10. 等待Vivado安装完成。

3.2.3　Vivado2017.4的软件界面

1. 打开界面，快速开始→创建项目，如图3.22所示。

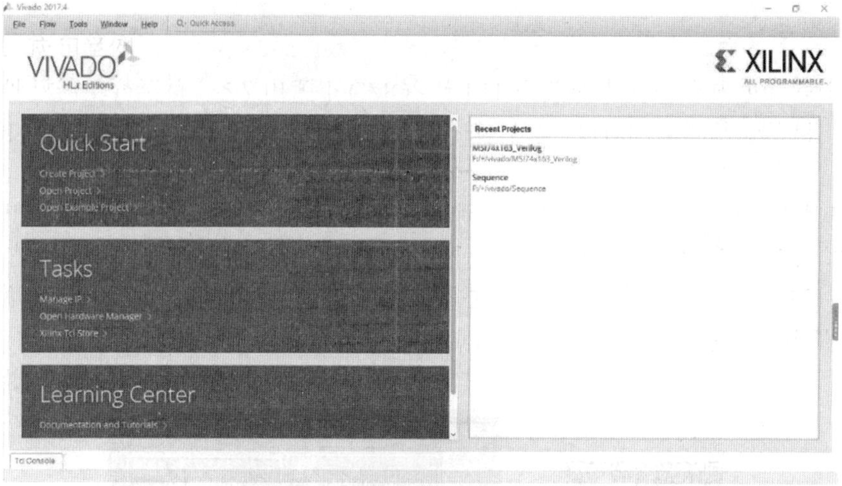

图3.22　打开软件后的首界面

2. 点击Next，进入下一界面，如图3.23所示。

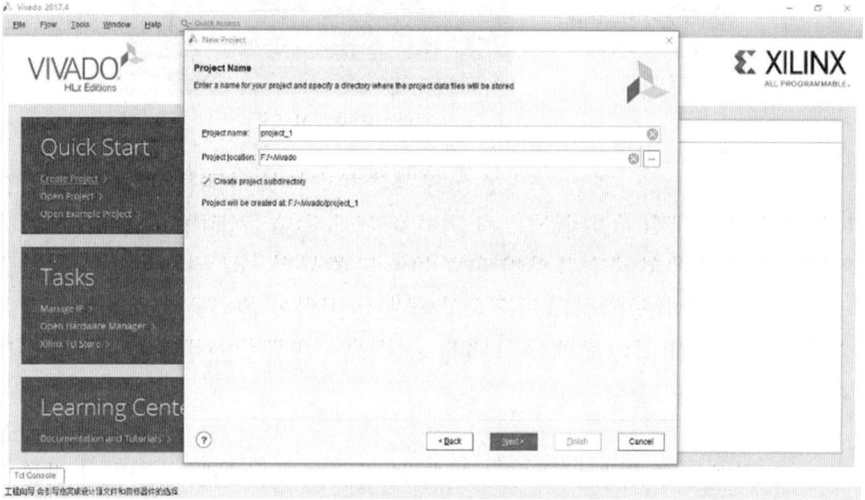

图3.23　输入文件名称和保存路径

输入文件名称和保存路径，默认对勾，建议命名加语言后缀，比如：_Verilog。输入工程名称，选择工程存储路径，并勾选Create project subdirectory选项，为工程在指定存储路径下建立独立的文件夹。设置完成后，点击Next。注意：工程名称和存储路径中不能出现中文和空格，建议工程名称由字母、数字、下划线组成。

然后在下一界面选择RTL Project一项，并勾选Do not specify sources at this time，勾选该选项是为了跳过在新建工程的过程中添加设计源文件，最后点击Next，如图3.24所示。

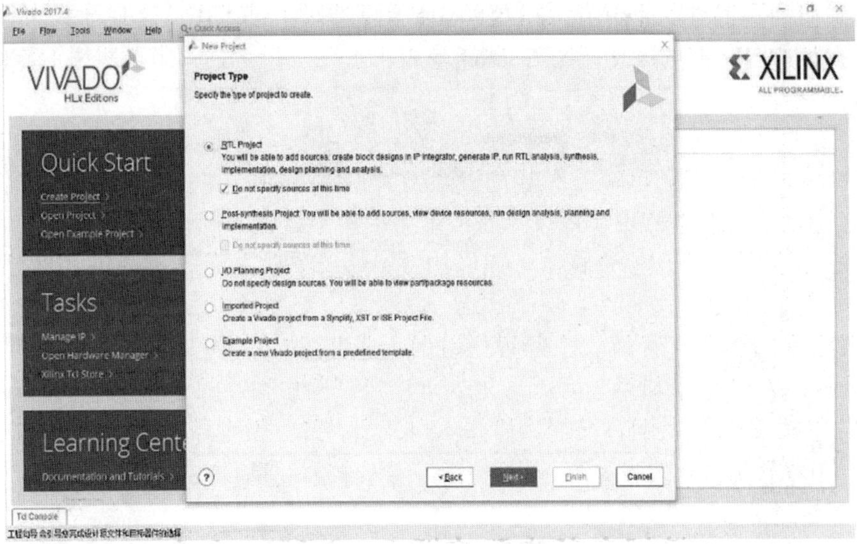

图3.24　建立RTL项目

对FPGA开发板的型号选择，如果只是单纯的学习语言和仿真，任选一型号即可。若要最后在FPGA上实现工程，需要选取对应的FPGA型号。

如图3.25所示，以电子科技大学数字电路实验所用的FPGA开发板为例，选中型号为xc7a35tftg256的FPGA，然后点击Next。

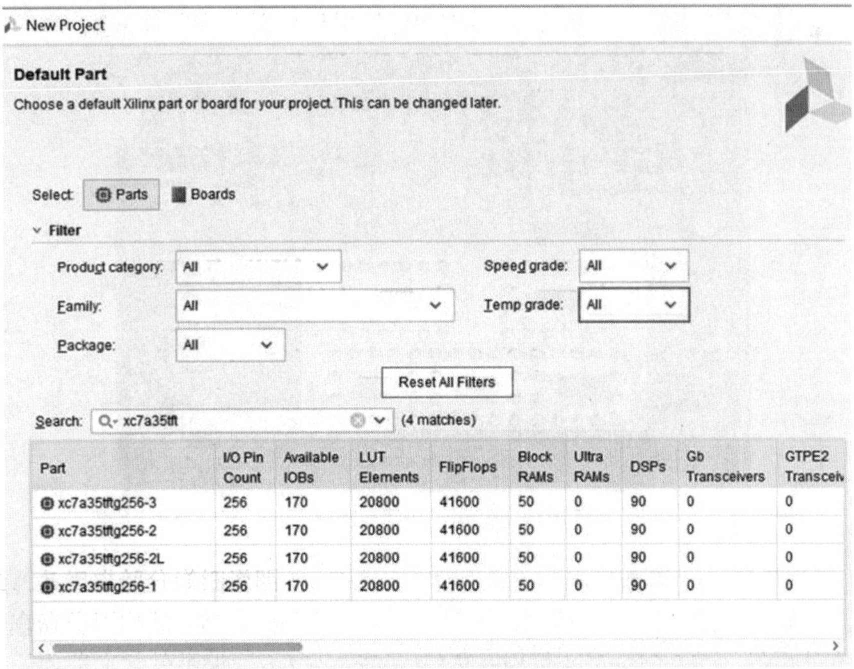

图3.25　器件选型

确认相关信息与设计所用的FPGA器件信息是否一致，若一致请点击Finish；若不一致，请返回上一步修改，如图3.26所示。

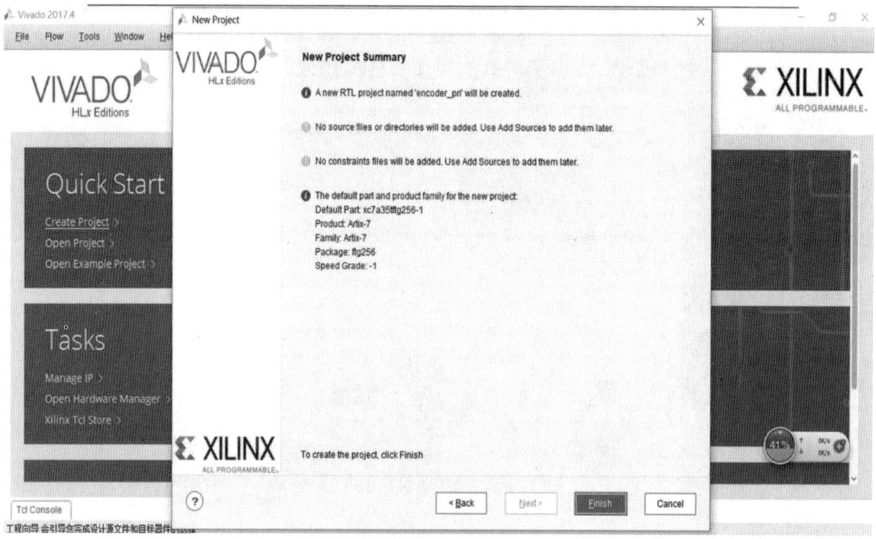

图3.26　确认信息

3. 项目主界面

得到如图3.27所示的空白Vivado工程界面，完成空白工程新建。

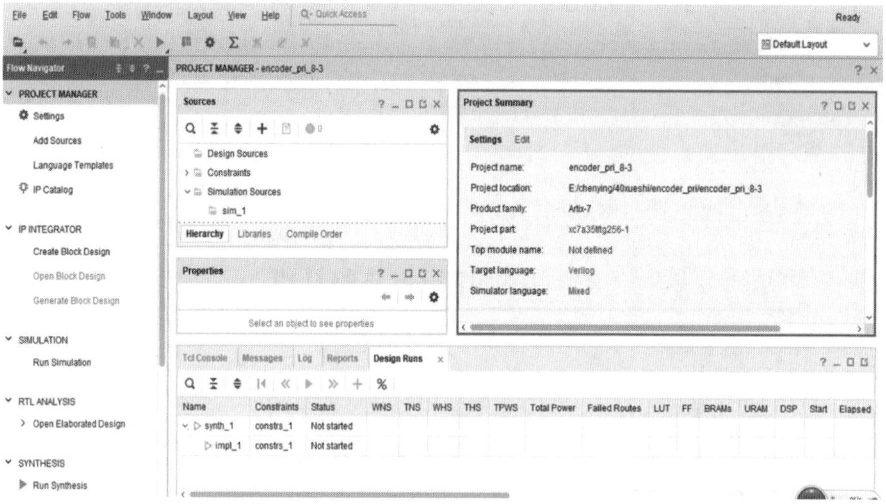

图3.27　主界面

进入主界面，左侧为导航栏，包括RTL分析、仿真、综合等；项目管理窗口“Sources”窗口会用到。点击该窗口的“+”建立源文件，或点击Flow Navigator下的Project Manager→Add Sources打开设计文件导入添加对话框。

先建立设计文件，后面还要在此界面添加包括约束文件和仿真（源）文件，如图3.28所示。

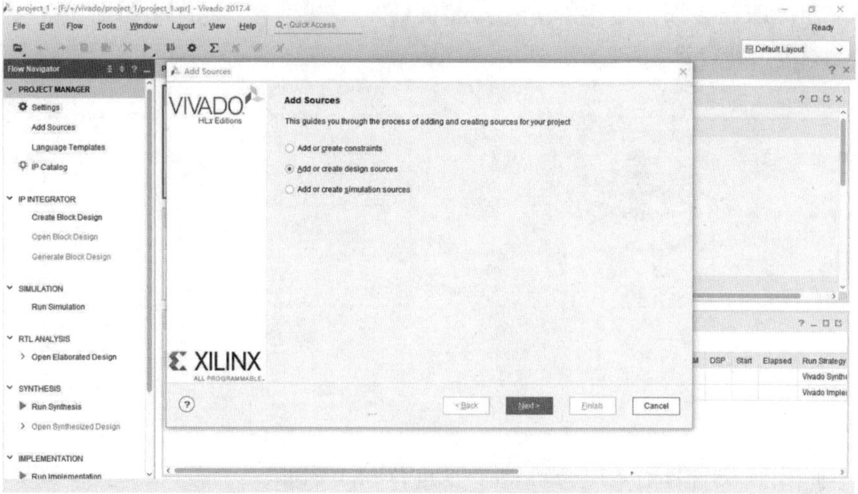

图3.28　添加设计源文件

约束文件是要在FPGA上运行的物理约束，设计文件是Verilog代码文件，仿真文件是运行仿真时所设置的条件。如果有现有的Verilog文件，可以通过Add Files项添加。在这里，需要建立新的文件，点击Creat File，如图3.29所示。

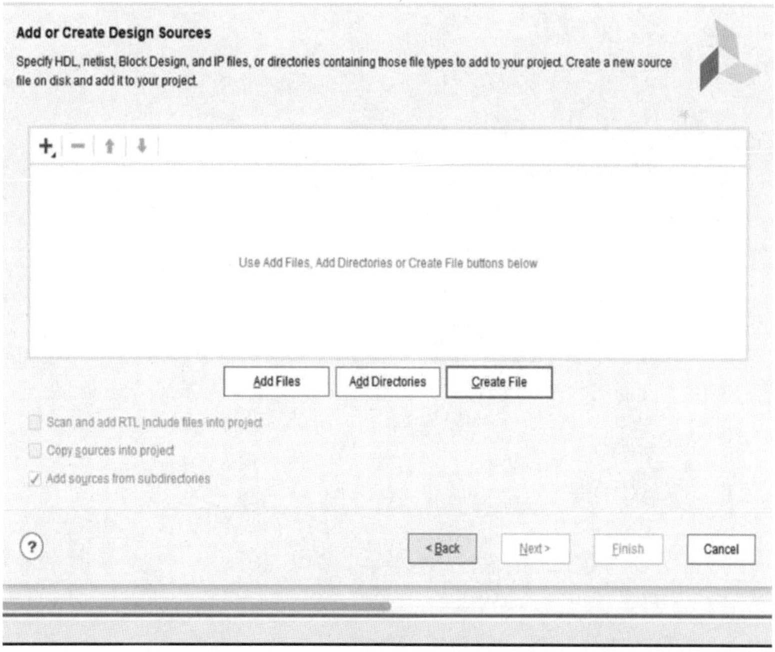

图3.29　创建新的设计源文件

选择语言类型，并输入文件名，点击OK，点击Finish。注意名称中不可出现中文和空格。需要对模块进行定义（输入、输出），可以在这里进行定义，也可直接点击“OK”键，跳过之后直接在模块代码中定义。不过直接跳过会弹出一个询问界面，点击“Yes”键。

设计文件建立成功，双击文件名，即可进入编辑视图，如图3.30所示。

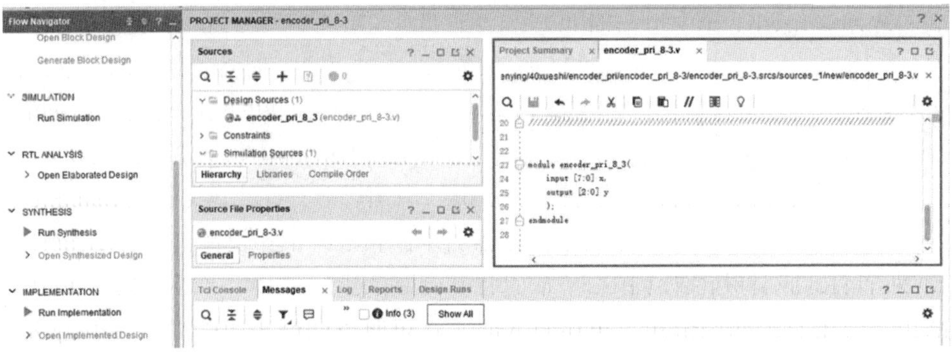

图3.30　打开设计源文件编辑窗口

新建的设计文件即存在于Sources中的Design Sources中。双击打开该文件，输入相应的设计代码。

仿真文件同理，但是要注意仿真文件不需要输入、输出。

到这里就可以对最基本的创建文件进行仿真和RTL分析了，在左侧导航栏进行实现即可。具体可见本书4.4 FPGA设计初步。

第4章 数字系统实验

4.1 实验一 数字电路实验仪器使用与测试方法研究

4.1.1 实验预习

节导语

本节要求学生熟悉数字电路实验系统及数字双踪示波器与函数发生器的正确使用方法，掌握数字电路实验常用逻辑信号的产生与测试方法，掌握在Multisim环境下逻辑信号的产生和测试的方法。

实验一预习题自测

4.1.2 实验原理

1. 数字示波器的使用

数字存储示波器是一种数字化的示波器，通常简称数字示波器。它是将输入待测信号进行采样、量化、存储，然后在存储器中取出量化值，将量化值转化为模拟量在屏幕上显示。在数字示波器中，信号的获得功能和显示功能是分开的，其性能和精度几乎取决于对输入信号进行模/数转换的（A/D）转换器、存储量化值的半导体存储器、将量化值转化为模拟量的数/模（D/A）转换器的技术性能。其具体操作方法详见第2章“数字示波器”的使用。

微课1 数字示波器面板及接口介绍

2. 函数发生器的使用

函数发生器是能产生多种特定时间函数波形（如正弦波、方波、三角波等）供测试用的信号发生器。一般可以产生精密的正弦波、方波、三角波及TTL同步脉冲波，且具有内扫频功能。输出信号的类别可以是单频信号，也可以是扫频信号，函数输出幅度连续可调。同时具有数字频率计的功能，即可精确显示该仪器的输出频率，或用于外测频率。其具体操作方法详见第2章“函数发生器”的使用。

微课2 函数发生器的使用

3. 数字逻辑箱的使用

数字逻辑箱是一种简单的数字逻辑电路测试仪。一般它能提供数字逻辑电路工作所需的电源、数字逻辑电路输入所需的电平信号、脉冲信号，并能对数字逻辑电路输出进行检测。其具体操作方法详见本书第2章“电子电路实验箱”的使用。

4.1.3 实验任务及要求

一、实验室实测

1. 合理设置探头衰减因数和通道内的探头衰减比例，调整示波器的校准方波（探头补偿信号）使之补偿正确，在不同的垂直耦合方式下定量测试校准方波。

2. 用函数发生器分别产生1 kHz的TTL信号（高电平为5 V，低电平为0 V，占空比为50%）与1 kHz直流偏置为0 V、幅度值为5 V的方波信号，用数字示波器定量测试两波形。

微课3 数字逻辑实验箱简介

3. 了解数字逻辑箱的使用。用万用表测试数字实验箱的5 V电源，用数字示波器分别测试逻辑开关的高低电平，画出波形并标明参数。用逻辑开关接指示灯观察开关位置与灯的亮灭情况。

二、Multisim仿真实现

在Multisim软件系统下实现以下实验。

1. 调用虚拟信号发生器，使用“+”和“common”端口输出频率为1 kHz、峰值为2.5 V的正弦波信号测试，用虚拟示波器中的直流输入耦合方式观测波形，要求波形在示波器显示屏上显示2～3个完整的周期且幅值在屏幕上至少占4格。

2. 调用虚拟信号发生器，使用“common”和“–”端口输出频率为1 kHz，峰值为2.5 V的正弦波信号测试，用虚拟示波器中的直流输入耦合方式观测波形，要求波形在示波器显示屏上显示2～3个完整的周期且幅值在屏幕上至少占4格。

微课4 实验任务

3. 调用虚拟信号发生器，使用“+”和“–”端口输出频率为1 kHz，峰值为2.5 V的正弦波信号测试，用虚拟示波器中的直流输入耦合方式观测波形，要求波形在示波器显示屏上显示2～3个完整的周期且幅值在屏幕上至少占4格。

通过以上3个实验内容，分析函数发生器不同输出端口输出信号的区别。

4. 调用虚拟信号发生器，使用“+”和“common”端口输出频率为1 kHz、峰值为2.5 V、直流偏置为2.5 V的方波信号测试，用虚拟示波器中的直流输入耦合方式和交流耦合方式分别观测波形，要求波形在示波器显示屏上显示2～3个完整的周期且幅值在屏幕上至少占4格。比较两种测试条件下，观察到的波形有何不同？总结如何用虚拟信号发生器产生5 V电源下CMOS或TTL逻辑电平规范的连续脉冲。

5. 调用具有虚拟操作面板的虚拟安捷伦（Agilent）数字函数发生器和安捷伦（Agilent）数字示波器，如图4.1所示。

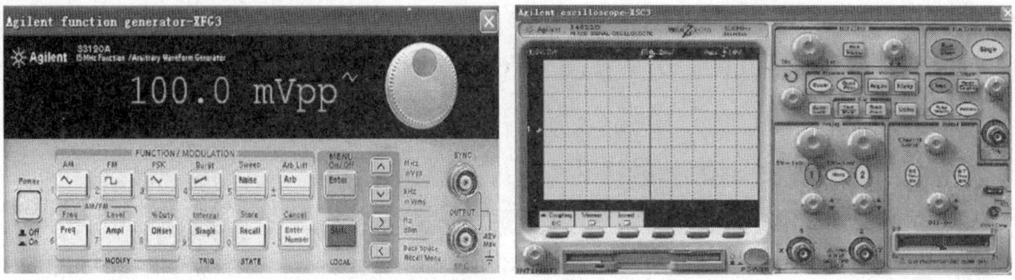

图4.1　虚拟信号源和示波器仪器面板

（1）用信号源产生峰峰值为1 V、无直流偏置、频率为10 kHz的正弦波，用示波器观察波形并自动测试波形的相关参数（例如频率、周期、幅值、顶端值、底端值等）。

（2）用信号源产生三角波以及方波等其他波形，用示波器观察波形并测试相关参数。

6. 利用元件中的“Power Sources”提供V_{CC}为+10 V，用数字万用表对其进行测量。注意：要有参考点。

4.1.4　实验常见故障及解决办法

现象1：用EE1661函数发生器分别产生1 kHz的TTL信号（高电平为5 V，低电平为0 V，占空比为50%），用示波器直接测试该信号幅度值为10 V。

解决方法：请检查EE1661设置的负载形式是否设置正确。

注意：示波器探头输入阻抗高，对应不同衰减开关的位置，可能为1 MΩ或10 MΩ。

现象2：用EE1661函数发生器分别产生1 kHz的TTL信号（高电平为5 V，低电平为0 V，占空比为50%），用示波器直接测试该信号顶端值为2.5 V，底端值为−2.5 V。

解决方法：请检查EE1661函数发生器是不是没有采用直接设置高低电平的方法，而是设置了幅度值，没有设置偏移。

4.1.5　思考题

1. 试说明实验时所用数字示波器自动测量菜单中下列参数的英文缩写以及含义：峰峰值、最大值、最小值、幅值、顶端值、底端值、平均值、均方根值。

2. 在实验过程中，如何判断示波器的好坏？

3. 在实验过程中，如何判断信号源的好坏？

4. 示波器探头衰减系数为1×或10×，对示波器的测试有何影响？

4.1.6　实验任务引导

一、实验室实测参考方案

1. 要求

合理设置探头衰减因数和通道菜单内的探头衰减比例，调整并测试示波器的校准信号（探头补偿信号）。

（1）操作提示

示波器两个通道同时输入校准方波，将通道1（CH1）的垂直通道耦合方式设置为直流（DC），通道2（CH2）的垂直通道耦合方式设置为交流（AC）。调整示波器的设置，使两个波形分别位于示波器上下半区且互不重叠，将观测到的波形画出来，在波形图上标明通道地（0 V）位置及波形参数（顶端值、底端值、周期）。

（2）思考

垂直通道耦合方式中直流耦合及交流耦合两种输入耦合方式有何不同。对一个未知信号进行测试时，一般垂直通道耦合方式应设置为哪一种？

2. 要求

用函数发生器分别产生1 kHz的TTL信号（高电平为5 V，低电平为0 V，占空比为50%）与1 kHz直流偏置为0 V、幅度值为5 V的方波信号，用数字示波器定量测试两波形。

（1）操作提示

注意幅度值指的是方波顶端值和底端值之差，而不是振幅。用数字示波器分别测试两波形，画出波形并标明波形参数，在图上标明通道地（0 V）位置及波形参数（顶端值、底端值、周期）。

（2）思考

在对5 V电源供电下的数字电路系统测试时，若需要提供连续脉冲，应选用TTL信号还是幅值为5 V的方波信号？为什么？

3. 要求

了解数字逻辑箱的使用。使用万用表测试数字实验箱的5 V电源，用数字示波器分别测试逻辑开关的高低电平，画出波形并标明参数。用逻辑开关接指示灯观察开关位置与灯的亮灭情况。

（1）操作提示

用数字示波器测试直流信号电压值时，应选择参数平均值（V_{avg}或V_{mean}），而不是峰峰值（V_{pp}）或幅值（V_{amp}），否则测到的只是直流的纹波。

（2）思考

逻辑开关的高低电平电压和实验箱的电源之间有什么联系？

二、Multisim仿真实现参考方案

1. 要求

调用虚拟信号发生器，分别使用“+”和“common”端口、“common”和“–”端口、“+”和“–”端口输出频率为1 kHz，峰值为2.5 V，直流偏置为0 V的方波信号。

调用虚拟信号发生器，使用“+”和“common”端口输出频率为1 kHz，峰值为2.5 V，直流偏置为2.5 V的方波信号，如图4.2所示。

用虚拟示波器同时观测这四个波形，并记录波形参数（顶端值、底端值、周期），如图4.3所示。

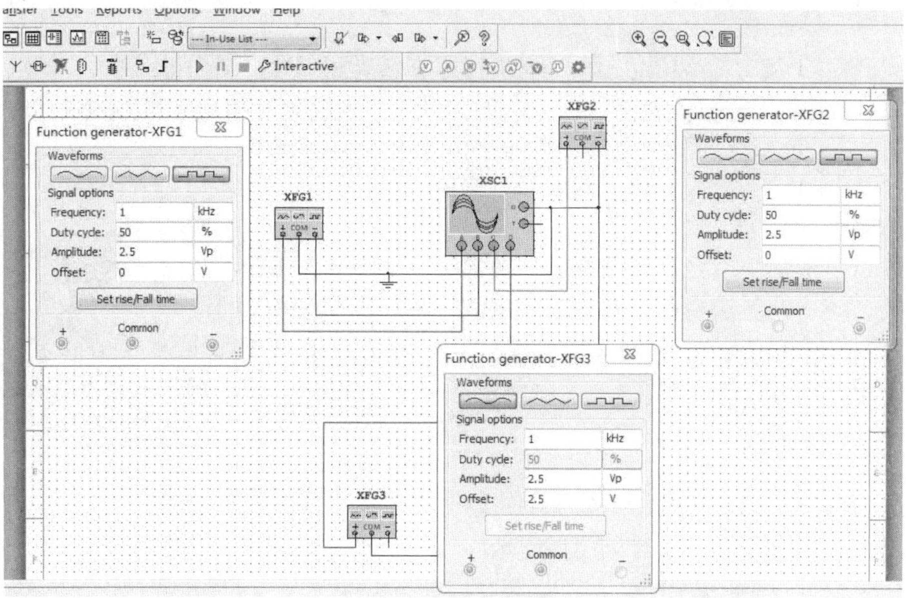

图4.2　虚拟信号参数设置

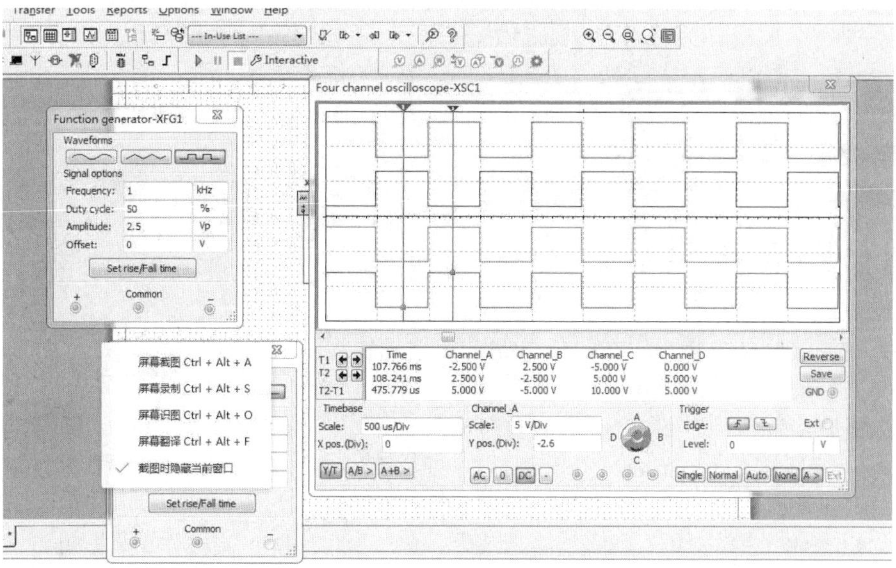

图4.3　虚拟示波器测试波形示范

2. 操作提示

调用四踪示波器进行测试，测试时最好用不同的颜色来区分不同的信号。将示波器运行界面底色调为白色，调节通道位移将波形上下分开以便于观察。

3. 思考：总结如何用虚拟信号发生器产生5 V电源下符合CMOS或TTL逻辑电平规范的连续脉冲。

4.2 实验二 常用数字逻辑门电路的研究

4.2.1 实验预习

节导语

本节要求学生主要熟悉CMOS各种常用门电路的逻辑符号及逻辑功能，学习测量逻辑门电路的时延参数，掌握用Multisim对电路进行设计仿真的方法，学习用Verilog HDL语言进行电路实现并下载到FPGA底板的方法。

实验二预习题自测

4.2.2 实验原理

1. 门电路是构成各种复杂数字电路的基本逻辑单元，目前应用最广的集成门电路有TTL和CMOS两种。

CMOS（Complementary Metal Oxide Semiconductor）门电路是由MOS管（金属—氧化物—半导体场效应晶体管）构成的逻辑门电路。

目前，已生产出的标准化、系列化的CMOS集成电路产品有4000系列、HC/HCT系列、AHC/AHCT系列、VHC/VHCT系列、LVC系列、ALVC系列等。

CMOS电路具有集成度高、功耗低（mA级）、抗干扰能力强、工艺简单的优点。

对国产的CMOS集成电路，V_{DD}的取值范围为3～18 V（CC4000系列），工作电压范围较宽，选择电源电压灵活方便。

CMOS电路的输入端不允许悬空。因为一旦悬空，会出现如下情况。

（1）输入电位不定

此时的输入电位由保护二极管的反向电阻比值来决定，从而破坏了电路的正常逻辑。

（2）输入阻抗高

此时易接收外界噪声干扰，使电路产生误动作。

（3）易使栅极感应静电

栅极感应静电后，易造成栅极击穿。

本实验所用的CD4069（六反相器）、CD4070（四异或门）的引脚图分别如图4.4、图4.5所示。

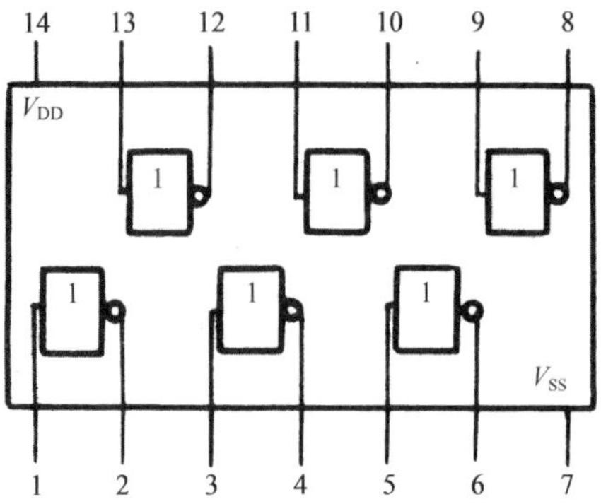

图4.4 CD4069引脚图

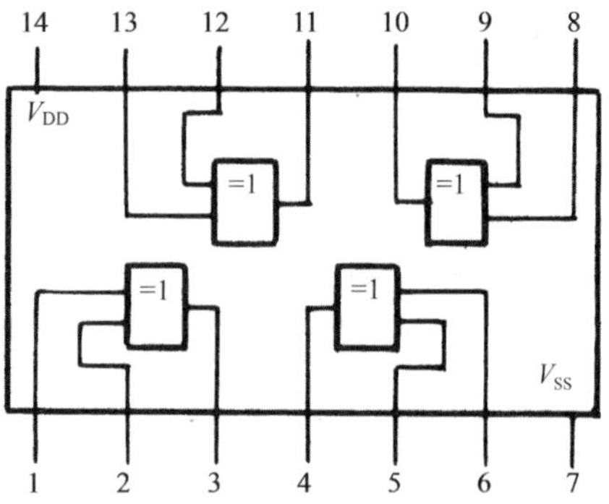

图4.5 CD4070引脚图

2. 数字电路的传播延迟

CMOS器件的速度取决于两个特性：转换时间（transition time）与传播延迟（propagation delay）。

传播延迟，也叫传输延迟，是指从输入信号变化到产生输出信号变化所需的时间，即信号通过一级门所需要的时间，为了消除上升和下降时间的影响，通常取输入/输出转换的中点来确定传输延迟，如图4.6所示。

微课1　数字逻辑箱与常用门电路简介

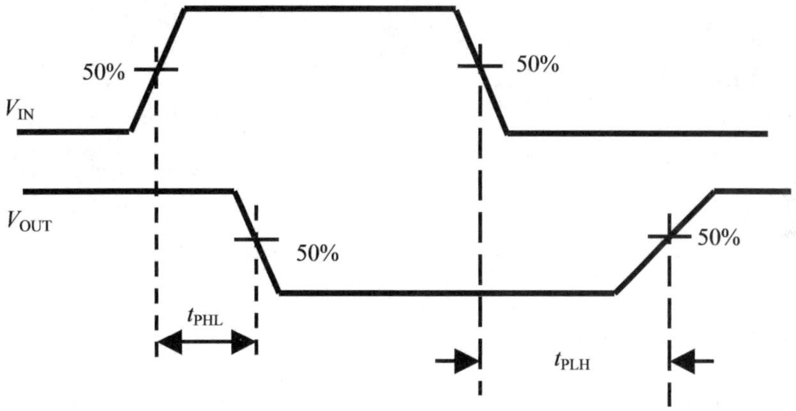

图4.6　传播延迟测试示意图

发生延迟的原因主要有以下两点。

（1）电路本身的变化引起的

输出上升下降沿有一定的延迟。

（2）与负载等效电容有关

由于MOS管的电极之间以及电极与衬底之间都存在寄生电容，尤其在反向器的输出端更不可避免地存在着负载电容（当负载为下一级反向器时，下一级反向器的输入电容和接线电容就构成这一级的负载电容）。当输入信号发生跳变时，输出电压的变化必然滞后于输入电压的变化，即产生传输延迟。

传输延迟时间一般为ns数量级，器件手册上通常会给出此参数。

微课2　门电路的时延与示波器的光标测量简介

例如：表4.1为CD4069的传播延迟参数。图4.6为传播时延参数的测试示意图。

其中：t_{PHL}—— 从输入变化到其导致输出从高电平到低电平的延迟时间；

t_{PLH}—— 从输入变化到其导致输出从低电平到高电平的延迟时间。

因为COMS电路的t_{PHL}、t_{PLH}通常是相等的，所以也经常以平均延迟时间t_{pd}表示t_{PHL}、t_{PLH}。

$$t_{pd}=1/2(t_{PHL}+t_{PLH}) \tag{4.1}$$

一般情况下，t_{PHL}、t_{PLH}主要是由于负载电容的充放电所产生的，所以为了缩短传输延迟时间，必须减小负载电容和MOS管的导通电阻。

表4.1　CD4069交流特性参数表

AC Electrical Characteristics*

$T_A = 25°C$, $C_L = 50$ pF, $R_L = 200$ kΩ, t_r and $t_f \le 20$ ns, unless otherwise specified

Symbol	Parameter	Conditions	Min	Typ	Max	Units
t_{PHL} or t_{PLH}	Propagation Delay Time from Input to Output	$V_{DD} = 5V$		50	90	ns
		$V_{DD} = 10V$		30	60	ns
		$V_{DD} = 15V$		25	50	ns
t_{THL} or t_{TLH}	Transition Time	$V_{DD} = 5V$		80	150	ns
		$V_{DD} = 10V$		50	100	ns
		$V_{DD} = 15V$		40	80	ns
C_{IN}	Average Input Capacitance	Any Gate		6	15	pF
C_{PD}	Power Dissipation Capacitance	Any Gate (Note 4)		12		pF

*AC Parameters are guaranteed by DC correlated testing.

Note 1: "Absolute Maximum Ratings" are those values beyond which the safety of the device cannot be guaranteed. They are not meant to imply that the devices should be operated at these limits. The table of "Recommended Operating Conditions" and "Electrical Characteristics" provides conditions for actual device operation.

Note 2: V_{SS} = 0V unless otherwise specified.

Note 3: I_{OH} and I_{OL} are tested one output at a time.

Note 4: C_{PD} determines the no load AC power consumption of any CMOS device. For complete explanation, see 54C/74C Family Characteristics application note—AN-90.

4.2.3　实验任务及要求

一、小规模集成电路功能测试

1. 在数字逻辑实验箱上利用CD4070（四异或门）及CD4069（六反相器）验证其逻辑功能，自拟表格完成测试，记录实验结果。

2. 利用六反相器CD4069测量逻辑门电路的时延参数。

微课3　逻辑开关的高低电平测量与4070逻辑功能测试

二、Multisim仿真实现

1. 在Multisim或其他仿真软件系统下实现CD4070异或门功能的仿真，CD4070处于工作状态，并且使4070的1脚通过开关接入不同的电平信号（其中R_1为10 kΩ），2脚用函数发生器加入2 kHz的TTL信号，在1脚信号分别为“0”或“1”时，用双踪示波器同时观察4070的2脚和3脚信号。

2. 在Multisim或其他仿真软件系统下实现六反相器CD4069逻辑门电路的时延参数的仿真测试，在输入端输入250 kHz的TTL信号，用双踪示波器测输入、输出的传输延迟时间，从而计算出每个门的平均传输延迟时间t_{pd}的值。

三、FPGA设计实现

利用Verilog HDL语言在Vivado软件平台上实现一个异或门电路，下载到开发板上验证。

微课4　多个非门串联测量平均时延

4.2.4　实验常见故障及解决方法

现象1：芯片异常发烫。

解决方法：请检查芯片电源、地是否接反，电源电压是否满足要求。

现象2：各集成块基本功能测试结果和理论值不符。

解决方法：请用逻辑箱电压表或示波器检查芯片电源是否和地满足要求，针对出错的一组数用逻辑测试笔或示波器在集成块引脚测试各输入端、输出端是否满足要求，判断问题所在。

注意：测试时应防止芯片引脚短路。

现象3：测试CD4069时延参数时，输出端测不到预期的波形。

解决方法：除检查集成块电源是否正确连接外，特别注意CD4069的1～6脚与8～13脚与内部连接的规律不同。

可从输入到输出依次检查每个门的输入和输出情况，如果某个门有输入但无输出，可能是这个门坏了，可跳过这个门接线。最后计算平均时延按实际接入电路的逻辑门的个数进行计算。

4.2.5　思考题

1. 为什么异或门可用作非门？如何使用？为什么说异或门是可控反相器？
2. 为什么CMOS集成门电路多余输入端不能悬空？

4.2.6　实验任务引导

一、Multisim仿真实现

1. 在Multisim或其他仿真软件系统下实现CD4070异或门功能的仿真，CD4070处于工作状态，并且使4070的1脚通过开关接入不同的电平信号（其中R_1为10 kΩ），2脚用函数发生器加入2 kHz的TTL信号。在1脚信号分别为“0”或“1”时，用双踪示波器同时观察4070的2脚和3脚信号，如图4.7保存仿真结果或进行截图，并分析仿真结果。

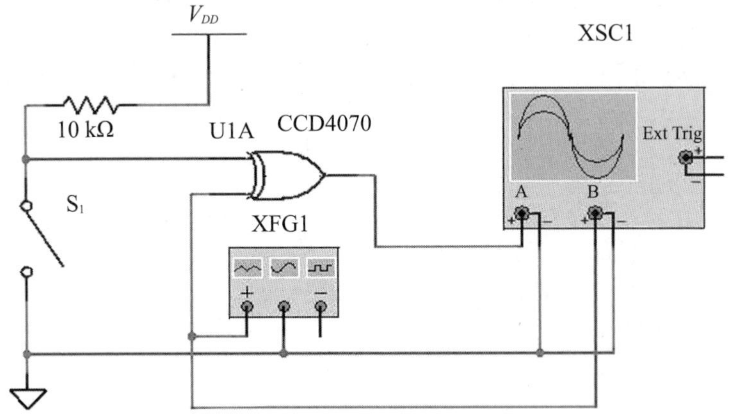

图4.7　异或门功能仿真测试电路

2. 在Multisim或其他仿真软件系统下实现六反相器CD4069逻辑门电路的时延参数的仿真测试，如图4.8所示，在输入端输入250 kHz的TTL信号，用双踪示波器测量输入、输出的传输延迟时间，从而计算出每个门的平均传输延迟时间t_{pd}的值。要求保存仿真结果或进行截图。

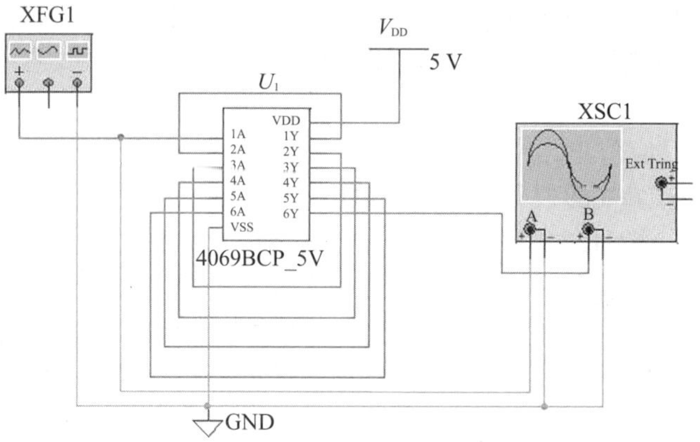

图4.8　时延参数的仿真测试电路

图4.8为在Multisim系统下的仿真情况。当运行Multisim时，它会自动打开一个空白的电路文件，依次按照以下步骤操作。

（1）在元件库里选择CMOS器件，找到4069BCP-5 V（因为我们实验采用的是5 V的电源），将4069BCP-5 V的六个非门依次串联连接。

（2）在元件工具栏里选择电源和地分别接到4069BCP-5 V的V_{DD}和V_{SS}端口。

（3）在电路文件窗口的右边选择信号源，连接到第一个门的输入端，为电路提供输入信号。双击信号源图标，可以在信号源的小窗口里设置信号源的相关参数，为250 kHz的TTL信号。

（4）选择双踪示波器，一个通道接到第一个门的输入端，另一个通道接到最后一个门的输出端，用以测试输入、输出的传输延迟时间。

（5）单击设计工具栏中的Simulate按钮，就可在虚拟示波器中看到输入、输出的波形，正确设置好示波器的参数后可看到如图4.9所示的波形和两个通道的参数。从图中可以看出6个门的传输延迟时间为500 ns，除以6即可得到一个门的传输延迟时间。

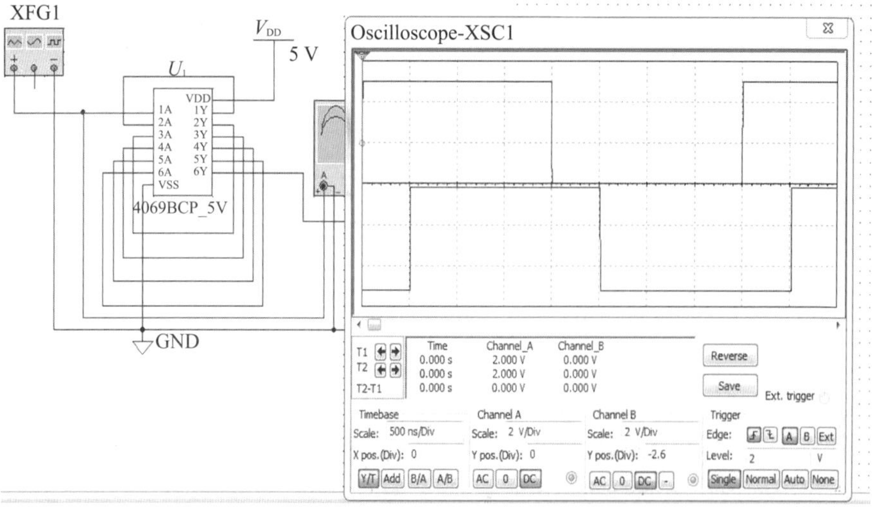

图4.9　时延参数的仿真测试截图

二、FPGA设计实现

利用Verilog HDL语言在Vivado软件平台上实现一个异或门电路，下载到开发板上验证。

设计文件代码如下：

```
//-------------------exclusive-OR gate--------------------
module exclusive_OR_gate (a,b,y);
    input a,b;//一位输入a和b
    output y;// 一位输出
    assign y=a^b;// 异或
endmodule
```

4.3 实验三 常用数字逻辑门输入、输出特性测试

4.3.1 实验预习

节导语

本节学习CMOS、TTL集成非门和与非门的逻辑功能和主要参数的测试方法，掌握CMOS、TTL器件的使用规则，掌握用Multisim对电路进行设计仿真的方法，学习用Verilog HDL语言进行电路实现并下载到FPGA底板的方法。

实验三预习题自测

4.3.2 实验原理

实际应用中掌握逻辑门电路的各项参数的物理意义，以及各参数的数值大小和影响这些参数的因素对于正确使用这些器件有非常重要的意义。逻辑门的各种特性参数可以从厂商提供的数据表及相应的说明文件查出。例如可从表4.2中查出CD4069UBC的各项直流参数。

对于特定的某一器件也可以通过实际测试出具体的参数。以下简单介绍其中几项参数。

微课1 实验简介及实验原理

1. 数字逻辑门的逻辑电平

数字逻辑门的逻辑电平TTL电路和CMOS电路的输出高低电平不是一个值，而是一个范围。数字逻辑门输入高低电平与输出高低电平的电压范围不同，即它的输入信号允许一定的容差，称为噪声容限。

典型CMOS逻辑系列（HC系列）的规格如图4.10所示。图4.10中所有参数都是由CMOS厂商在一定温度和输出负载范围内担保的，同时这些参数还在一定的电源电压V_{DD}范围内担保。TTL信号也像CMOS信号那样，可以更加精确地定义TTL输出电平和输入电平，如图4.11所示。

门的输出电压V_O随输入电压V_i而变化的曲线$V_O=f(V_i)$称为门的电压传输特性，通过它可读得门电路的一些重要参数，如输出高电平V_{OH}、输出低电平V_{OL}、阈值电平V_T及噪声容限V_{NL}、V_{NH}等值。

表4.2　CD4069UBC直流特性参数表

Symbol	Parameter	Conditions	−40°C Min	−40°C Max	+25°C Min	+25°C Typ	+25°C Max	+85°C Min	+85°C Max	Units
I_{DD}	Quiescent Device Current	V_{DD} = 5V, V_{IN} = V_{DD} or V_{SS}		1.0			1.0		7.5	μA
		V_{DD} = 10V, V_{IN} = V_{DD} or V_{SS}		2.0			2.0		15	μA
		V_{DD} = 15V, V_{IN} = V_{DD} or V_{SS}		4.0			4.0		30	μA
V_{OL}	Low Level Output Voltage	$\lvert I_O\rvert$ < 1 μA								
		V_{DD} = 5V		0.05		0	0.05		0.05	V
		V_{DD} = 10V		0.05		0	0.05		0.05	V
		V_{DD} = 15V		0.05		0	0.05		0.05	V
V_{OH}	High Level Output Voltage	$\lvert I_O\rvert$ < 1 μA								
		V_{DD} = 5V	4.95		4.95			4.95		V
		V_{DD} = 10V	9.95		9.95			9.95		V
		V_{DD} = 15V	14.95		14.95			14.95		V
V_{IL}	Low Level Input Voltage	$\lvert I_O\rvert$ < 1 μA								
		V_{DD} = 5V, V_O = 4.5V		1.0			1.0		1.0	V
		V_{DD} = 10V, V_O = 9V		2.0			2.0		2.0	V
		V_{DD} = 15V, V_O = 13.5V		3.0			3.0		3.0	V
V_{IH}	High Level Input Voltage	$\lvert I_O\rvert$ < 1 μA								
		V_{DD} = 5V, V_O = 0.5V	4.0		4.0			4.0		V
		V_{DD} = 10V, V_O = 1V	8.0		8.0			8.0		V
		V_{DD} = 15V, V_O = 1.5V	12.0		12.0			12.0		V
I_{OL}	Low Level Output Current (Note 3)	V_{DD} = 5V, V_O = 0.4V	0.52		0.44	0.88		0.36		mA
		V_{DD} = 10V, V_O = 0.5V	1.3		1.1	2.25		0.9		mA
		V_{DD} = 15V, V_O = 1.5V	3.6		3.0	8.8		2.4		mA
I_{OH}	High Level Output Current (Note 3)	V_{DD} = 5V, V_O = 4.6V	−0.52		−0.44	−0.88		−0.36		mA
		V_{DD} = 10V, V_O = 9.5V	−1.3		−1.1	−2.25		−0.9		mA
		V_{DD} = 15V, V_O = 13.5V	−3.6		−3.0	−8.8		−2.4		mA
I_{IN}	Input Current	V_{DD} = 15V, V_{IN} = 0V		−0.30		-10^{-5}	−0.30		−1.0	μA
		V_{DD} = 15V, V_{IN} = 15V		0.30		10^{-5}	0.30		1.0	μA

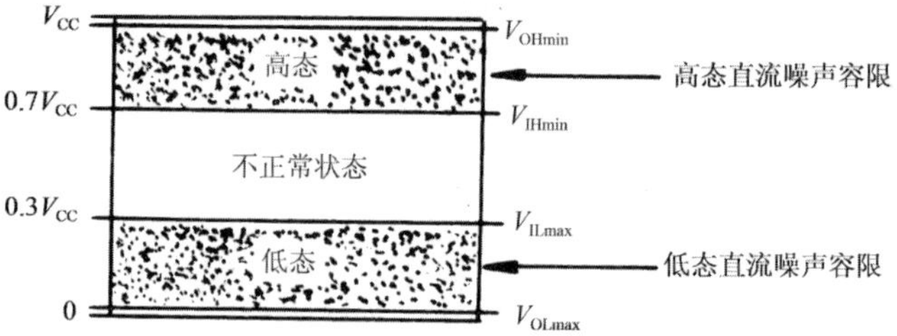

图4.10　HC系列CMOS器件的逻辑电平和噪声容限

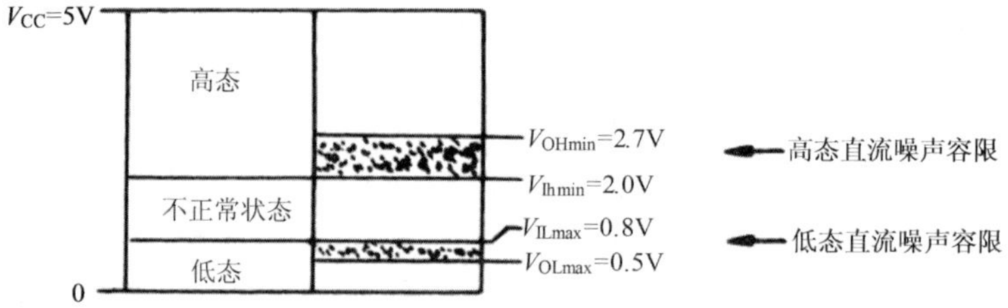

图4.11　TTL逻辑系列（74LS、74S、74ALS、74AS、74F）的逻辑电平和噪声容限

当负载电路所需驱动电流增大时，输出特性就不像理论值那样理想了，此时逻辑门的输出电压值与规定值之间有较明显的差异。当负载电路所需驱动电流过大时，逻辑门的输出电压值就会落在逻辑电平未定义区域，造成电路工作不正常。实际电路能接多大的电阻负载是以逻辑门的输出电流的形式给出的：

I_{OLmax}：输出低态且仍能维持输出电压不大于V_{OLmax}时，输出端能吸收的最大电流称灌电流。

I_{Ohmax}：输出高态且仍能维持输出电压不小于V_{OHmin}时，输出端可提供的最大电流称拉电流。

2. 低电平输入电流I_{IL}和高电平输入电流I_{IH}

I_{IL}是指被测输入端接地，其余输入端悬空，输出端空载时，流出被测输入端的电流值。在多级门电路中，I_{IL}相当于前级门输出低电平时，后级向前级门灌入的电流，因此它关系到前级门的灌电流负载能力，即直接影响前级门电路带负载的个数，一般希望I_{IL}小些。I_{IH}是指被测输入端接高电平，其余输入端接地，输出端空载时，流入被测输入端的电流值。在多级门电路中，它相当于前级门输出高电平时，前级门的拉电流负载，其大小关系到前级门的拉电流负载能力，一般希望I_{IH}小些。I_{IL}与I_{IH}的测试电路如图4.12所示。

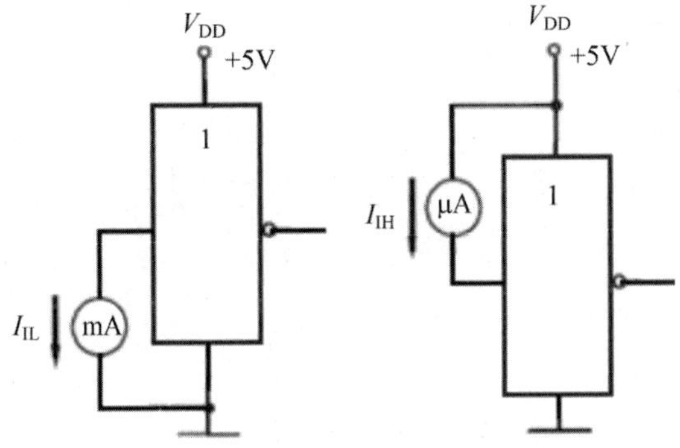

图4.12　输入电流测试电路

微课2　反相器电压传输特性测试

3. 扇出系数N_O

扇出系数N_O是指门电路能驱动同类门的个数，它是衡量门电路负载能力的一个参数，CMOS门有两种不同性质的负载，即灌电流负载和拉电流负载。因此，有两种扇出系数，即低电平扇出系数N_{OL}和高电平扇出系数N_{OH}。总扇出=Min[N_{OL}，N_{OH}]。其中

$$N_{OL}=\frac{I_{OL\,max}}{I_{IL}}$$

$$N_{OH}=\frac{I_{OH\,max}}{I_{IH}}$$

4. 速度

影响TTL门电路工作速度的主要因素是电路内部管子的开关特性、电路结构及内部的各电阻阻值。电阻数值越大，工作速度越低。管子的开关时间越长，门的工作速度越低。与TTL门电路的情况不同，影响CMOS电路工作速度的主要因素在于

电路的外部，即负载电容C_L。C_L能影响CMOS门的传输延时几十纳秒。

微课3　负载对输出特性的影响

4.3.3　实验任务及要求

一、小规模集成电路功能测试

1. 反相器CD4069电压传输特性的测试

测试电路如图4.13所示，CD4069引脚如图4.14所示。采用逐点测试法，自拟表格完成测试，记录实验结果，然后绘成曲线。

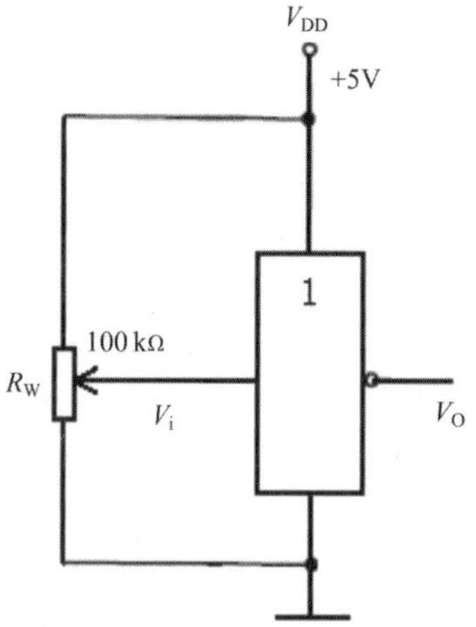

图4.13　传输特性测试电路

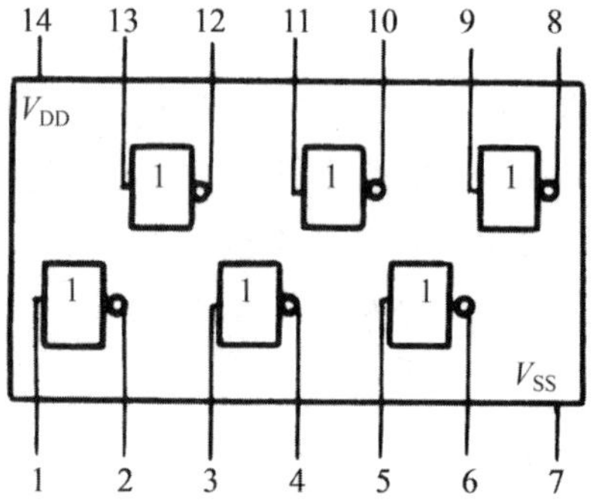

图4.14　CD4069引脚图

2. 负载变化对输出的影响测试

（1）输出为高电平时，负载变化对输出的影响测试

按图4.15连接电路，输入低电平，调节电位器R_W得到不同的电阻值，自拟表格测试负载变化对输出的影响，记录实验结果并对数据进行分析。

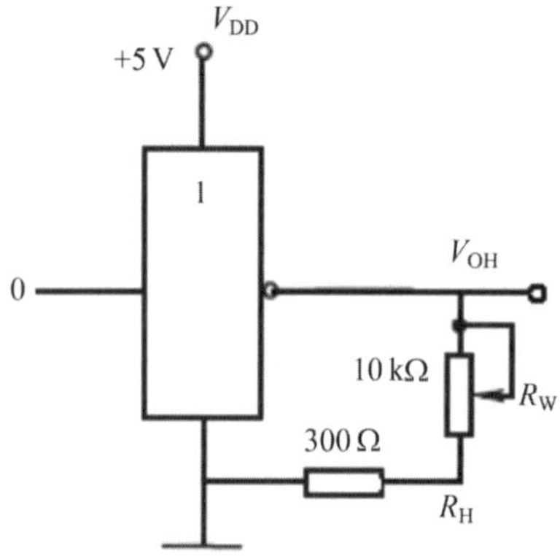

图4.15　负载电阻对输出影响测试电路（1）

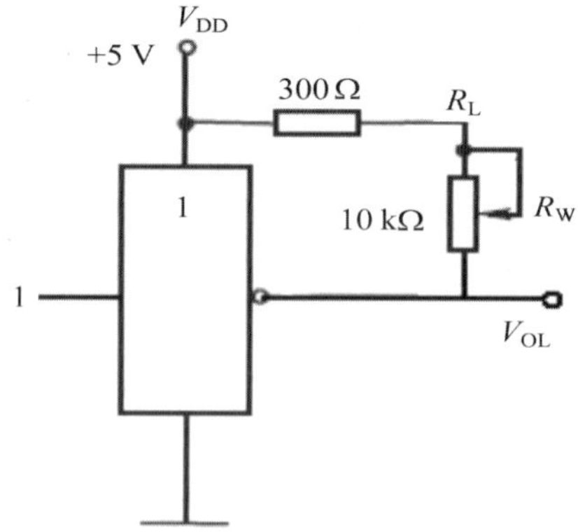

图4.16　负载电阻对输出影响测试电路（2）

（2）输出为低电平时，负载变化对输出的影响测试

按图4.16连接电路，输入高电平，调节电位器R_W得到不同的电阻值，自拟表格测试负载变化对输出的影响，记录实验结果并对数据进行分析。

3. 负载电容对输出的影响测试

按图4.17连接电路，输入频率为1 kHz的TTL信号，测试输出波形的上升时间（t_{rise}）。在输出和地之间加入0.01 μF电容，测试负载电容对输出的影响。

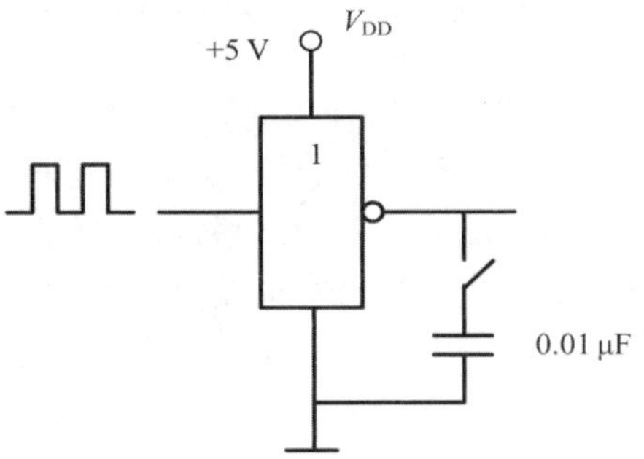

图4.17　负载电容对输出的影响测试电路

二、Multisim仿真实现

1. 在Multisim或其他仿真软件系统下，实现反相器CD4069电压传输特性的仿真测试。

2. 在Multisim或其他仿真软件系统下，实现反相器负载变化对输出的影响测试。

（1）输出为高电平时，负载变化对输出的影响测试。

（2）输出为低电平时，负载变化对输出的影响测试。

3. 在Multisim或其他仿真软件系统下，实现负载电容对输出的影响测试。

三、FPGA设计实现

利用Verilog HDL语言在Vivado软件平台上实现非门电路，下载到开发板上验证。

4.3.4　实验常见故障及解决方法

现象1：芯片异常发烫。

解决方法：请检查芯片电源、地是否接反，电源电压是否满足要求。

现象2：各集成块基本功能测试结果和理论值不符。

解决方法：请用逻辑箱上的数字电压表或示波器检查芯片电源及各输入端、输出端是否满足要求。

注意：测试时应防止芯片引脚短路。

现象3：输入为低电平时，调节负载电位器测试反相器输出始终无变化。

解决方法：

（1）检查电路连接是否正确。

（2）改变电位器的接入阻值时，多次测试阻值应该分布均匀，变化量不要过小。

（3）判断电位器中心出点是否断路。

4.3.5 思考题

本实验中实测的输出逻辑电平的范围是多少?

4.3.6 实验任务引导

一、Multisim仿真实现

1. 在Multisim或其他仿真软件系统下，实现反相器CD4069电压传输特性的仿真测试

分析：采用逐点测试法，即调节R_W使V_i从低电平向高电平变化，要求用示波器或万用表逐点测得V_i及对应的V_O，然后绘成曲线。将仿真记录的结果与硬件测试记录的结果进行比较，分析两者有什么区别，产生这样的差异的原因是什么。

图4.18为在Multisim系统下构建的仿真电路，电路接好后单击设计工具栏中的Simulate按钮，就可在虚拟万用表中看到图4.19的电压指示。调节R_2使之从0变到100%，即可逐点测得V_i及对应的V_O。

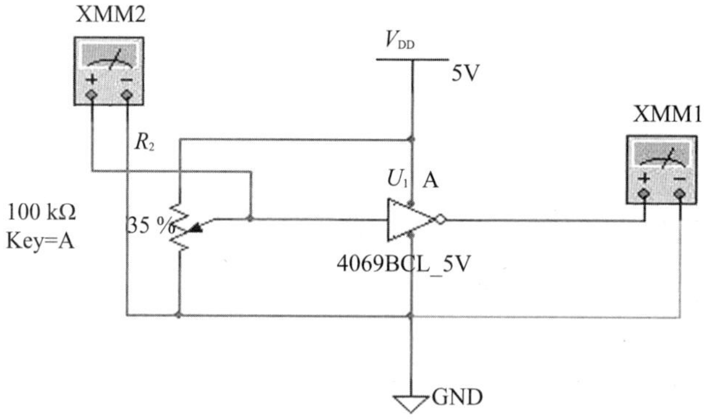

图4.18 传输特性测试仿真电路

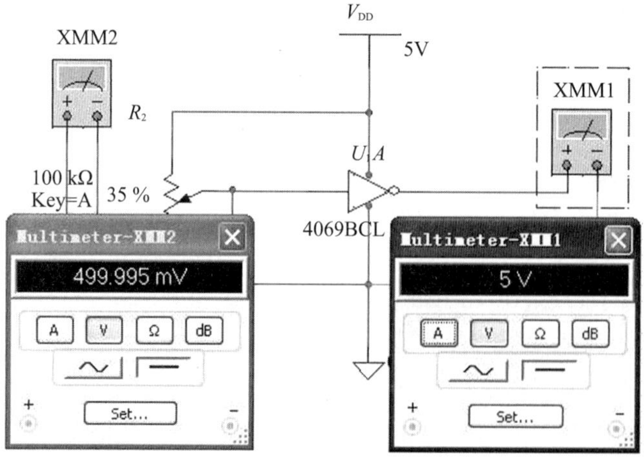

图4.19 传输特性测试仿真截图

2. 在Multisim或其他仿真软件系统下，实现反相器负载变化对输出的影响测试

（1）输出为高电平时，负载变化对输出的影响测试

如图4.20构建测试系统。调节R_W如表4.3从0%变到100%，按表4.3测出输入同为低电平而负载不同时的输出电压。将仿真记录的结果与硬件测试记录的结果进行比较，分析两者有什么区别，产生这样的差异的原因是什么。

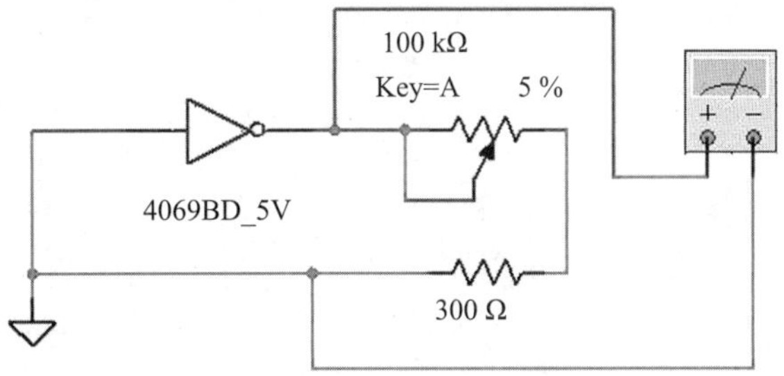

图4.20　输出为高电平时，负载变化对输出的影响仿真测试

表4.3　输出为高电平时，负载变化对输出的影响测试表

电位器R_W实际接入电路电阻与最大值的百分比/%	0	10	20	50	100
负载阻值/kΩ					
输出V_{OH}/V					

（2）输出为低电平时，负载变化对输出的影响测试

如图4.21构建测试系统。调节R_W如表4.4从0%变到100%，测出输入同为高电平而负载不同时的输出电压。将仿真记录的结果与硬件测试记录的结果进行比较，分析两者有什么区别，产生这样的差异的原因是什么。

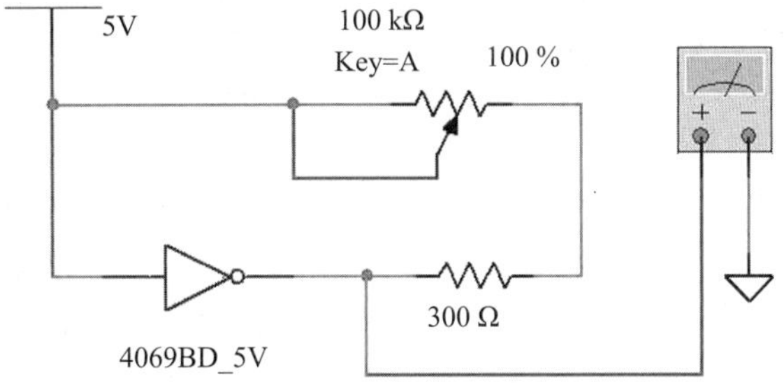

图4.21　输出为低电平时，负载变化对输出的影响仿真测试

表4.4　输出为低电平时，负载变化对输出的影响测试表

电位器R_W实际接入电路电阻与最大值的百分比/%	0	10	20	50	100
负载阻值/kΩ					
输出V_{OL}/V					

3. 在Multisim或其他仿真软件系统下，实现负载电容对输出的影响测试

如图4.22构建测试系统，其中示波器最好选用数字示波器（如Agilent oscilloscope或Tektronix oscilloscope），方便利用数字示波器的自动测量功能直接读出上升时间。

表4.5为改变负载电容测试时输出波形的上升时间（t_{rise}）。将仿真记录的结果与硬件测试记录的结果进行比较，分析两者有什么区别，产生这样的差异的原因是什么。

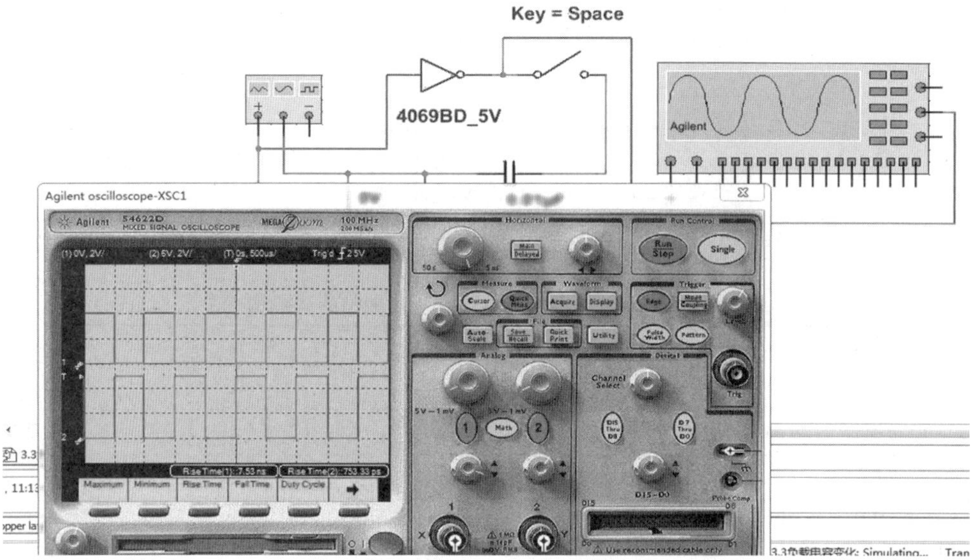

图4.22 负载电容变化对输出的影响仿真测试

表4.5 负载电容对输出的影响测试表

负载电容	空载	0.01 mF
输出波形上升时间t_{rise}		

二、FPGA设计实现

利用Verilog HDL语言在Vivado软件平台上实现非门电路，下载到开发板上验证。

设计文件代码如下：

```
//------------------inverter --------------------
module inverter （a，y）;
    input a; //一位输入a
    output y; // 一位输出y
    assign y= ～ a; //非门
endmodule
```

4.4　实验四　FPGA设计初步

4.4.1　实验预习

节导语

本节是为FPGA初学者提供熟悉Vivado软件环境、初步了解Verilog语言基本框架、体验FPGA设计初步流程、在实际FPGA开发板上下载并运行程序而设置的实验。本节以步步引导的方式展开实验，既可以跟随指导操作又可以通过自己的思考完成整个设计过程，为今后的FPGA设计起到引导的作用。

实验四预习题自测

4.4.2　实验原理

本实验以Xilinx（赛灵思）公司7系列FPGA器件为编程芯片，在相应的FPGA开发板卡上实现FPGA设计。

FPGA的一般设计流程如图4.23所示。功能设计是指对系统的任务和需求进行分析，确定整个系统的功能。通常还应根据自顶而下的方式，确定系统的框架和整个系统应该包含哪些子单元。

设计输入是将概念设计转化为硬件描述的过程，常见的方式是硬件描述语言（Hardware Description Language，HDL）设计或原理图方式设计。另外还包括约束的设计。

RTL（Register Transfer Level）级仿真也称为功能（行为）仿真，或是综合前仿真，是在编译之前对用户所设计的电路进行逻辑功能验证，此时的仿真没有延迟信息，仅对初步的功能进行检测。

综合就是将较高级抽象层次的描述转化成较低层次的描述，简单来说是将RTL级的描述转化成与门、或门、非门等门级的描述。但是综合并没有真正实现门级电路，而只是生成了相关的逻辑连接网表，供FPGA布局布线软件进行实现。

布局布线的过程被称为实现或执行（implementation）。在这一步，FPGA开发软件会根据上一步生成的网表文件，将工程的逻辑和时序与具体的FPGA芯片上的可用资源匹配。布局可以被理解为挑选可实现设计网表最优的资源组合，而布线就是将这些资源以最优方式连接起来。

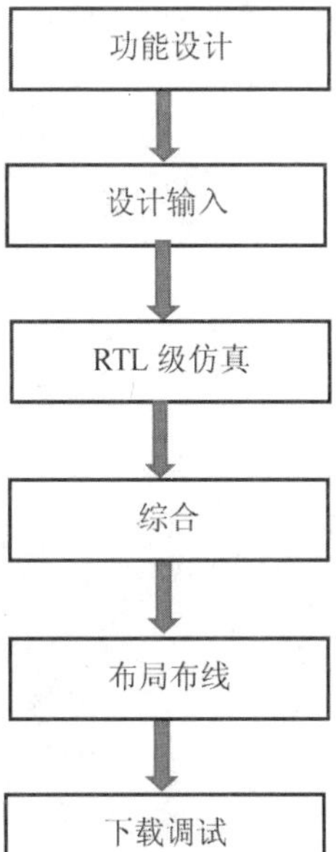

图4.23　FPGA设计流程图

下载调试需要产生数据文件（位数据流文件），然后将编程数据下载到FPGA芯片中。通过观测现象或输入、输出信号的时序，验证实际的效果。一般这样的过程是结合

FPGA开发板完成的，也常被称为板级调试。

有时在综合后和实现后还需要再次仿真，被称为综合后仿真和实现后仿真。这些仿真的作用有两个。第一个是避免综合和实现后的结果和预期的功能出现偏差。现在的各种开发软件在综合和实现的过程中做了很多优化，这些优化的本意是为了节约FPGA的内部资源，但结果有可能使得最终的功能和RTL级仿真的结果有了一定的差异。第二个是为了分析信号时延的影响。当转化为门级的描述后，可以利用门电路时延参数对电路的信号延迟仿真，比如综合后仿真；当布局布线的过程完成后还可以对线级的时延仿真，比如实现后仿真。这些仿真有利于更准确地估计实际电路的信号时序。

4.4.3 实验任务及要求

通过FPGA实现以下输入、输出，输入为a、b、c，输出为y。

$$y=(a+b)\cdot c$$

一、按照FPGA设计流程进行初步设计

（1）开始前的准备——创建工作文件夹。在本地磁盘创建一个文件夹，可以用学号作为文件夹的名字。启动Vivado软件——双击桌面图标。

微课1　FPGA开发板的资源介绍

（2）创建新的工程项目

选择 File→New Project ……出现新工程向导，指定设计项目的位置和名称，指定设计项目的类型（初步设计可使用RTL Project），指定源文件类型（例如Verilog），可以以后再添加源文件和约束文件（也可以在此处添加），选择目标器件（本实验中选择xc7a35tftg256-1），看到工程小结后，单击Finish完成新工程的创建。

（3）添加源文件

在项目中添加源文件，单击项目管理器Sources窗口中的图标，或者选择 Flow Navigator→PROJECT MANAGER→Add Sources，添加源文件的向导将会出现。

创建Verilog设计源文件，选择Add or create design sources，单击Create File，选择源文件类型（可选Verilog）键入文件名，单击Finish结束设计源文件的创建。

编辑Verilog设计源文件，双击设计源文件打开编辑器，录入源文件程序后保存。

微课2　利用Vivado软件和开发板进行FPGA开发流程简介

（4）RTL分析

单击工程向导中的Open Elaborated Design，在弹出的对话框内单击OK将完成对设计的解析并打开解析的设计，看到RTL分析中的原理图。

（5）分配I/O管脚

分配管脚有多种方法。一是在RTL解析的设计中，选择 Window→I/O Ports，在屏幕下方选择输入端口、输出端口以及端口名称（例如input名称为a、b、c，output名称为y，分别分配至芯片的I/O管脚T7、T8、T9和P9），注意还要选择端口标准。然后键入约束文件名并保存约束文件，生成约束文件后，也可以在Sources窗口中选择约束文件并打开进行查看和编辑。

二是可以在添加源文件中直接添加约束文件，并通过录入的方式编辑，保存后生成约束文件。

（6）综合与实现

要对设计进行综合，选择 Flow Navigator→SYNTHESIS→Run Synthesis，等待综合完成后，会在屏幕右上角出现绿色对号标记。

选择Run Implementation，单击“OK”键，开始实现设计，等待实现完成，也会在屏幕右上角出现绿色对号标记。

（7）生成位流文件，配置目标器件

选择 Flow Navigator→PROGRAM AND DEBUG→Ganerate Bitstream，等待位流文件生成，生成后会在屏幕右上角出现绿色对号标记。打开硬件管理器（选择Open Hardware Manager），配置目标器件，用USB数据线把电路板连接到电脑，单击自动连接，当显示目标硬件已连接，即可单击Program Device，找到要下载的 .bit文件，单击“Program”键，即可将程序下载到FPGA开发板的芯片内，同时验证设计的输入、输出关系是否正确。

二、按照FPGA仿真设计流程对设计进行仿真

（1）创建仿真源文件

打开之前已建好的一个工程，找到设计源文件，创建仿真源文件，单击项目管理器Sources窗口中的“+”图标，单击“Create File”键，选择仿真文件类型（可选Verilog）并键入文件名，单击“Yes”键即完成创建。

（2）编辑仿真源文件

双击仿真源文件并进行编辑，编辑完毕后进行存盘。注意仿真源文件的输入名、输出名可以自定，在编辑中通过给仿真源文件的输入端写测试数据，将仿真源文件及设计源文件的输入、输出进行关联，最后在仿真源文件的输出端观测输出仿真数据或波形。

微课3　FPGA仿真方法初步

（3）行为仿真

选择 Flow Navigator→SIMULATION→Run Simulation→Run Behavioral Simulation，即可查看仿真波形。

三、设计示例

用FPGA实现下面的电路，如图4.24所示。

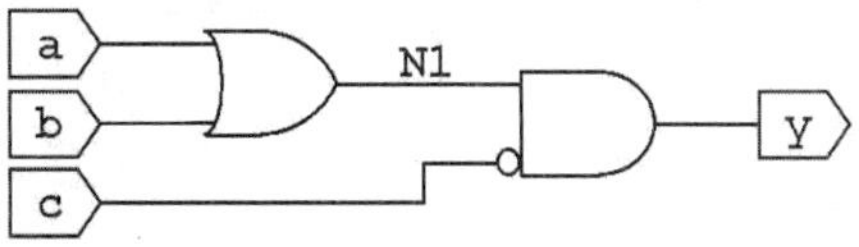

图4.24　电路图

（1）开始前的准备——创建工作文件夹，启动Vivado软件——双击桌面图标。

（2）创建新的工程项目，如图4.25所示。

图4.25　新工程向导界面

（3）添加源文件，如图4.26所示。

```
module e_1(
    input a,
    input b,
    input c,
    output reg y
    );

    wire N1;

    assign N1 = a | b;
    always@(N1 or c) y = N1 & ~c;
endmodule
```

微课4　Verilog语言简介及简单示例

图4.26　源文件的Verilog程序

（4）RTL分析，如图4.27所示。

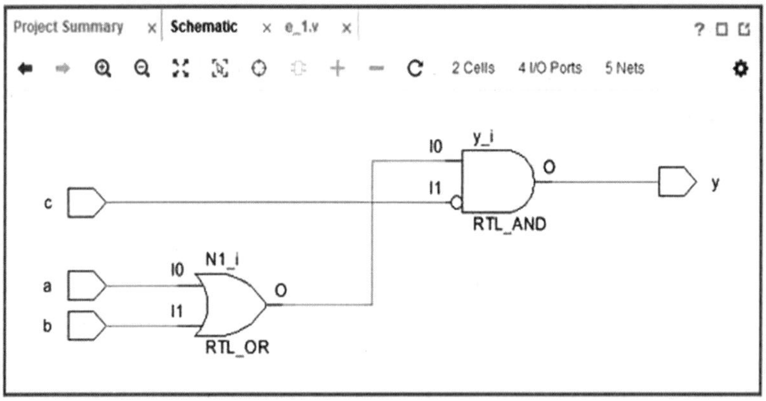

图4.27　RTL分析的原理图

（5）分配I/O管脚

分配管脚有多种方法。一是在RTL解析的设计中，选择Window→I/O Ports，在屏幕下方选择输入端口、输出端口以及端口名称，如图4.28所示。

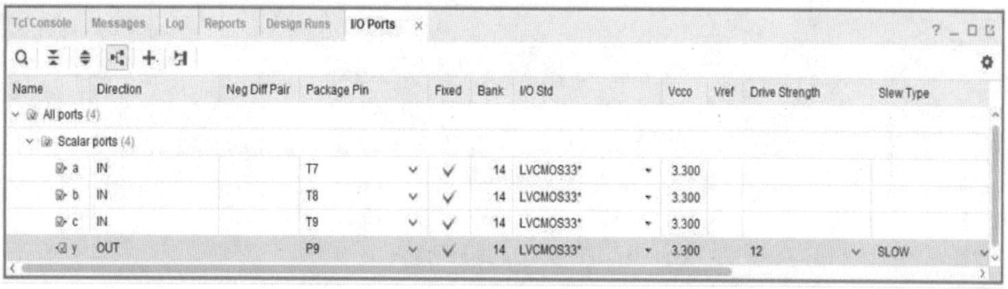

图4.28　输入端口、输出端口的引脚分配及逻辑电平标准

二是在添加源文件中直接添加约束文件，并通过录入的方式编辑，保存后生成约束文件，如图4.29所示。

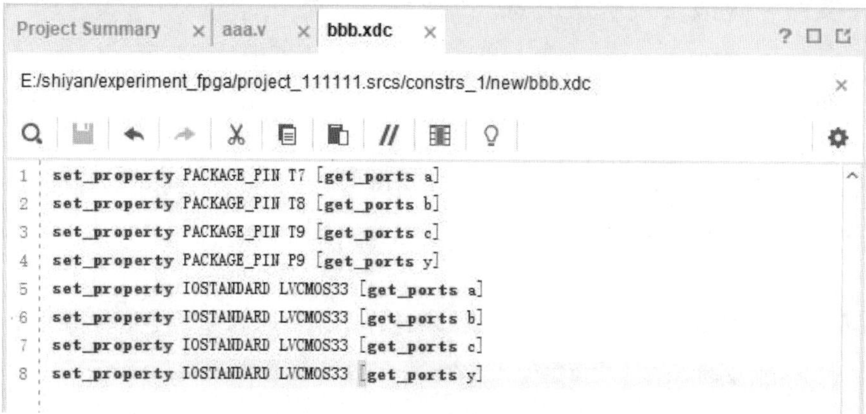

图4.29　约束文件

（6）综合与实现，如图4.30所示。

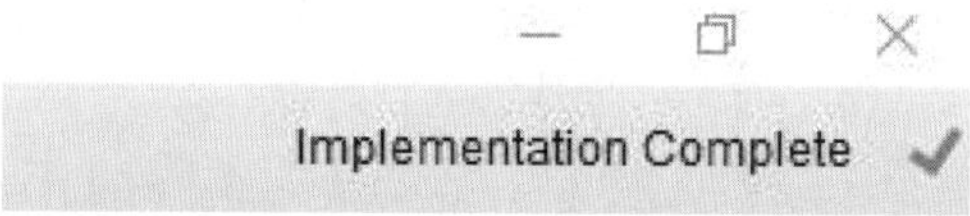

图4.30　运行综合与实现后的通过界面

（7）生成位流文件，配置目标器件

选择 Flow Navigator→PROGRAM AND DEBUG→Ganerate Bitstream，等待位流文件生成，生成后会在屏幕右上角出现绿色对号标记。打开硬件管理器（选择Open Hardware Manager），配置目标器件，用USB数据线把电路板连接到电脑，单击自动连接。当显示目标硬件已连接（如图4.31所示），即可单击Program Device，找到要下载的 .bit 文件，单击Program，即可将程序下载到FPGA开发板的芯片内，同时验证设计的输入、输出关系是否正确。

微课5　实际示例下载演示

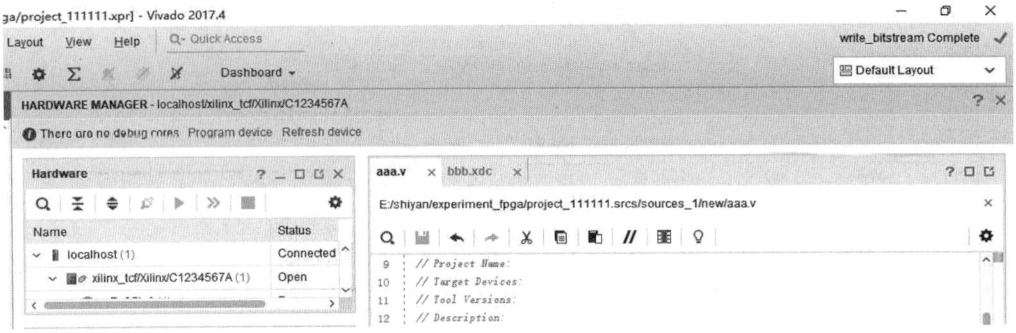

图4.31　连接硬件后的界面

4.4.4　实验常见故障及解决方法

1. 设计源文件综合出错

可以查看错误信息提示，常常有文件名中字符不规范、源文件中程序键入不是全英文，程序语法错误等原因。

2. 生成比特流文件出错

常常有下载芯片型号未设置正确、约束文件出错等原因。

3. 比特流文件不能正确下载到实验板

实验板与电脑未正确连接、比特流文件选择错误等原因会产生这种情况。

4.4.5　思考题

1. 在基于Vivado的FPGA设计流程中有一步是要添加引脚约束文件，这一步对电路中定义的输入端、输出端的作用是什么?

2. 在Verilog语言中Assign语句是什么?（　　）

A. 条件语句

B. 连续赋值语句

C. 循环语句

D. 过程块

3. 在Verilog语言中Always语句是什么?（　　）

A. 只有reg类型数据可以在这个语句中被赋值

B. 总是循环重复执行

C. @后敏感信号的值发生变化，语句就顺序执行一次

D. 只有wire类型数据可以在这个语句中被赋值

4. Vivado中仿真文件的后缀是什么?（　　）

A. .s

B. .sim

C. .v

D. .xdc

4.5　实验五　编码器与显示译码器的应用

4.5.1　实验预习

节导语

本节要了解优先编码器与显示译码器的使用原理，掌握构建编码译码显示系统采用中规模集成电路实现的方法，掌握MSI组合电路的测试方法，掌握用Multisim对电路进行设计仿真的方法，学习用Verilog HDL语言进行电路实现并下载到FPGA底板的方法。

实验五预习题自测

4.5.2　实验原理

1. 编码器

编码器是将数字系统输入的信息，如：字母、符号、二进制以外的其他数据或控制信号等转换为二进制代码的电路。

编码器分为键控编码器和优先编码器：

键控编码器是机械键盘常用的编码器，每当按下一个按键，在编码器的输出端就会出现对应的二进制代码。但如在某一时刻同时按下两个或两个以上的按键，输出的状态将会发生紊乱。

微课1　优先编码器工作原理

优先编码器是指当两个或两个以上的输入端发出输入请求时，只对其中优先级别最高者进行编码的编码器。本实验所采用的是优先编码器74×148，引脚图如图4.32所示，功能表见表4.6所列。

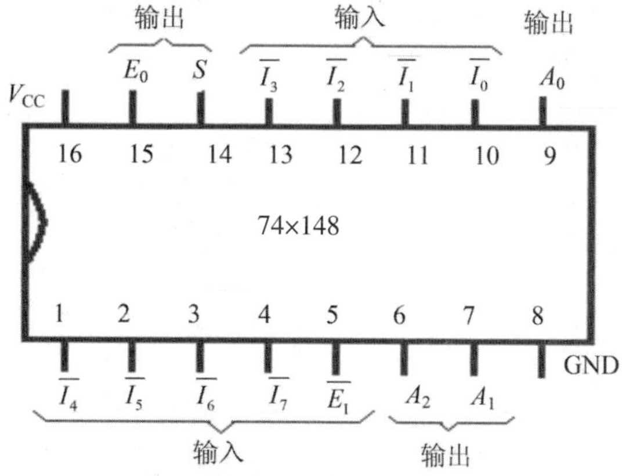

图4.32　74×148引脚图

表4.6　74×148功能表

输入									输出				
$\overline{E_1}$	$\overline{I_0}$	$\overline{I_1}$	$\overline{I_2}$	$\overline{I_3}$	$\overline{I_4}$	$\overline{I_5}$	$\overline{I_6}$	$\overline{I_7}$	A_2	A_1	A_0	S	E_0
1	X	X	X	X	X	X	X	X	1	1	1	1	1
0	1	1	1	1	1	1	1	1	1	1	1	1	0
0	0	1	1	1	1	1	1	1	1	1	1	0	1
0	X	0	1	1	1	1	1	1	1	1	0	0	1
0	X	X	0	1	1	1	1	1	1	0	1	0	1
0	X	X	X	0	1	1	1	1	1	0	0	0	1
0	X	X	X	X	0	1	1	1	0	1	1	0	1
0	X	X	X	X	X	0	1	1	0	1	0	0	1
0	X	X	X	X	X	X	0	1	0	0	1	0	1
0	X	X	X	X	X	X	X	0	0	0	0	0	1

根据功能表可以看出，只要编码器使能输入端 $\overline{E_1}=1$，不论编码输入为何种情况，均不能进行编码工作，此时编码器输出全为1。只有当 $\overline{E_1}=0$ 时，才能进行编码工作。编码输入端 $\overline{I_0}\sim\overline{I_7}$，低电平有效，其优先级别从 $\overline{I_0}$ 至 $\overline{I_7}$ 依次递增，当输入全部为有效电平时，只对 $\overline{I_7}$ 进行编码。A_2、A_1、A_0为编码器的输出端，它以二进制反码形式对输入信号进行编码，即编码输出与有效输入下标的二进制互为反码。S为扩展输出端，S=0表示A_2、A_1、A_0为编码输出，S=1表示A_2、A_1、A_0不是编码输出。它主要用于区别$A_2A_1A_0$=111时（数据表中前三种情况），是编码输出还是非编码输出。E_o为使能输出端，主要用于级联，通常接至低位片的 $\overline{E_1}$。当 $\overline{E_1}=0$ 且没有有效编码输入时，E_o=0才允许低位片编码。

2. 显示器（数码管）

七段LED显示器分为共阴极和共阳极两种，它们所需要的显示译码器各不相同，七段显示码被送到七段显示器显示。七段显示器是电信号转换成为光信号的固体显示器件，其工作电流一般为10～15 mA。七段LED显示器分为共阴极和共阳极两种形式，它们的外形结构和二极管连接方式如图4.33所示。从图中可以看出，对于共阳极的显示器，当输入低电平时发光二极管发光；对于共阴极的显示器，当输入高电平时发光二极管发光。与之相应，译码器的输出也分低电平有效和高电平有效两种。如74LS46、74LS47为低电平有效，可用于驱动共阳极的LED显示器；74LS48、74LS49为高电平有效，可用于驱动共阴极的LED显示器。有的LED显示器带有小数点，一般用DP表示。

微课2　显示译码器的工作原理

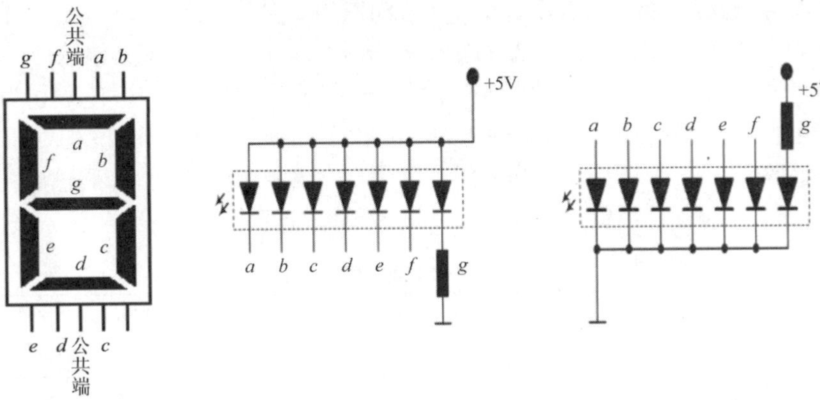

（a）共阳极连接方式　　　　　　（b）共阴极连接方式

图4.33　外形结构图和二极管连接方式

3. 译码器

译码器是将二进制代码转换成为对应信息的器件。它的输入必须为二进制代码。其输出有两种情况：一是特定的控制信号，二是另一种类型的代码。译码器分为代码变换译码器、显示译码器和二进制译码器（变量译码器）三种。

本实验中所用的是显示译码器，它主要用于驱动各种显示器件，如LED、LCD等，从而将二进制代码表示的数字、文字、符号“翻译”成人们习惯的形式，直观地显示出来。

目前，用于显示电路的中规模译码器种类很多，其中用得较多的是七段显示译码器。它的输入是8421BCD码，输出是由*a*、*b*、*c*、*d*、*e*、*f*、*g*构成的一种代码，称之为七段显示码。根据字形的需要，确定*a*、*b*、*c*、*d*、*e*、*f*、*g*各段应加什么电平，就得到两种代码对应的编码表。

值得注意的是，有的显示译码器内部电路的输出级有集电极电阻，如74LS48，它在使用时可直接接显示器。而有的译码器为集电极开路（OC）输出结构，如74LS47、74LS49，它们在工作时必须外接集电极电阻，不过可通过改变电阻来调节显示器的亮度。

显示译码器CD4511是一个用于驱动共阴LED显示器的BCD码——七段译码器，其引脚图如图4.34所示，逻辑功能表见表4.7所列。

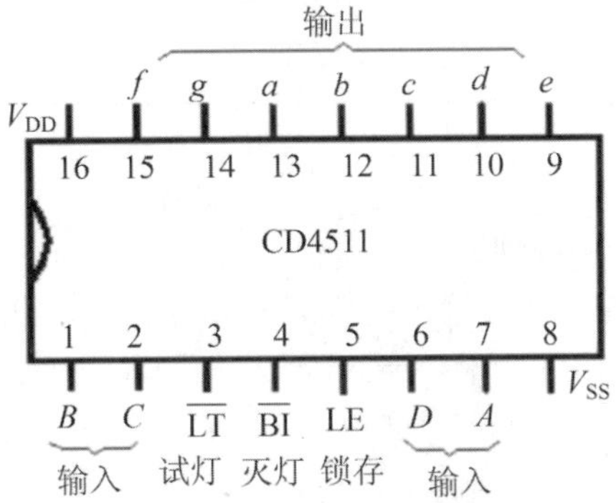

图4.34　译码器CD4511引脚图

根据表4.7的功能表可以看出：*DCBA* 为8421BCD码输入端。*abcdefg* 为译码输出端，输出为高电平有效。$\overline{LT}$ 为试灯输入端，当 $\overline{LT}=0$ 时，不管其他输入端状态如何，数码管七段均发亮，显示“8”，它主要用来检测数码管是否损坏。$\overline{BI}$ 为灭灯输入端，当 $\overline{LT}$=1，$\overline{BI}$=0时，不管输入 *DCBA* 状态如何，数码管七段均处于熄灭状态，不显示数字。LE为锁存端，当 $\overline{LT}$=1，$\overline{BI}$=1，LE=0时，允许译码输出；当LE=1，$\overline{BI}$=1，LE=1时，译码输出被锁存，不随译码输入变化。

表4.7　CD4511逻辑功能表

输入							输出							
LE	$\overline{BI}$	$\overline{LT}$	*D*	*C*	*B*	*A*	*a*	*b*	*c*	*d*	*e*	*f*	*g*	显示
×	×	0	×	×	×	×	1	1	1	1	1	1	1	8
×	0	1	×	×	×	×	0	0	0	0	0	0	0	（消隐）
0	1	1	0	0	0	0	1	1	1	1	1	1	0	0
0	1	1	0	0	0	1	0	1	1	0	0	0	0	1
0	1	1	0	0	1	0	1	1	0	1	1	0	1	2
0	1	1	0	0	1	1	1	1	1	1	0	0	1	3
0	1	1	0	1	0	0	0	1	1	0	0	1	1	4
0	1	1	0	1	0	1	1	0	1	1	0	1	1	5
0	1	1	0	1	1	0	0	0	1	1	1	1	1	6
0	1	1	0	1	1	1	1	1	1	0	0	0	0	7
0	1	1	1	0	0	0	1	1	1	1	1	1	1	8
0	1	1	1	0	0	1	1	1	1	1	0	1	1	9
0	1	1	1	0	1	0	0	0	0	0	0	0	0	（消隐）
0	1	1	1	0	1	1	0	0	0	0	0	0	0	（消隐）
0	1	1	1	1	0	0	0	0	0	0	0	0	0	（消隐）
0	1	1	1	1	0	1	0	0	0	0	0	0	0	（消隐）
0	1	1	1	1	1	0	0	0	0	0	0	0	0	（消隐）
0	1	1	1	1	1	1	0	0	0	0	0	0	0	（消隐）
1	1	1	×	×	×	×		（	锁		存	）		（锁存）

4.5.3　实验任务及要求

一、中小规模集成电路实现

1. 设计一个如图4.35所示的编码—译码显示系统，自拟表格完成测试，记录实验结果，图中反相器可利用如图4.36所示的与非门74LS00设置实现。

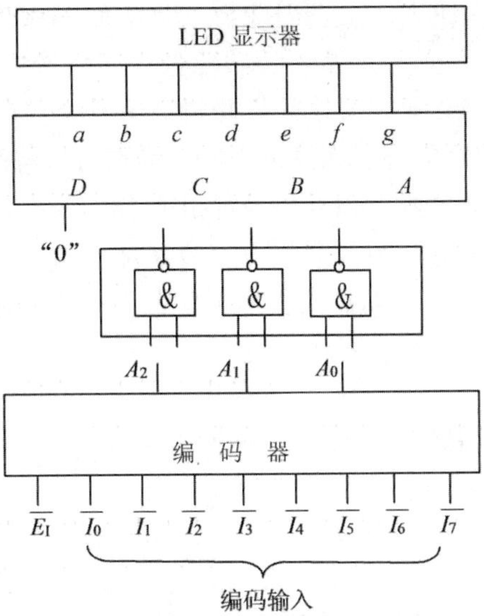

图4.35 编码—译码显示系统

微课3 编码-译码显示系统的工作原理

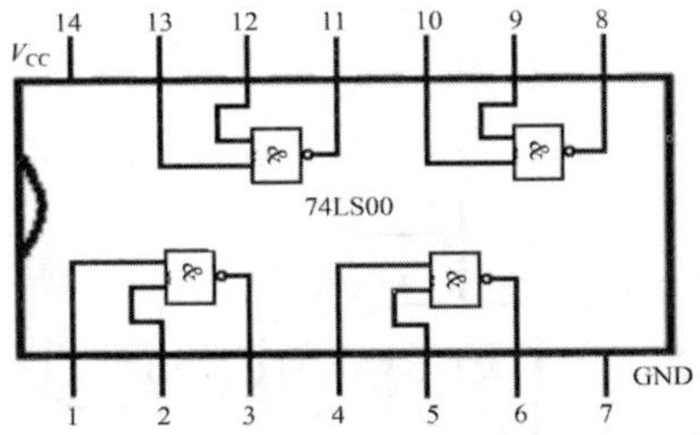

图4.36 74LS00引脚

2. 当编码输入端 $\overline{I_0}$～$\overline{I_7}$ 为01001001时，测试并画出编码输出 A_2、A_1、A_0 的波形。

3. 利用两片74×148扩展成16线/4线的优先编码器，并满足优先编码器高位优先的原则。

二、Multisim仿真实现

1. 在Multisim或其他仿真软件系统下，实现编码器74×148的逻辑功能仿真测试。

2. 在Multisim或其他仿真软件系统下，实现由编码器74×148、显示译码器4511及共阴极数码管构成的编码、译码显示系统仿真测试。

3. 用一片74×148和74×00设计一个10线～4线的8421BCD优先编码器，输入低电平有效，输出为8421BCD原码。

三、FPGA设计实现

1. 利用Verilog HDL语言，在Vivado软件平台上实现编码、译码显示系统的编码—直接译码和编码—取反后译码显示电路，并下载到开发板上验证。

2. 利用Verilog HDL语言在Vivado软件平台上实现优先编码器电路，当编码输入端 $\overline{I_0}$～$\overline{I_7}$ 为01001001时，观察编码输出 A_2、A_1、A_0 的仿真波形。

3. 修改优先编码器的设计代码，用Verilog HDL语言实现一个普通的编码器。要求下载到底板上验证。

4.5.4 实验常见故障及解决方法

现象1：芯片异常发烫。

解决方法：请检查芯片电源、地是否接反，电源电压是否满足要求。

现象2：各集成块基本功能测试结果与理论值不符。

解决方法：请用逻辑箱上的数字电压表或示波器检查芯片电源是否满足要求，针对出错的一组数用逻辑测试笔或示波器在集成块引脚测试各输入端、输出端，尤其是输入使能端是否满足要求，判断问题所在。

注意：测试时应防止芯片引脚短路。

现象3：实验中LED数码管应该显示“0”，而实际显示的是“8”。

解决方法：检查LED显示译码器D输入端是否为“0”。

现象4：取反后译码显示值错误。

解决方法：检查74×00的电源是否接正确，以及74×00中的与非门是否有坏的。

4.5.5 思考题

1. 如果显示译码器内部输出级没有上拉电阻，它应如何与LED显示器连接？

2. 可否用LED数码管各段输入端接高电平的方法来检查该数码管的好坏？为什么？

3. 如何用CD4511去驱动共阳极LED数码管？

4. 编码译码显示系统中，如果最后的译码显示的数字不正确，可能会有哪些故障？应该从哪些方面来检查和排除？

5. 编码器波形测试实验中，编码输出在示波器上显示的不是直流电压波形，可能会有哪些故障？应该从哪些方面来检查和排除？

4.5.6 实验任务引导

一、Multisim仿真实现参考方案

1. 在Multisim或其他仿真软件系统下实现编码器74×148的逻辑功能仿真测试。

分析：如图4.37所示在仿真软件内搭建电路，用开关控制74×148的编码输入及使能输入端，开关打开时，各个输入端经10 kΩ电阻与5 V电源相连，为高电平；开关闭合时，输入端与地相连，为低电平。按表4.6中所给的不同输入组合情况，用虚拟仪器观测编码器的编码输出以及使能输出端E_O、扩展输出端S的情况。在这个实验中共有五个输出端，在仅仅关注各个输出端的状态而不是具体电压值时，采用虚拟逻辑分析仪观测更方便快捷，因为通过逻辑分析仪可以同时观测十六路信号。

图4.37是编码器工作在表4.6第五行的输入状态下的仿真电路。

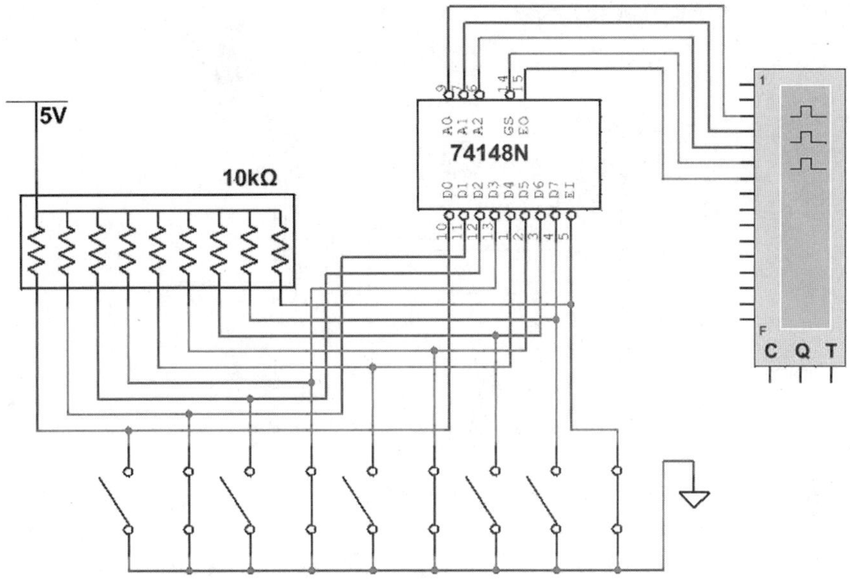

图4.37　编码器74×148逻辑功能仿真测试电路

图4.38是编码器工作在表4.6第五行的输入状态下逻辑分析仪测试的仿真输出结果。

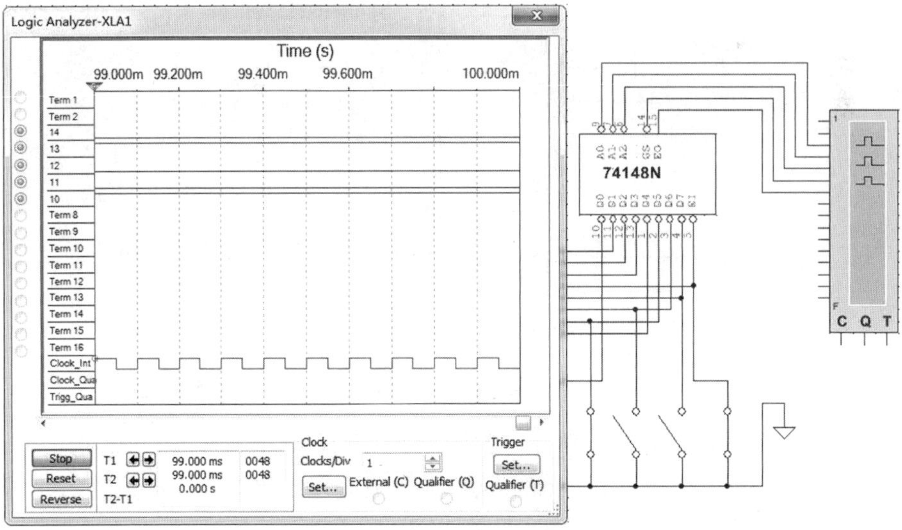

图4.38　编码器74148逻辑功能仿真测试结果

2. 在Multisim或其他仿真软件系统下实现由编码器74×148、显示译码器CD4511及共阴极数码管构成的编码译码显示系统仿真测试。

分析：图4.39是将编码器工作在表4.6第五行的输入状态下的输出进行直接译码的结果，如果希望七段显示器直接显示编码输入有效端号，可以将编码器输出取反后再译码。

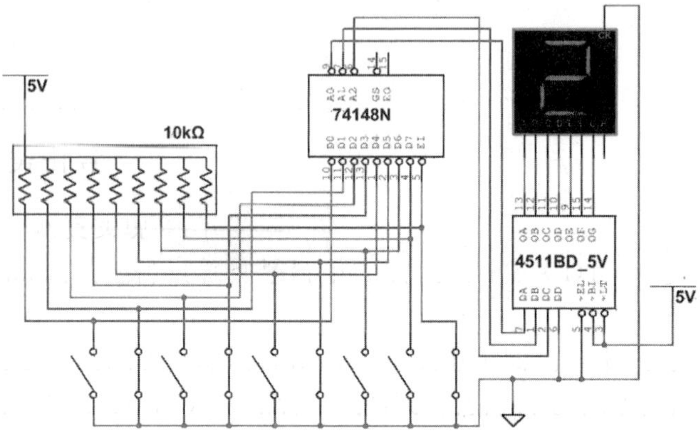

图4.39　编码译码显示系统仿真测试

3. 用一片74×148和74×00设计一个10线～4线的8421BCD优先编码器，输入低电平有效，输出为8421BCD原码。

分析：利用仿真软件实现设计任务2中所要求的8421BCD优先编码器（参考电路如图4.40所示，当输入端输入不同的电平信号时，用仿真仪器可同时观测编码器的输出。

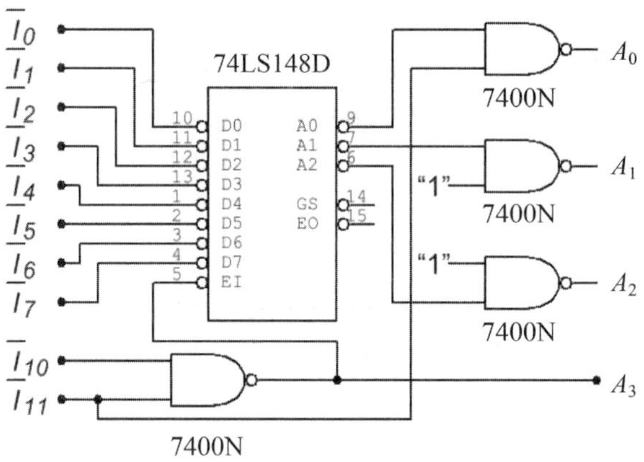

图4.40　显示译码器与LED显示器的连接参考电路

二、FPGA设计实现参考方案

1. 利用Verilog HDL语言在Vivado软件平台上实现编码译码显示系统的编码——直接译码显示电路，并下载到开发板上验证。

设计文件代码：

```
//-------------------encoder_decoder--------------------
module encoder_decoder(i_l,ei_l,switch,seg,dig);
     input[7:0] i_l;//编码输入信号,低电平有效
     input ei_l;//使能输入,低电平有效
     input switch;//两种译码方式切换
     output reg [7:0] seg;//段码
```

```
output[5:0] dig;//位码

assign dig=6'b011111;//在开发板最左边的数码管上显示数字
always@(switch,ei_l,i_l)
begin
  if (switch) //开关上拨,实现直接译码
  begin if(ei_l)  seg = 8'b11100000; //使能无效时显示7
      else if(!i_l[7])   seg = 8'b11111100; //输入I7_L有效,显示0
      else if(!i_l[6])   seg = 8'b01100000; //输入I6_L有效,显示1
      else if(!i_l[5])   seg = 8'b11011010; //显示2
      else if(!i_l[4])   seg = 8'b11110010; //显示3
      else if(!i_l[3])   seg = 8'b01100110; //显示4
      else if(!i_l[2])   seg = 8'b10110110; //显示5
      else if(!i_l[1])   seg = 8'b00111110; //显示6
      else if(!i_l[0])   seg = 8'b11100000; //显示7
      else  seg = 8'b11100000;//其他情况显示7
  end
  else //开关下拨,实现取反后译码
  begin if(ei_l)  seg = 8'b11111100;//使能无效显示0
        else if(!i_l[7])   seg = 8'b11100000;//显示7
        else if(!i_l[6])   seg = 8'b00111110;//显示6
        else if(!i_l[5])   seg = 8'b10110110;//显示5
        else if(!i_l[4])   seg = 8'b01100110;//显示4
        else if(!i_l[3])   seg = 8'b11110010;//显示3
        else if(!i_l[2])   seg = 8'b11011010;//显示2
        else if(!i_l[1])   seg = 8'b01100000;//显示1
        else if(!i_l[0])   seg = 8'b11111100;//显示0
        else  seg = 8'b11111100;//其他情况显示0
  end
 end
endmodule
```

2. 利用Verilog HDL语言在Vivado软件平台上实现优先编码器电路，当编码输入端$\overline{I_0}$～$\overline{I_7}$为01001001时，观察编码输出A_2、A_1、A_0的仿真波形。

分析：先写出仿真文件代码，通过行为仿真得到编码输出的仿真波形如图4.41所示。

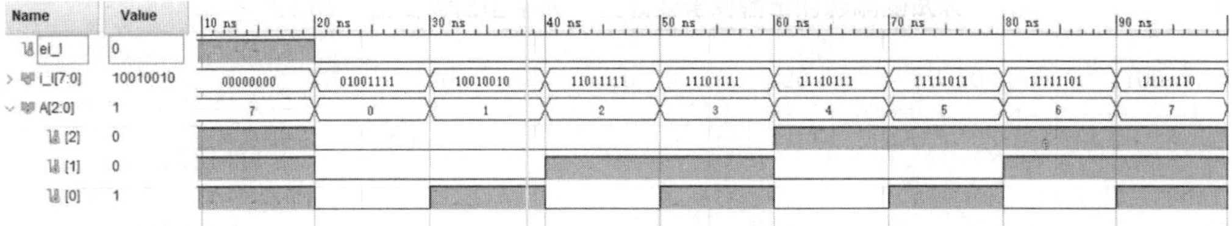

图4.41　优先编码器仿真波形

4.6 实验六 数据选择器及二进制译码器的应用

4.6.1 实验预习

节导语

本节要学习中规模集成数据选择器、二进制译码器的逻辑功能及使用方法，学习如何利用数据选择器产生逻辑函数，如何利用数据选择器或二进制译码器进行电路设计的方法，掌握MSI组合电路的测试方法。掌握用Multisim对电路进行设计仿真的方法，学习用Verilog HDL语言进行电路实现并下载到FPGA底板的方法。

实验六预习题自测

4.6.2 实验原理

1. 数据选择器

数据选择器又叫“多路开关”。数据选择器在地址码电位的控制下，从几个数据输入中选择一个并将其送到一个公共的输出端。数据选择器的功能类似一个多掷开关，如图4.42所示，图中有八路数据 D_0～D_7，通过选择控制信号 A_2、A_1、A_0（地址码）从八路数据中选中某一路数据送至输出端 Q。

微课1 数据选择器实验目的和原理

目前，数据选择器为逻辑设计中应用十分广泛的逻辑部件，它有2选1、4选1、8选1、16选1等类别。数据选择器的电路结构一般由与或门阵列组成，也有用传输门开关和门电路混合而成的。

（1）8选1数据选择器74×151

74×151为互补输出的8选1数据选择器，引脚排列如图4.43所示，功能表见表4.8所列。

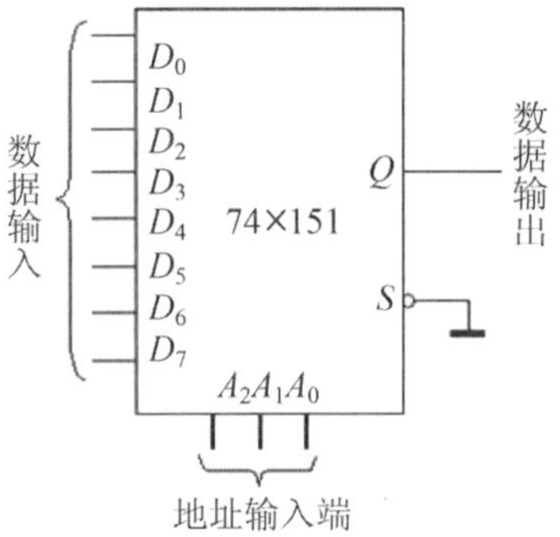

图4.42 8选1数据选择器示意图

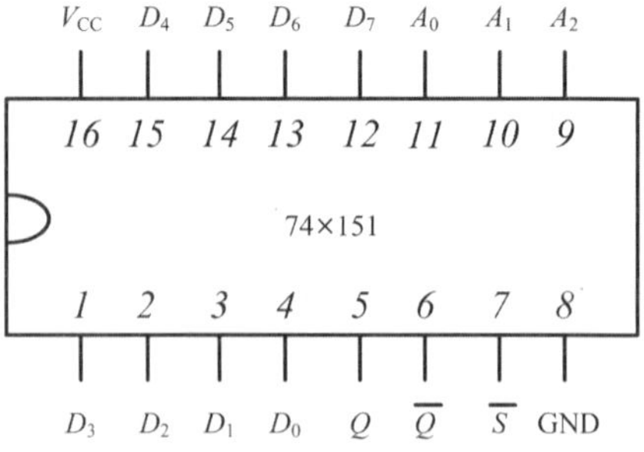

图4.43 74×151引脚排列

表4.8　8选1数据选择器功能表

输入				输出	
$\overline{S}$	A_2	A_1	A_0	Q	$\overline{Q}$
1	×	×	×	0	1
0	0	0	0	D_0	$\overline{D}_0$
0	0	0	1	D_1	$\overline{D}_1$
0	0	1	0	D_2	$\overline{D}_2$
0	0	1	1	D_3	$\overline{D}_3$
0	1	0	0	D_4	$\overline{D}_4$
0	1	0	1	D_5	$\overline{D}_5$
0	1	1	0	D_6	$\overline{D}_6$
0	1	1	1	D_7	$\overline{D}_7$

微课2　数据选择器实现逻辑函数原理

选择控制端（地址端）为A_2～A_0，按二进制译码，从8个输入数据D_0～D_7中，选择一个需要的数据送到输出端Q，$\overline{S}$为使能端，低电平有效。

使能端$\overline{S}=1$时，不论A_2～A_0状态如何，均无输出（$Q=0$，$\overline{Q}=1$），多路开关被禁止。

使能端$\overline{S}=0$时，多路开关正常工作，根据地址码A_2、A_1、A_0的状态选择D_0～D_7中某一个通道的数据输送到输出端Q。

如：$A_2A_1A_0=000$，则选择D_0数据到输出端，即$Q=D_0$。

如：$A_2A_1A_0=001$，则选择D_1数据到输出端，即$Q=D_1$，其余类推。

（2）数据选择器的应用

中规模组件是为了实现专门的逻辑功能而设计，通过适当的连接，可以实现一般的逻辑功能。

用数据选择器74LS151实现逻辑函数。数据选择器是典型的“与或”门阵列，用它可直接实现“与或”式逻辑函数。

如：$F=\overline{ABC}+\overline{A}B\overline{C}+A\overline{BC}+ABC$ 又可表示为 $F=\sum_{A,B,C}(1,2,4,7)$

三变量函数有8个最小项，用8选1数据选择器74LS151就可以实现。将变量A、B、C接数据选择器控制端A_2、A_1、A_0，令$D_1=D_2=D_4=D_7=1$，$D_0=D_3=D_5=D_6=0$，输出端Q实现函数F。

例1：用8选1数据选择器74×151实现函数。

$$F=A\overline{B}+\overline{A}C+B\overline{C}$$

采用8选1数据选择器74×151可实现任意三输入变量的组合逻辑函数。作出函数F的功能表，见表4.9所列，将函数F功能表与8选1数据选择器的功能表相比较，可知：

①将输入变量A、B、C作为8选1数据选择器的地址码A_2、A_1、A_0；

②使8选1数据选择器的各数据输入D_0～D_7分别与函数F的输出值一一对应。

$$F=A\overline{B}+\overline{A}C+B\overline{C}=A\overline{B}(C+\overline{C})+A\overline{C}(B+\overline{B})+B\overline{C}(A+\overline{A})$$
$$=\overline{A}\overline{B}C+\overline{A}B\overline{C}+\overline{A}BC+A\overline{B}\overline{C}+A\overline{B}C+AB\overline{C}$$

又可表示为 $F=\sum_{A,B,C}(1,2,3,4,5,6)$。连接线图如图4.44所示。

即 $A_2A_1A_0=ABC$，$D_0=D_7=0$，$D_1=D_2=D_3=D_4=D_5=D_6=1$

则8选1数据选择器的输出 Q 便实现了函数 $F=A\overline{B}+\overline{A}C+B\overline{C}$

显然，采用具有 n 个地址端的数据选择实现 n 变量的逻辑函数时，应将函数的输入变量加到数据选择器的地址端（A），选择器的数据输入端（D）按次序以函数 F 输出值来赋值。

表4.9　例1　逻辑函数真值表

输入			输出	
$A(A_2)$	$B(A_1)$	$C(A_0)$	F	Q
0	0	0	0	D_0
0	0	1	1	D_1
0	1	0	1	D_2
0	1	1	1	D_3
1	0	0	1	D_4
1	0	1	1	D_5
1	1	0	1	D_6
1	1	1	0	D_7

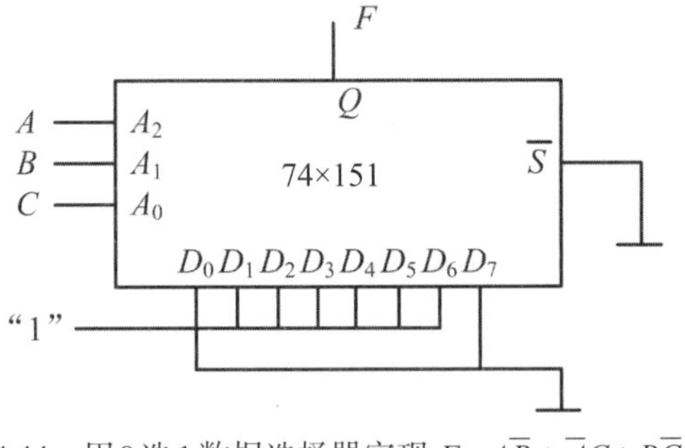

图4.44　用8选1数据选择器实现 $F=A\overline{B}+\overline{A}C+B\overline{C}$

例2：用8选1数据选择器74×151实现函数 $F=A\overline{B}+\overline{A}B$

①列出函数 F 的功能表见表4.10所列。

②将 A、B 加到地址端 A_1、A_0，而 A_2 接地，由表4.10可见，将 D_1、D_2 接"1"，D_0、D_3 接地，其余数据与输入端无关，则8选1数据选择器的输出 Q，便实现了函数 $F=A\overline{B}+B\overline{A}$。

接线图如图4.45所示。

表4.10　例2　逻辑函数真值表

输入		输出
$A(A_1)$	$B(A_0)$	F
0	0	0
0	1	1
1	0	1
1	1	0

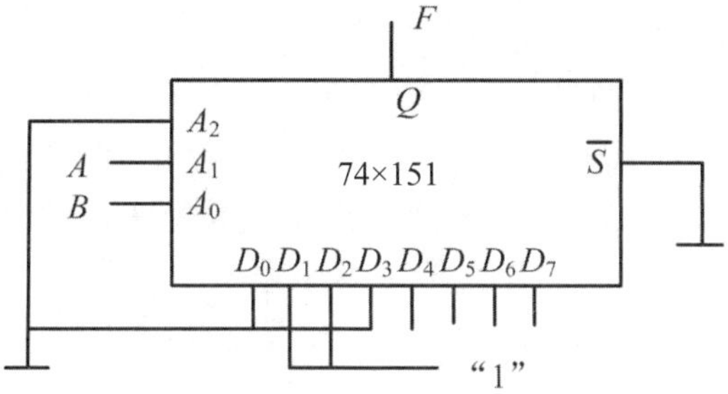

图4.45　8选1数据选择器实现 $F=A\overline{B}+\overline{A}B$

显然，当函数输入变量数小于数据选择器的地址端（A）时，应将不用的地址端及不用的数据输入端（D）都接地。

当函数输入变量大于数据选择器地址端（A）时，可能随着选用函数输入变量作地址的方案不同，而使其设计结果不同，需对几种方案进行比较，以获得最佳方案。

（3）数据选择器的扩展

用两片74×151连接成一个16选1的数据选择器（电路如图4.46所示）。

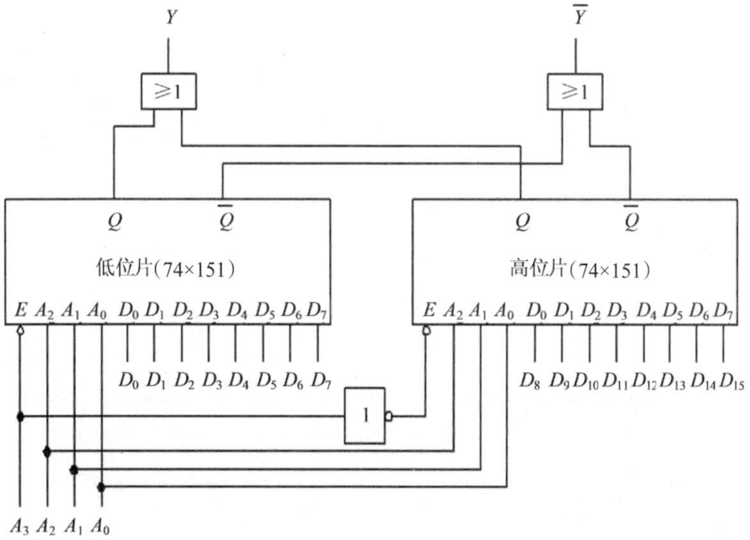

图4.46　两片74×151级联扩展构成16选1的数据选择器

16选1的数据选择器的地址输入端有四位，最高位A_3直接控制低位片使能端，A_3取非后控制高位片使能端，低三位地址输入端$A_2A_1A_0$直接控制两片数据选择器地址。当A_3=0时，低位片工作，根据地址控制信号$A_3A_2A_1A_0$选择数据D_0～D_7输出；当A_3=1时，高位片工作，选择D_8～D_{15}进行输出。

2. 二进制译码器

二进制译码器的输入是一组二进制代码，输出是一组与代码一一对应的高、低电平信号。如果输入是n位二进制代码，就有2^n种状态，输出也就有2^n个端口，译码器就将每个输入代码译成对应的一根输出线上的高、低电平信号。

微课3　二进制译码器原理

（1）二进制译码器74×139

图4.47是双2-4线译码器74×139集成块中的一个2-4线二进制译码器示意图，图4.48是引脚图，表4.11是其功能表。输入的2位二进制码共有4种状态，译码器将每个输入代码译成对应的一根输出线上的高、低电平信号。例如，当输入代码A_1A_0=10时，对应$\overline{Y_2}$输出为低电平，其余输出全为高电平。$\overline{G}$为使能端，低电平有效。它既可控制电路的工作，也可用于扩展逻辑功能。当$\overline{G}=0$时，2-4译码器工作；当$\overline{G}=1$时，电路被禁止，输出全部为高电平，输出状态与输入数据无关。A_1A_0可视作二进制数据，A_1为高位，A_0为低位，与输出$\overline{Y_0}-\overline{Y_3}$对应。

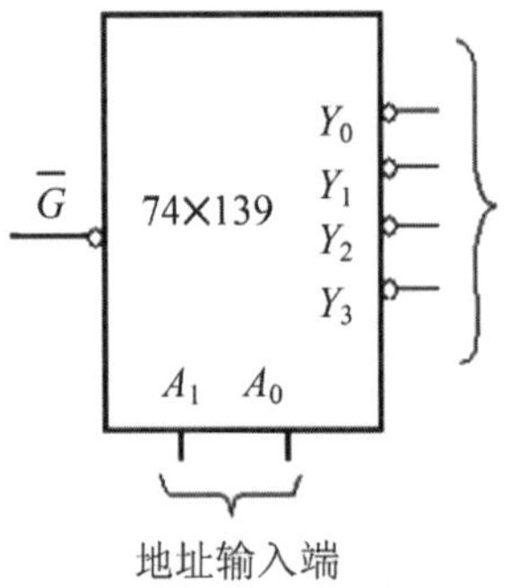

图4.47　双2-4线译码器示意图

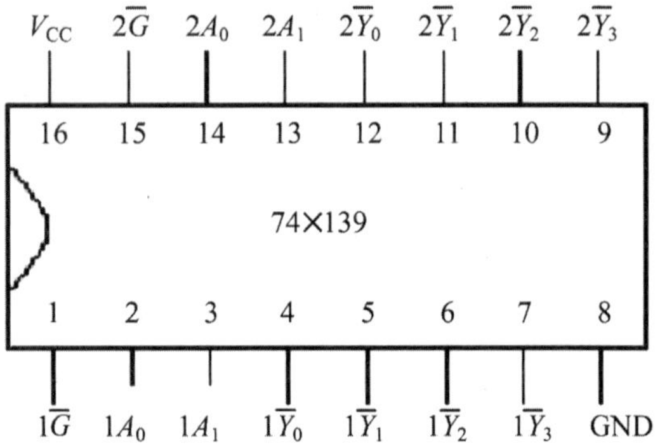

图4.48　74×139引脚排列

表4.11　译码器74×139功能表

输入			输出			
$\overline{G}$	A_1	A_0	$\overline{Y}_0$	$\overline{Y}_1$	$\overline{Y}_2$	$\overline{Y}_3$
1	X	X	1	1	1	1
0	0	0	0	1	1	1
0	0	1	1	0	1	1
0	1	0	1	1	0	1
0	1	1	1	1	1	0

（2）二进制译码器的扩展

几个译码器级联，用高位地址控制各芯片的使能端轮流译码，可扩大译码范围。

图4.49是用双2-4线二进制译码器74×139附加与非门扩展构成3-8线二进制译码器的电路，其中A_2、A_1、A_0为输入端，$\overline{Y}_0$～$\overline{Y}_7$为输出端。

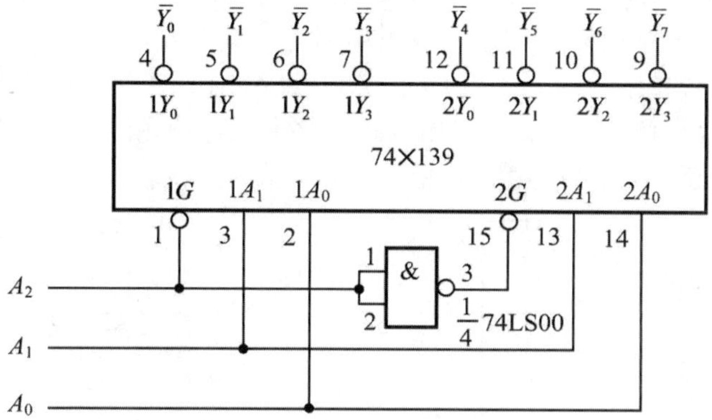

图4.49　双2-4线译码器扩展实现3-8线译码器

其中，A_2、A_1、A_0为地址输入端，$\overline{Y}_0$～$\overline{Y}_7$为输出端。高位地址A_2控制2个译码器芯片的$\overline{S}$端，使其轮流译码工作。表4.12是3-8线译码器的功能表。

表4.12　3-8线译码器的功能表

输入			输出							
A_2	A_1	A_0	$\overline{Y}_0$	$\overline{Y}_1$	$\overline{Y}_2$	$\overline{Y}_3$	$\overline{Y}_4$	$\overline{Y}_5$	$\overline{Y}_6$	$\overline{Y}_7$
0	0	0	0	1	1	1	1	1	1	1
0	0	1	1	0	1	1	1	1	1	1
0	1	0	1	1	0	1	1	1	1	1
0	1	1	1	1	1	0	1	1	1	1
1	0	0	1	1	1	1	0	1	1	1
1	0	1	1	1	1	1	1	0	1	1
1	1	0	1	1	1	1	1	1	0	1
1	1	1	1	1	1	1	1	1	1	0

（3）二进制译码器可以做数据分配器

数据分配器是能够将一路输入数据根据需要传送至若干路输出中任何一个的逻辑电路。它将一路输入变为多路输出，也称为多路解调器。

4.6.3　实验任务及要求

一、中小规模集成电路实现

1. 测试数据选择器74×151的逻辑功能

数据端D_0、D_2、D_6、D_7输入低电平，D_1、D_4、D_5输入高电平，D_3输入频率为10 kHz的TTL信号，确定合适的地址，将连续脉冲信号选择输出，用示波器定量测出输出波形。

2. 用8选1数据选择器74LS151实现逻辑函数

$$F=\overline{AB}C+\overline{A}B\overline{C}+A\overline{BC}$$

要求：作出函数F的功能表，将函数F功能表与8选1数据选择器的功能表相比较。

（1）将输入变量A、B、C作为8选1数据选择器的地址码A_2、A_1、A_0。

（2）使8选1数据选择器的各数据输入D_0～D_7，分别与函数F的输出值一一相对应。

3. 测试双2-4线译码器74×139的逻辑功能

（1）如图4.50所示，将74×139的$\overline{G}$、A_1、A_0分别由逻辑开关控制$\overline{Y_0}\sim\overline{Y_3}$，取非后接逻辑箱LED发光二极管显示输出状态，要求在每种译码输入组合下只有一个指示灯亮。以此测试74LS139的逻辑功能，自行列表记录实验结果。

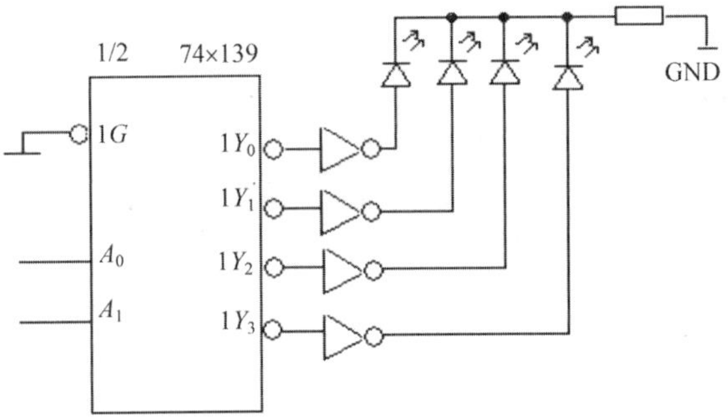

图4.50 双2-4线译码器功能测试

微课4 数据选择器实验内容与要求

微课5 二进制译码器实验内容及实验注意事项

（2）当输入二进制码A_1A_0为01时，用示波器测试$\overline{Y_0}\sim\overline{Y_3}$的波形，并定量画出所测的波形。

二、Multisim仿真实现

1. 在Multisim软件系统下，实现8选1数据选择器的逻辑功能仿真测试。

2. 在Multisim软件系统下，用8选1数据选择器74LS151构建逻辑函数$F=\overline{AB}C+\overline{A}B\overline{C}+A\overline{BC}+ABC$产生电路，用开关控制$ABC$输入端，改变开关完成逻辑函数仿真测试表的测试。

3. 在Multisim软件系统下，实现74×139变量译码器功能仿真测试，要求用74×139输出取反后驱动LED指示灯，在每种译码输入组合下只有一个指示灯亮。

三、FPGA设计实现

1. 用Verilog HDL语言描述一个2选1的多路复用器，输入、输出均为高电平有效，并下载到开发板上验证。

2. 用Verilog HDL语言描述一个2-4译码器，输入、输出均为高电平有效，并下载到开发板上验证。

4.6.4 实验常见故障及解决方法

现象1：芯片异常发烫。

解决方法：请检查芯片电源、地是否接反，电源电压是否满足要求。

现象2：任务1中数据选择器不能选中连续脉冲输出。

解决方法：请用万用表或示波器在集成块引脚测试芯片电源、使能端和地址输入端是否满足要求。用示波器测试集成块D5输入端引脚是否可靠加入相应的TTL信号，如果以上项目有不符合要求的，先判断出现的问题。如果电源和各个输入端均满足要求，用示波器直接测试集成块输出引脚有无信号输出以判断芯片的好坏。

现象3：任务2中函数发生器输出函数与要求不符合。

（1）不论如何改变*ABC*的状态，输出均为零。

解决方法：请用万用表或示波器在集成块引脚测试芯片电源、使能端和地址输入端是否满足要求。

（2）改变*ABC*的状态，输出高低电平变化，但与任务要求不符合。

解决方法：检查地址输入端高低位的对应关系与数据输入端的数据是否一致。

现象4：任务3中与要求不符合。

（1）LED发光二极管全部都不亮

解决方法：请万用表或示波器在各个集成块引脚测试芯片电源端是否可靠接入电源，在使能端引脚上测试时能否满足条件。

（2）多个LED发光二极管亮

解决方法：检查译码器与发光二极管之间是否加入反相器？使用万用表或示波器测试每个反相器的输入端、输出端，判断其能否正常工作。

注意：测试时应防止芯片引脚短路。

4.6.5　思考题

1. 数据选择器有何其他作用？

2. 试用双4选1数据选择器74×153组成8选1数据选择器，画出电路连接图。

4.6.6　实验任务引导

一、Multisim仿真实现参考方案

1. 在Multisim软件系统下，实现8选1数据选择器的逻辑功能仿真测试。如图4.51所示的构建测试系统，要求数据端D_0、D_2、D_6、D_7输入低电平，D_1、D_4、D_5输入高电平，D_3输入频率为10 kHz的脉冲信号，确定合适的地址，将连续脉冲信号选择输出，用示波器测出输出波形并对仿真结果进行分析。

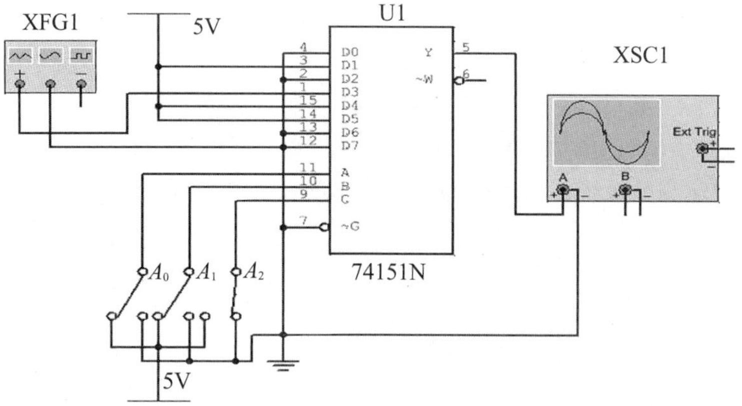

图4.51　74×151数据选择器功能仿真测试

注意：如果用函数发生器提供D_5的输入脉冲信号，要合理设置直流偏置offset，并保证信号的顶端值、低端值符合所选器件的逻辑电平要求。

2. 如图4.52所示，在Multisim软件系统下用8选1数据选择器74LS151D构建逻辑函数 $F=\overline{A}\overline{B}C+\overline{A}B\overline{C}+A\overline{B}\overline{C}+ABC$ 产生电路，用开关控制ABC输入端，改变开关完成表4.13的测试。

表4.13　逻辑函数仿真测试表

A	B	C	F
0	0	0	
0	0	1	
0	1	0	
0	1	1	
1	0	0	
1	0	1	
1	1	0	
1	1	1	

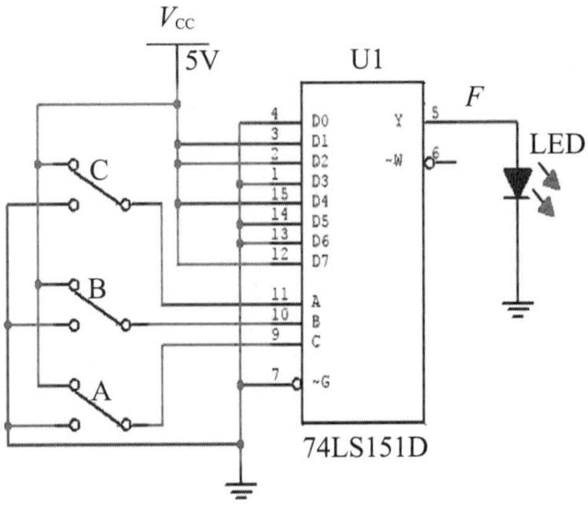

图4.52　74LS151D构成函数发生器仿真测试

3. 在Multisim软件系统下，实现74×139变量译码器功能仿真测试，要求用74×139输出取反后驱动LED指示灯，在每种译码输入组合下只有一个指示灯亮。如图4.53所示的构建测试系统，对不同的译码输入组合仿真结果进行保存或截图。

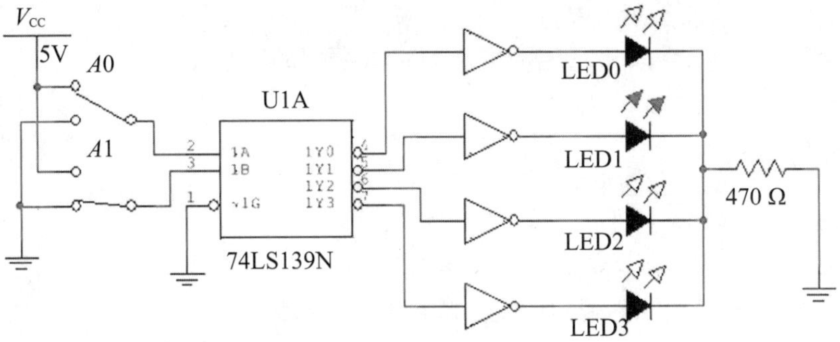

图4.53　74×139变量译码器功能仿真测试

二、FPGA设计实现参考方案

1. 用Verilog HDL语言描述一个2选1的多路复用器，输入、输出均为高电平有效。下载到开发板上验证。

```
------------------mux--------------------
module mux2_1 (a,b,s,y); //2选1多路复用器
    input a;
    input b;
    input s;
    output y;
    assign y=s ? a : b;
endmodule
```

2. 用Verilog HDL语言描述一个2-4译码器，输入、输出均为高电平有效。下载到开发板上验证。

```
-------------------decoder-------------------
module decoder2_4 (y,a,b); //2_4译码器
    input a,b;
    output y;
    reg y;
    always @(a or b)
    case({b,a})
        2'b00:y = 4'b0001;
        2'b01:y = 4'b0010;
        2'b10:y = 4'b0100;
        2'b11:y = 4'b1000;
        default: y = 4'b0000;
    endcase
endmodule
```

4.7 实验七 全加器及其应用

4.7.1 实验预习

节导语

本节学习四位超前进位二进制全加器的功能，掌握全加器的性能测试方法，利用全加器和比较器进行电路设计；了解CD4008的功能及使用方法，掌握四位二进制加/减法器及四位BCD码加法器的工作原理和设计方法；掌握用Multisim对电路进行设计仿真的方法，学习用Verilog HDL语言进行电路实现并下载到FPGA底板的方法。

实验七预习题自测

4.7.2 实验原理

一、全加器功能及原理

全加器是数字电路中最基本的运算单元电路。因为算术中的加减乘除四则运算在数字电路中往往是将其转化为加法运算来实现的。所以，加法器是运算电路的核心。全加器可用两个半加器和一个或门组成。半加器作为两个二进制数的加法运算，只有进位输出，无进位输入。全加器则是实现两个二进制加数及一个来自低位的进位三者相加的全加运算。这里主要介绍中规模集成电路全加器的功能及应用。表4.14列出集成全加器的主要品种。

微课1 全加器工作原理

表4.14 全加器主要品种一览表

名称	型号	特点
两位全加器	7480	两位二进制数相加,进位为负逻辑
双进位保留全加器	7482、74LS183	具有两组独立的全加功能,每位都有单独进位输出,进位在双进位保留全加器
四位全加器	7483、74LS83、74283、74LS283、74S283、4008B(CMOS)	内部采用超前进位方式,速度快

全加器的进位方式分为串行进位和超前进位两种，它们的电路结构和工作速度各不相同。下面以四位二进制全加器为例进行分析。

1. 串行进位四位全加器

图4.54为四位串行进位全加器逻辑框图，可以看出各位之间的联结是由进位信号串联起来的，即须等低位得出进位信号后，高位才开始相加，操作是逐位进行的。因此，串行进位的全加器要经过多级传输延迟以后才形成最后稳定的输出。两个相加二进制数的位数越多，完成一次加法运算的时间就越长。

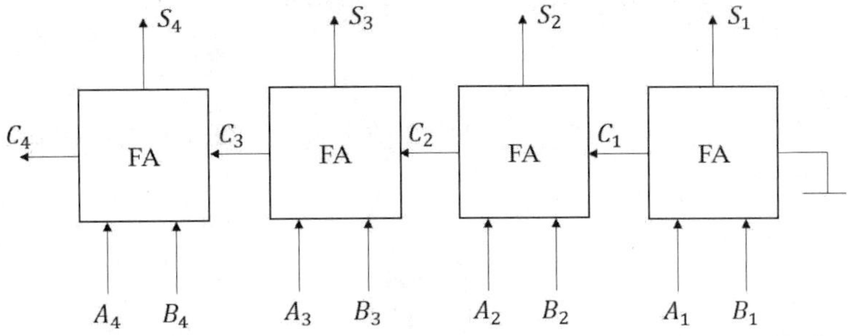

图4.54　串行进位的四位全加器

微课2　全加器的应用实例

2. 超前进位四位全加器

由于超前进位四位全加器各级的进位信号是同时获得的，因此可实现各位同时相加。它提高了全加器操作速度，故又称为快速进位全加器。超前进位全加器的电路结构较串行进位全加器复杂，如图4.55所示，但其运算速度快，目前计算机大都采用超前进位方式。

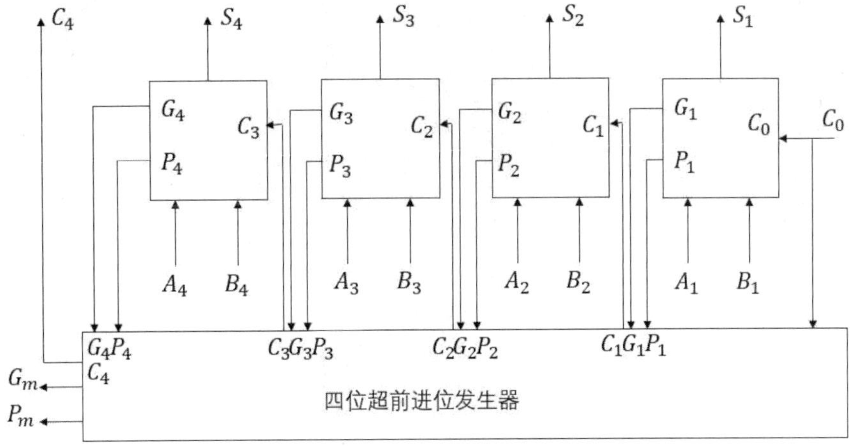

图4.55　超前进位的四位全加器

由全加器原理的分析可知：

$$C_i = A_i B_i + (A_i \oplus B_i) C_{i-1}$$

令 $A_i B_i = G_i$ 称为进位产生项，$A_i \oplus B_i = P_i$ 称为进位传输项。

由此分别可得：

第一位进位位 $C_1 = G_1 + P_1 C_0$

第二位进位位 $C_2 = G_2 + P_2 C_1 = G_2 + P_2 G_1 + P_2 P_1 C_0$

第三位进位位 $C_3 = G_3 + P_3 C_2 = G_3 + P_3 G_2 + P_3 P_2 G_1 + P_3 P_2 P_1 C_0$

第四位进位位 $C_4 = G_4 + P_4 C_3 = G_4 + P_4 G_3 + P_4 P_3 G_2 + P_4 P_3 P_2 G_1 + P_4 P_3 P_2 P_1 C_0$

因 G_i 和 P_i 仅是 A_i 和 B_i 的函数，C_0 和 A_i、B_i 又是同时出现的，故四位可同时并行运算，这样构成的进位方式只经过3个门的延迟时间，即求 P_i、G_i 用一个延迟时间 t_{pd}，求“与”用一个 t_{pd}，求“或”再用一个 t_{pd}，与串行进位的逐位运算相比，速度大大提升。

图4.56、图4.57为CMOS四位二进制超前进位全加器4008B的逻辑图和引脚图，表4.15为其功能表。

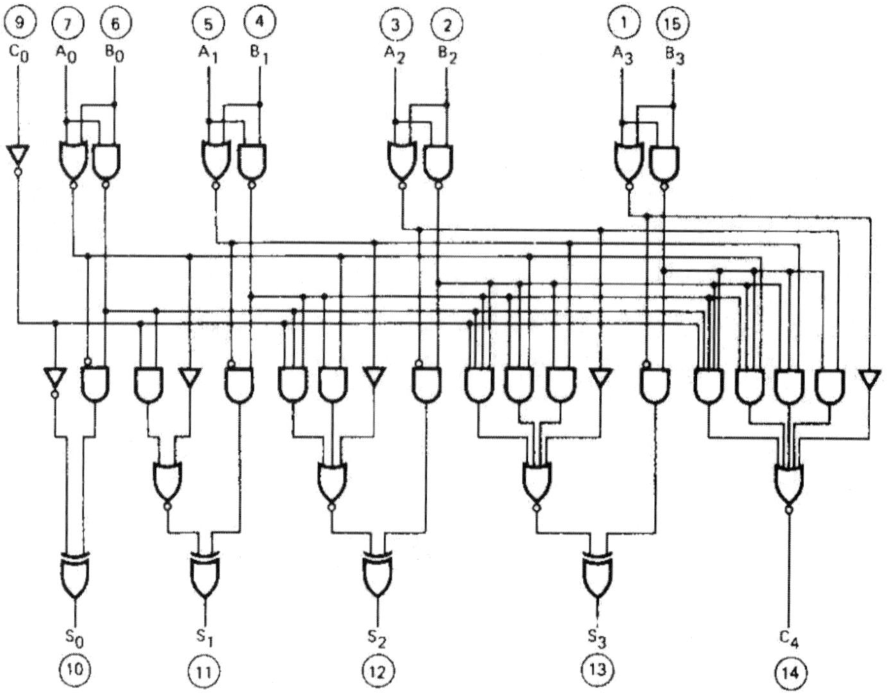

图4.56　4008B的逻辑图

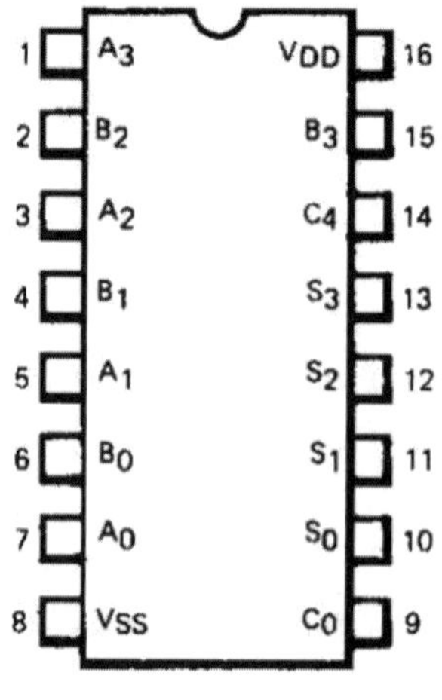

图4.57　4008B的引脚图

表4.15　4008B的功能表

输入			输出	
A	B	C_i	S	C_O
0	0	0	0	0
0	0	1	1	0
0	1	0	1	0
0	1	1	0	1
1	0	0	1	0
1	0	1	0	1
1	1	0	0	1
1	1	1	1	1

由图4.57 4008B引脚图可以看出，该全加器有9个输入端，即被加数为4个输入端 A_1、A_2、A_3、A_4，加数为4个输入端 B_1、B_2、B_3、B_4，还有一个最低位的进位输入端 C_i；输出端包括4位和输出 S_1、S_2、S_3、S_4 以及这4位数的进位输出端 C_O。由图4.56逻辑图可推得其 C_O 表达式：

$$C_O = A_4B_4 + (A_4+B_4)A_3B_3 + (A_4+B_4)(A_3+B_3)A_2B_2 + (A_4+B_4)$$
$$(A_3+B_3)(A_2+B_2)A_1B_1 + (A_4+B_4)(A_3+B_3)(A_2+B_2)(A_1+B_1)C_i$$

此式与前面推出的四位超前进位输出端的逻辑表达式相符。

二、应用举例

全加器的用途非常广泛，它不仅能扩展成多位二进制数的加、减运算，也可以做BCD码的十进制运算，还可以构成码组变换器等其他逻辑功能电路。下面举例说明。

1. 二进制并行加/减器

减法运算可以看成是一个正数和一个负数相加的结果，即减法运算可以用补码的加法运算实现。例如，A 为1100，B 为0011，则 $A-B=A+(-B)$，它的补码运算式为 $A+\bar{B}+1$，减法器输出为

$$\begin{array}{r} 1100 \\ +）1101 \\ \hline （1）1001 \end{array}$$

此时表示 $A>B$，其差为正数，进位位自动丢失（由 C_4 溢出）。

如果 A 为0011，B 为1100，则 $A-B=A+\bar{B}+1$，减法器的输出为

$$\begin{array}{r} 0011 \\ +）0100 \\ \hline 0111 \end{array}$$

此时没有进位输出，表示 $A<B$，答案是以补码表示的负数。若再求一次补码并加上负号则可得到以符号大小表示的差值，上例中差值为 $-(1001)$。

通过上面的分析可知，二进制加法器也可做减法运算。两个正数的加/减运算可由如图4.58所示的电路完成，此时将 C_i 端作为加/减控制变量。

当 $C_i=0$ 时，$B\oplus 0=B$，则加/减法器输出为 $A+B$，电路完成加法运算；

当 $C_i=1$ 时，$B\oplus 1=\bar{B}$，则加/减法器输出为 $A+\bar{B}+1=2^n+(A-B)$，电路完成减法运算。

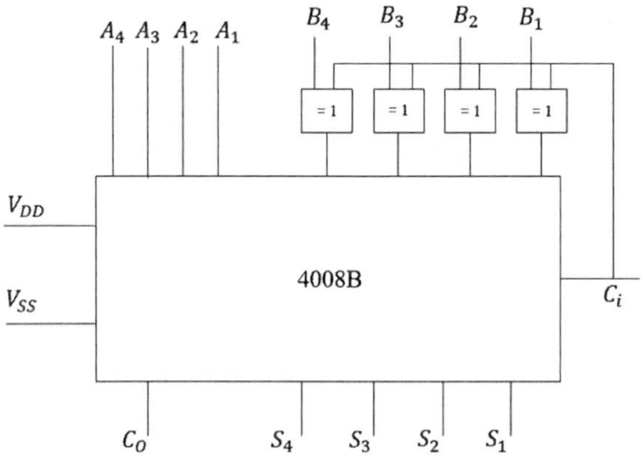

图4.58　二进制并行加/减计数器

2. BCD码（二–十进制）加法器

二–十进制加法运算，其基本方法仍是采用二进制数加法，不同的只是在组间的进位上。例如，按二进制作加法运算，1001+0100结果为1101，而二–十进制数加运算的结果是0011，同时向高位十进制数进“1”。因此，如果用二进制四位全加器作BCD码全加器，只需在组间进位方式上加一个校正网络，使原来的四位二进制数逢十六进一自动校正为逢十进一。也就是说要设计这样一个校正网络，当四位二进制数相加结果大于9（1001）时，电路再自动加6（0110），并向高位进位输出一个进位数；若结果小于（或等于）9（1001），则所得的二进制代码与BCD代码相同，校正网络就无须进行校正。如图4.59所示为BCD码全加器逻辑图。

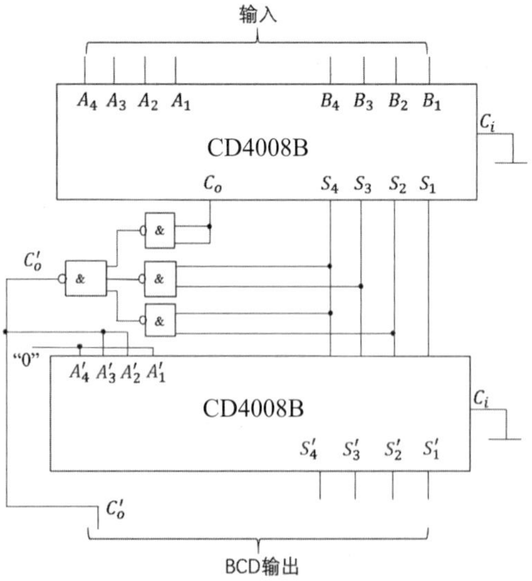

图4.59　BCD码全加器逻辑图

由图4.59可知，当结果大于9而小于或等于15时，$S_4=1$；S_3、S_2中必有一个为1，则C_o'为1，此时BCD码加法器输出$S_4'S_3'S_2'S_1'=S_4S_3S_2S_1+0110$；当结果大于15时，$C_O=1$，则$C_o'$也为1，此时BCD码加法器输出$S_4'S_3'S_2'S_1'=S_4S_3S_2S_1+0110$；当结果小于或等于9时，则$C_o'=0$，此时BCD码加法器输出$S_4'S_3'S_2'S_1'=S_4S_3S_2S_1$。

4.7.3 实验任务及要求

一、中小规模电路实现

利用中小规模集成电路芯片设计电路，完成以下实验任务。

1.四位二进制加/减法器

利用四位全加器CD4008和四异或门CD4070构成四位二进制加/减法器，CD4008引脚图如图4.57所示，CD4070引脚图如图4.60所示。

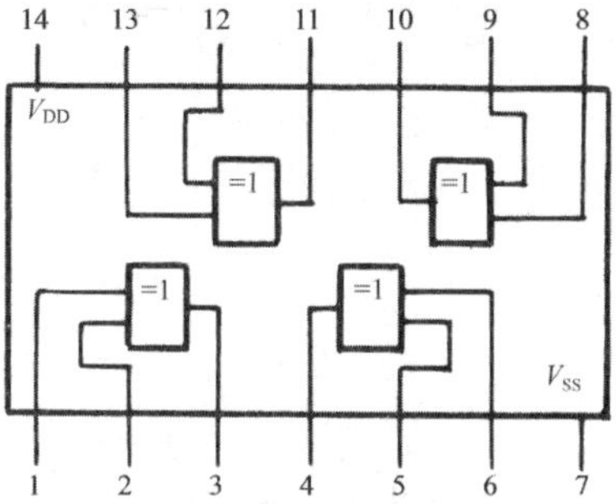

图4.60 CD4070引脚图

微课3 实验任务

（1）按图4.58连接实验电路，将CD4008的输入接数字逻辑实验箱上的逻辑开关，输出接指示灯，V_{DD}接+5 V电源，V_{SS}接地。

（2）令$C_i=0$，按表4.16给定的加数和被加数，观察输出结果，依次记录于加运算栏中。

（3）令$C_i=1$，按表4.16给定的减数和被减数，观察输出结果，依次记录于减运算栏中。

表4.16 四位二进制加/减运算

被加数(被减数)					加数(减数)					输出(加运算，$C_i=0$)						输出(减运算，$C_i=1$)					
A_4	A_3	A_2	A_1	十进制	B_4	B_3	B_2	B_1	十进制	C_O	S_4	S_3	S_2	S_1	十进制	C_O	S_4	S_3	S_2	S_1	十进制
1	0	1	0	10	1	1	1	1	15												
0	1	0	1	5	0	1	0	0	4												
0	1	1	1	7	0	1	1	1	7												
1	0	0	0	8	0	1	0	1	5												
0	1	1	0	6	1	0	0	1	9												
1	1	1	0	14	0	1	1	1	7												
1	0	1	1	11	0	0	0	0	0												
0	0	1	0	2	0	1	0	0	4												
1	1	1	1	15	1	1	1	0	14												

（4）根据上表结果进行分析，并得出结论。

2. 用两片全加器和门电路，设计一个四位BCD码加法器电路。

3. 用四位二进制全加器和门电路，设计一个将8421BCD码转换成余3码的电路。

二、Multisim仿真实现

在Multisim软件系统下，利用CD4008和四异或门CD4070实现四位二进制加/减法器。

三、FPGA设计实现

用Verilog HDL语言描述一个四位二进制加法器电路并完成仿真。

4.7.4 实验常见故障及解决方法

现象1：芯片异常发烫。

解决方法：请检查芯片电源、地是否接反，电源电压是否满足要求。

现象2：实际电路中得到的输出与理论值不符。

解决方法：用逻辑箱上的电压表或示波器检查芯片检测各引脚输入、输出，包括电源、地、控制信号等，检测其逻辑电平是否符合要求。

4.7.5 思考题

1. 如何用两片CD4008实现八位二进制数加法？画出电路图。
2. 为什么异或门可用作非门？如何使用？为什么？
3. 用全加器实现两数相减时，结果的符号如何判断？

4.7.6 实验任务引导

一、Multisim仿真实现参考方案

1. 在Multisim软件系统下，利用CD4008和四异或门CD4070实现四位二进制加/减法器。

分析：如图4.61所示，在仿真软件内搭建电路，用微动开关控制CD4070的全加器数据输入。开关向下时，输入与地相连，为低电平；开关向上时，各个输入端经1 kΩ电阻与5 V电源相连，为高电平。用逻辑开关提供四位二进制加/减运算表4.16中所给的不同输入组合，用发光二极管观测全加器的输出结果。

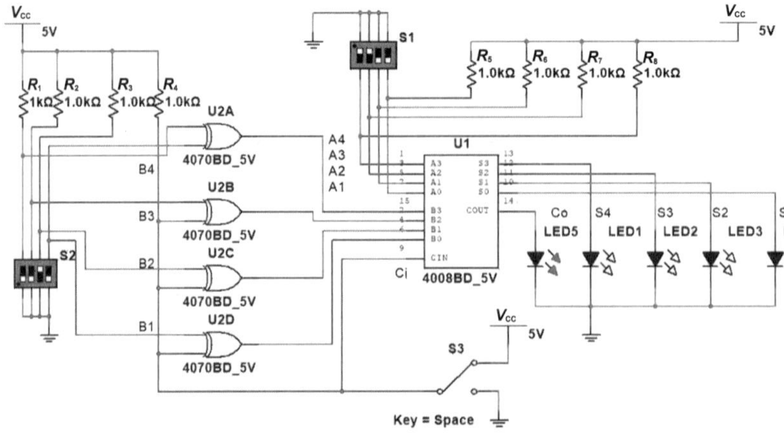

图4.61　四位二进制加减法器仿真测试

二、FPGA设计实现

用Verilog HDL语言描述一个四位二进制加法器并完成仿真，如图4.62所示为四位二进制加/减法器Vivado仿真波形。

```
adder4
module ad4 （cout，sum，ina，inb，cin）； //四位二进制加法器
      input [3：0] ina，inb；
      input cin；
      output [3：0] sum；
      output cout；
          assign {cout，sum} = ina + inb + cin；
endmodule
```

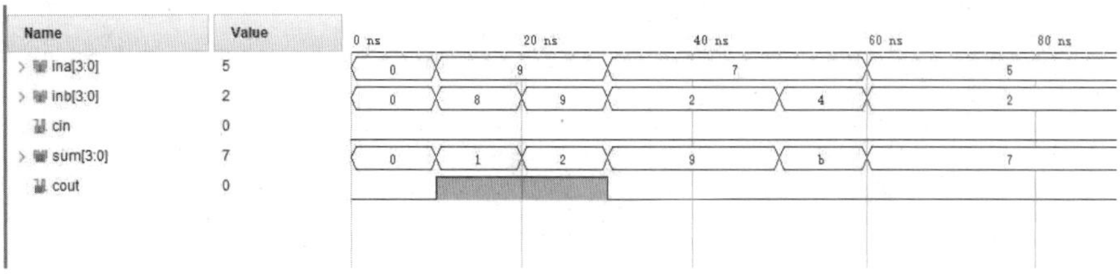

图4.62　四位二进制加/减法器Vivado仿真波形

4.8　实验八　比　较　器

4.8.1　实验预习

节导语

本节要了解数值比较器的工作原理，掌握中规模集成数值比较器级联的方法，掌握MSI组合电路的测试方法，掌握用Multisim对电路进行设计仿真的方法，学习用Verilog HDL语言进行电路实现并下载到FPGA底板的方法。

实验八预习题自测

4.8.2　实验原理

1. 比较器

在数字系统中，经常要对两个二进制数码进行大小的比较，并根据比较的结果决定执行某种操作。这里完成二进制数码大小比较的电路就是数值比较器。

多位数进行比较时，是从高位向低位进行比较。首先比较两个数的最高位，若A的最高位大于B的最高位，则$A>B$；若A的最高位小于B的最高位，则$A<B$；若A和B的最高位相等，将进行次高位的比较。以此类推，一旦比较到某位已经得到结果，将不再进行低位的比较。

微课1　比较器的工作原理

本实验所采用的是比较器是74×85，引脚图如图4.63所示，功能表见表4.17所列。

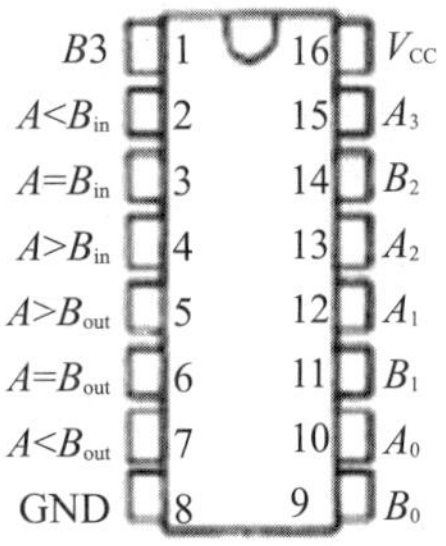

图4.63　74×85引脚图

表4.17　74×85功能表

比较数据输入				级联输入			输出		
A_3,B_3	A_2,B_2	A_1,B_1	A_0,B_0	$A>B_{in}$	$A<B_{in}$	$A=B_{in}$	$A>B_{out}$	$A<B_{out}$	$A=B_{out}$
$A_3>B_3$	X	X	X	X	X	X	1	0	0
$A_3<B_3$	X	X	X	X	X	X	0	1	0
$A_3=B_3$	$A_2>B_2$	X	X	X	X	X	1	0	0
$A_3=B_3$	$A_2<B_2$	X	X	X	X	X	0	1	0
$A_3=B_3$	$A_2=B_2$	$A_1>B_1$	X	X	X	X	1	0	0
$A_3=B_3$	$A_2=B_2$	$A_1<B_1$	X	X	X	X	0	1	0
$A_3=B_3$	$A_2=B_2$	$A_1=B_1$	$A_0>B_0$	X	X	X	1	0	0
$A_3=B_3$	$A_2=B_2$	$A_1=B_1$	$A_0<B_0$	X	X	X	0	1	0
$A_3=B_3$	$A_2=B_2$	$A_1=B_1$	$A_0=B_0$	1	0	0	1	0	0
$A_3=B_3$	$A_2=B_2$	$A_1=B_1$	$A_0=B_0$	0	1	0	0	1	0
$A_3=B_3$	$A_2=B_2$	$A_1=B_1$	$A_0=B_0$	X	X	1	0	0	1
$A_3=B_3$	$A_2=B_2$	$A_1=B_1$	$A_0=B_0$	1	1	0	0	0	0
$A_3=B_3$	$A_2=B_2$	$A_1=B_1$	$A_0=B_0$	0	0	0	1	1	0

74×85是四位带有级联输入端的数值比较器，输出高有效。当两个比较输入数据对应的高低位都相等时，输出取决于级联输入。正常工作时，三个级联输入$A>B_{in}$、$A<B_{in}$、$A=B_{in}$应该只有一个为高电平。应该避免级联输入端两个或两个以上同时为高电平的情况，以及三个级联输入端同时为低电平的情况。

微课2　74×85的基本功能以及级联扩展

当两个进行比较的数据超过四位时，可以很方便地利用多块74×85芯片通过级联端扩展，如图4.64所示。最低位的级联输入应该这样设置，$A>B_{in}$为低电平，$A<B_{in}$为低电平，$A=B_{in}$为高电平。

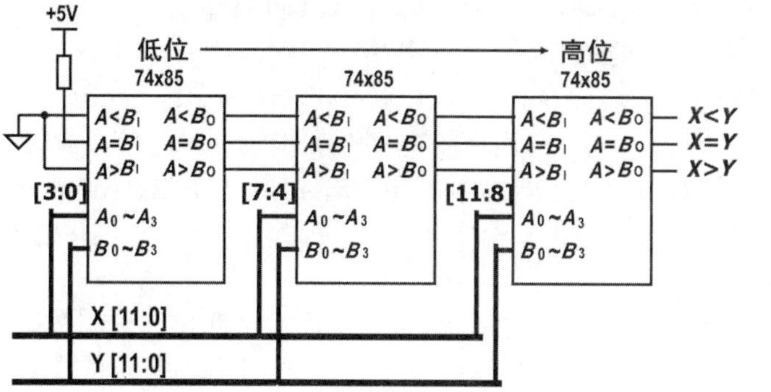

图4.64　74×85级联的十二位数值比较器

4.8.3　实验任务及要求

一、中小规模集成电路实现

1. 如图4.65所示对两个四位二进制数据进行比较，测试并记录实验结果。

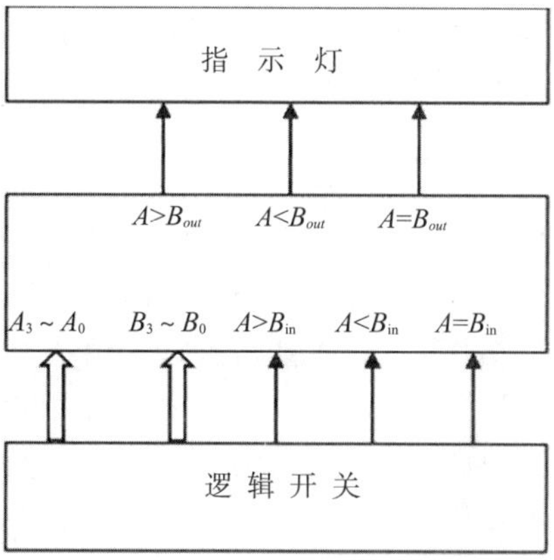

图4.65　74×85功能测试方案框图

微课3　实验任务及注意事项

分析：按表4.18中所给的不同输入组合情况，观测比较器的编码输出。

表4.18　比较器输入、输出实验测试

比较数据输入		级联输入			输出		
$A_3A_2A_1A_0$	$B_3B_2B_1B_0$	$A>B_{in}$	$A<B_{in}$	$A=B_{in}$	$A>B_{out}$	$A<B_{out}$	$A=B_{out}$
1001	0111	1	0	0			
1001	0111	0	1	0			
1001	0111	0	0	1			
1001	1111	1	0	0			
1001	1111	0	1	0			
1001	1111	0	0	1			
1000	1000	1	0	0			
1000	1000	0	1	0			
1000	1000	0	0	1			

讨论并说明比较器数据输入、级联输入与比较器输出的关系。

2. 四位数据A和数据B比较大小，其中，A_3输入为一个10 kHz的连续脉冲，A_2～A_0为001，B_3～B_0为0111，测试比较器A_3输入和输出$A>B_{out}$、$A<B_{out}$、$A=B_{out}$的波形。

分析：输入A_2～A_0，B_3～B_0由逻辑电平开关控制，A_3由信号源提供一个10 kHz的连续脉冲，用示波器测试比较器A_3输入和输出$A>B_{out}$、$A<B_{out}$、$A=B_{out}$的波形。

讨论并说明比较器A_3输入和输出$A>B_{out}$、$A<B_{out}$、$A=B_{out}$的波形之间的关系。

二、Multisim仿真实现

1. 在Multisim或其他仿真软件系统下，实现两个四位二进制数据的比较。

2. 在Multisim或其他仿真软件系统下，实现四位数据A和数据B比较大小，其中，A_2输入为一个10 kHz的连续脉冲，A_2～A_0为001，B_3～B_0为0111，仿真测试比较器输出$A>B_{out}$、$A<B_{out}$、$A=B_{out}$的波形。

三、FPGA设计实现

1. 利用Verilog HDL语言在Vivado软件平台上实现两个四位二进制数据的比较，并下载到开发板上验证。

2. 利用Verilog HDL语言在Vivado软件平台上实现四位数据比较器电路，A、B为比较数据输入。当A_3输入为连续脉冲，A_2～A_0为001，B_3～B_0为0111时，观察比较器输出$A>B_{out}$、$A<B_{out}$、$A=B_{out}$的仿真波形。

4.8.4 实验常见故障及解决方法

现象1：芯片异常发烫。

解决方法：请检查芯片电源、地是否接反，电源电压是否满足要求。

现象2：各集成块基本功能测试时不能得到理论值。

解决方法：请用逻辑箱上电压表或示波器检查芯片电源是否满足要求，针对出错的一组数用逻辑测试笔或示波器在集成块引脚测试各输入端、输出端，尤其是输入使能端是否满足要求，判断问题所在。

注意：测试时应防止芯片引脚短路。

4.8.5 思考题

1. 如果两个四位二进制数据利用一片74×85进行比较，级联输入端应该如何连接?

2. 如何用一片74×85，不用其他辅助器件实现对两个五位二进制数据进行比较?

4.8.6 实验任务引导

一、Multisim仿真实现参考方案

1. 在Multisim或其他仿真软件系统下，实现两个四位二进制数据的比较。

分析：如图4.66所示，在仿真软件内搭建电路，用微动开关控制74×85的比较数据输入。开关向下时，输入与地相连，为低电平；开关向上时，各个输入端经1 kΩ电阻与5 V电源相连，为高电平。按表4.18中所给的不同输入组合情况，用虚拟仪器观测比较器的输出。在这个实验中只有三个输出端，正常工作时有且只有一个为高电平，在仅仅关注各个输出端的状态而不是具体电压值时，采用发光二极管观测更直观便捷。对仿真结果要求进行保存或截图（截图必须包括运行环境）。

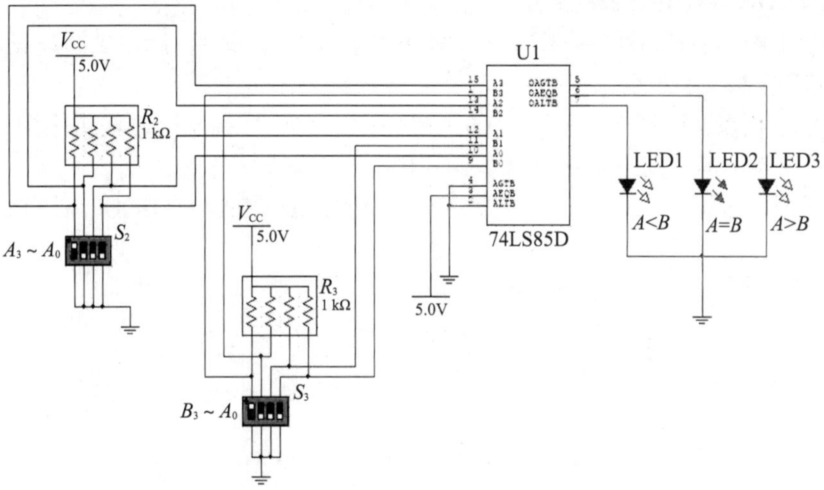

图4.66　两个四位二进制数据比较仿真测试

2. 在Multisim或其他仿真软件系统下，实现四位数据A和数据B比较大小，其中，A_3输入为一个10 kHz的连续脉冲，A_2～A_0为001，B_3～B_0为0111，仿真测试比较器输出$A>B_{out}$、$A<B_{out}$、$A=B_{out}$的波形。

分析：如图4.67所示在仿真软件内搭建电路，用微动开关给提供74×85的A_2～A_0和B_3～B_0提供输入，A_3输入一个10 kHz的连续脉冲，用仿真仪器测试A_3输入及$A>B_{out}$、$A<B_{out}$、$A=B_{out}$的输出波形。

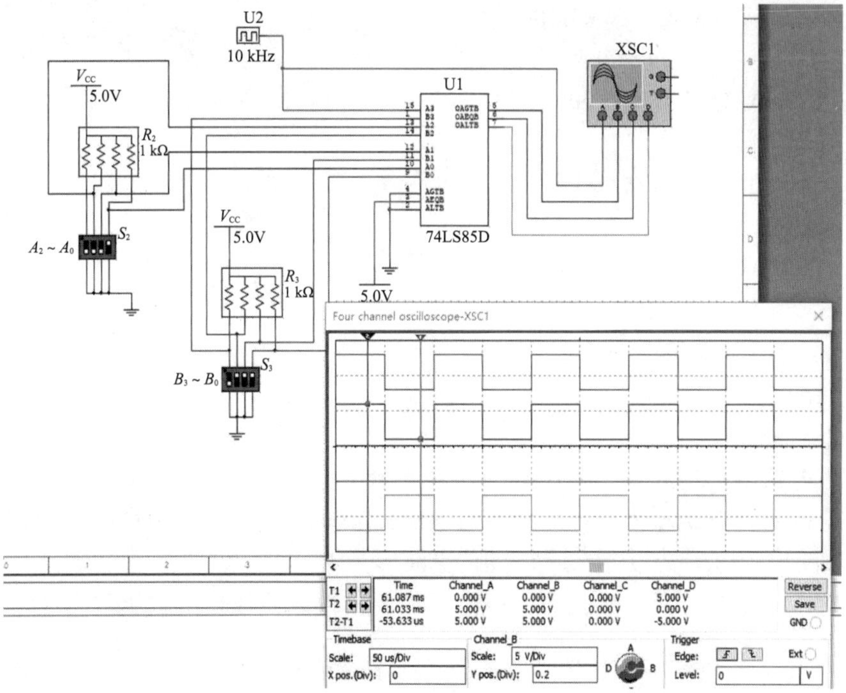

图4.67　任务2　Multisim仿真测试

二、FPGA设计实现参考方案

1. 利用Verilog HDL语言在Vivado软件平台上实现两个四位二进制数据的比较，并下载到开发板上验证。

设计文件代码：

```
//-------------------comparator--------------------
module  comparator  (A,B,AGTBIN,ALTBIN,AEQBIN,AGTBOUT,ALTBOUT,AEQBOUT);
        input[3:0] A,B;//比较数据输入
        input AGTBIN,ALTBIN,AEQBIN;//级联输入
        output  reg AGTBOUT,ALTBOUT,AEQBOUT;

        always@(A or B or AGTBIN or ALTBIN or AEQBIN)
        if (A==B) //两个数据相等时,输出取决于级联输入
        begin
            AGTBOUT= AGTBIN;
            ALTBOUT= ALTBIN;
            AEQBOUT= AEQBIN;
        end
        else if (A>B) //若输入数据A>B,则仅仅AGTBOUT为高,其余输出为低
        begin
            AGTBOUT= 1'b1;
            ALTBOUT= 1'b0;
            AEQBOUT= 1'b0;
        end
        else
        begin
            AGTBOUT= 1'b0;
            ALTBOUT= 1'b1;
            AEQBOUT= 1'b0;
        end
 endmodule
```

2. 利用Verilog HDL语言在Vivado软件平台上实现四位数据比较器电路，A、B为比较数据输入。当A_3输入为连续脉冲，A_2～A_0为001，B_3～B_0为0111时，观察比较器A_3输入和输出$A>B_{out}$、$A<B_{out}$、$A=B_{out}$的仿真波形。

分析：先写出仿真文件代码，通过行为仿真得到比较器的输出仿真波形，如图4.68所示。

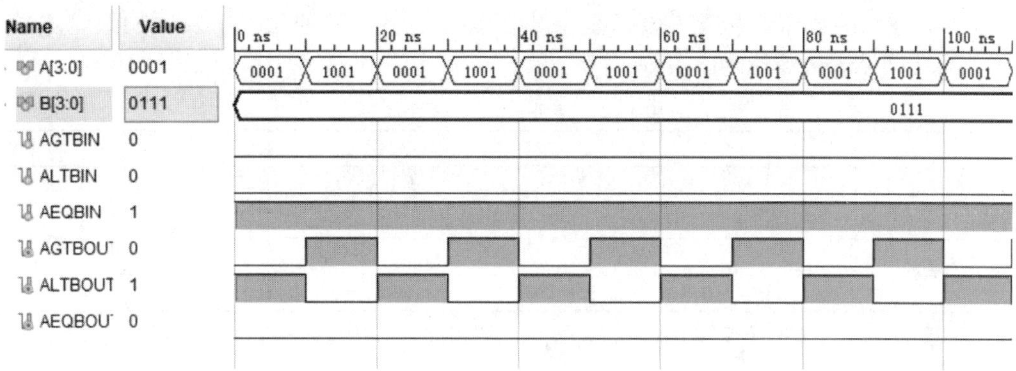

图4.68　任务2　Vivado仿真波形

4.9　实验九　基本*RS*和*D*触发器的应用

4.9.1　实验预习

节导语

本节要掌握基本*RS*触发器、*D*触发器的逻辑功能，熟悉触发器逻辑功能的测试方法，掌握用Multisim对电路进行设计仿真的方法，学习用Verilog HDL语言进行电路实现并下载到FPGA底板的方法。

实验九预习题自测

4.9.2　实验原理

一般的触发器具有两个稳定状态，用以表示逻辑状态“1”和“0”。在一定的外加信号的作用下，可以从一个稳定状态转变为另一个稳定状态，它是一个具有记忆功能的二进制信息存储器件，是构成各种时序电路的最基本逻辑单元。按逻辑功能的不同特点分类，触发器可分为*RS*触发器、*JK*触发器、*D*触发器和*T*触发器。

微课1　基本*RS*触发器功能简介

1. 基本*RS*触发器

基本*RS*（复位—置位）触发器由两个集成电路与非门的输入端和输出端交叉耦合而成，如图4.69所示。如强调输入是低电平有效，可称作基本$\overline{R}\,\overline{S}$触发器。

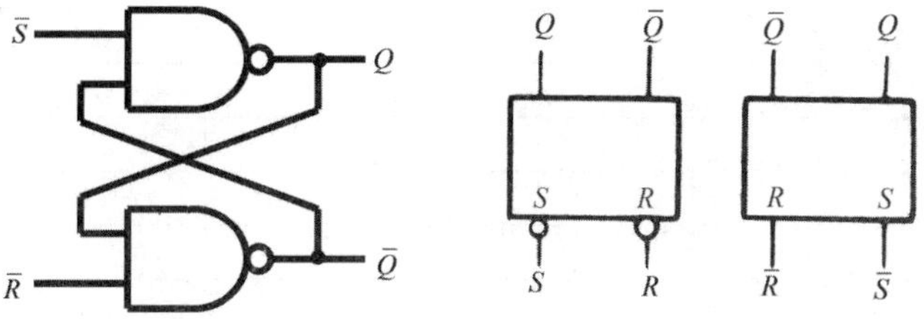

（a）逻辑图　　（b）逻辑符号

图4.69　基本*RS*触发器

基本 RS 触发器有直接置位、复位的功能，是组成各种功能触发器的最基本单元。其功能见表4.19所列。

表4.19　基本 RS 触发器功能表

$\overline{R}$	$\overline{S}$	Q^{n+1}	$\overline{Q^{n+1}}$
0	0	1	1
0	1	0	1
1	0	1	0
1	1	Q^n	$\overline{Q^n}$

注意：若 $\overline{R}$ 和 $\overline{S}$ 同时改变，例如同时从0变为1，输出的状态将会不确定，触发器可能进入振荡状态或亚稳态。

2. D 触发器

在数字计算机和其他数字系统中，经常需要利用触发器的存储功能实现数据的存储，这就要求触发器只有一根输入线，且输出状态与输入状态一致，基于这种考虑设计制造出了 D 触发器。D 触发器的状态方程为：$Q^{n+1}=D$。其输出状态的更新发生在 CP 脉冲的有效沿。触发器的状态只取决于时钟到来时 D 端的状态。D 触发器的应用很广，可用作数字信号的寄存、移位寄存、分频和波形发生等。

微课2　D 触发器功能简介

本实验中采用上升沿触发的双 D 触发器74LS74，其引脚排列如图4.70所示。

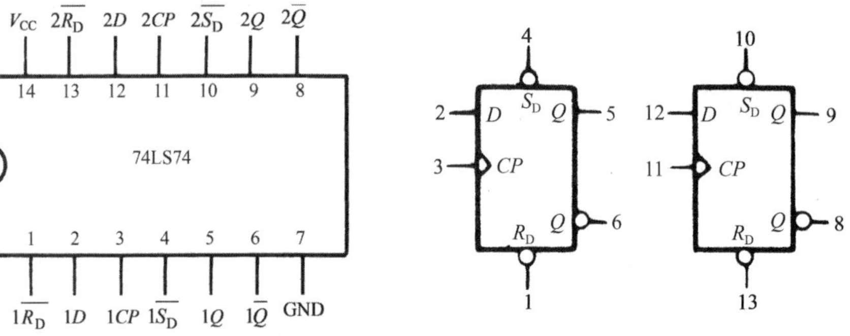

(a) 引脚图　　　　(b) 逻辑符号

图4.70　74LS74引脚及逻辑符号

74LS74也有异步置位端 $\overline{S_D}$ 和 $\overline{R_D}$ 复位端，其功能如同 RS 触发器的 S 端和 R 端。74LS74功能表见表4.20所列。

表4.20　74LS74功能表

输入				输出	
$\overline{S}_D$	$\overline{R}_D$	CP	D	Q^{n+1}	$\overline{Q}^{n+1}$
0	1	×	×	1	0
1	0	×	×	0	1
0	0	×	×	f	f
1	1	↑	1	1	0
1	1	↑	0	0	1
1	1	↓	×	Q^n	$\overline{Q}^n$

D触发器的应用很广，可用作数字信号的寄存、移位寄存、分频和波形发生等。本实验利用双D触发器74×74构成2-4进制（二位二进制）的减计数器和加计数器，分别如图4.71和图4.72所示。

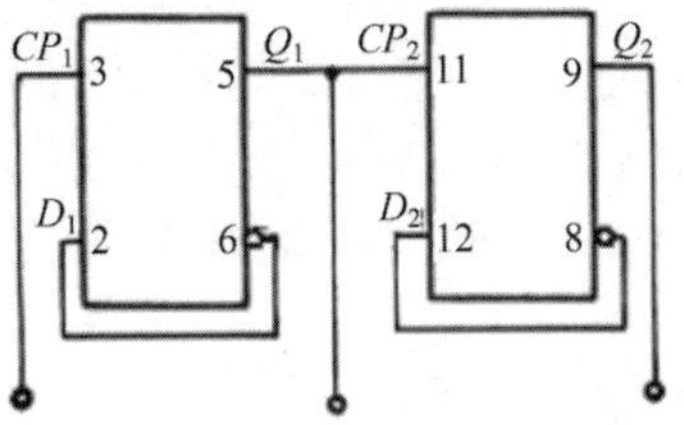

图4.71　D触发器构成2-4进制减计数器

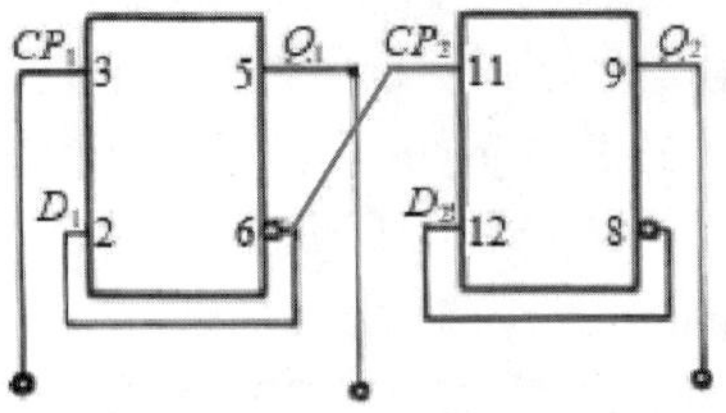

图4.72　D触发器构成2-4进制加计数器

微课3　D触发器的应用

4.9.3　实验任务及要求

一、中小规模集成电路实现

1. 基本RS触发器基本功能测试。按图4.69搭接好电路，R、D接逻辑开关输出插口（开关置于高电平位置），Q、$\overline{Q}$接LED指示灯输入插口。

（1）打开电源后Q和$\overline{Q}$输出是什么？为什么？

（2）用一个逻辑电平开关K_1同时控制R端和S端，将K_1置“0”，输出Q=____，判断$\overline{Q}$=________；K_1从“0”变为“1”，输出Q=____，$\overline{Q}$=________；多次重复上述操作，输出有无变化？为什么？

微课4　实验任务

（3）用两个逻辑电平开关K_1、K_2分别控制R端和S端，固定一个输入、测试另一个输入变化时触发器的状态，完成测试表并加以分析。

2. D触发器74×74功能测试

（1）测试$\overline{R}_D$、$\overline{S}_D$的复位、置位功能

$\overline{R}_D$、$\overline{S}_D$、D端接逻辑开关输出插口，CP端接单次脉冲源，Q、$\overline{Q}$端接至逻辑电平显示输入插口。完成测试表并对测试结果进行分析。

（2）测试D触发器的逻辑功能

完成测试表并对测试结果进行分析。

3. 触发器计数功能测试

采用D触发器74×74构成2位行波计数器。

（1）按图4.71连接电路，构成2位行波减计数器。记录CP和Q_1、Q_2的波形。其中CP为10 kHz的TTL信号。

（2）按图4.72构成2位加计数器，用发光二极管显示输出状态，记录Q_2Q_1的计数情况（记录五个以上的状态）。

（3）将上面（2）中计数器的输出Q_2、Q_1接至显示译码器，依次记录Q_2Q_1译成十进制的计数情况（记录五个以上的状态）。

【测试提示】

（1）双踪示波器一次只能同时测量两个波形，测试CP、Q_1、Q_2波形合理的组合

方式是（CP和Q_1，Q_1和Q_2）还是（CP和Q_1，CP和Q_2）？为什么？

双踪示波器测试CP、Q_1、Q_2波形合理的组合方式是分两组双踪测试CP和Q_1、Q_1和Q_2，只有这样才能对比出Q_1、Q_2之间的时序关系。

（2）用示波器测试不同频率的波形时，应合理选择触发源，使双踪波形显示稳定。

信号A和信号B为两个相关波形，A频率为B频率的n（整数）倍。若采用A做触发源，对于所设置的触发条件，由于B信号的周期大于A信号的周期，A每个周期触发点对应B信号不同的位置，造成B信号波形每次起始点不同。当示波器连续运行时，B波形不同步，如图4.73所示。

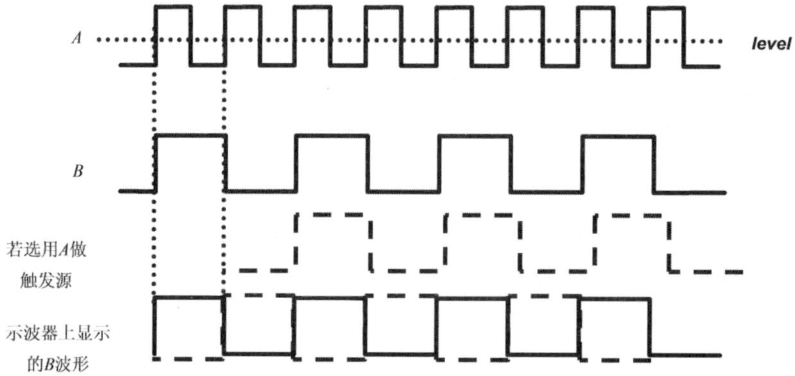

图4.73　错误设置触发源带来波形不同步

二、Multisim仿真实现

1. 在Multisim或其他仿真软件系统下，用74×00构建与非型的RS触发器，用开关控制RS端，输出用LED发光管显示，完成仿真测试。

2. 在Multisim或其他仿真软件系统下，用74×74、开关、指示灯构建带预置端和复位端的D触发器清零和置数的逻辑功能仿真测试电路，并完成仿真测试。

3. 在Multisim或其他仿真软件系统下，用74×74、开关、指示灯构建D触发器逻辑功能仿真测试电路，完成仿真测试。

4. 在Multisim或其他仿真软件系统下用74×74构成2位行波计数器进行仿真测试电路，其时钟信号为10 kHz的TTL信号，用逻辑分析仪同时测试电路的时钟CP、输出Q_1和Q_2的波形。

5. 利用74×74和辅助器件设计一个两路抢答器。

三、FPGA设计实现

用Verilog HDL语言描述一个用或非门构成的SR锁存器。

4.9.4　实验常见故障及解决方法

现象1：芯片异常发烫。

解决方法：请检查芯片电源、地是否接反，电源电压是否满足要求。

现象2：各触发器基本功能测试结果与理论值不符。

解决方法：请用逻辑测试笔或示波器检查芯片电源及各输入端、输出端是否满足要求。

注意：测试时应防止芯片引脚短路。

现象3：用D触发器构成2位行波计数器时不能正确分频。

解决方法：请用逻辑测试笔或示波器检查芯片电源及置位、复位端是否满足要求。特别是时钟信号是否满足TTL的要求。

现象4：用示波器测试2位行波计数器时波形不同步。

解决方法：请将示波器触发源设置为双踪输入中频率较低的一个信号，并将触发电平调至触发源幅度范围内。

4.9.5　思考题

1. 实验中D触发器构成的2位行波计数器的时钟CP频率是输出Q_1、Q_2频率的多少倍?

2. 该计数器是同步计数器还是异步计数器？为什么?

4.9.6　实验任务引导

一、Multisim仿真实现参考方案

1. 在Multisim或其他仿真软件系统下，用74×00构建与非型的RS触发器，如图4.74所示。用开关控制RS端，输出用LED发光管显示，完成表4.21的仿真测试。

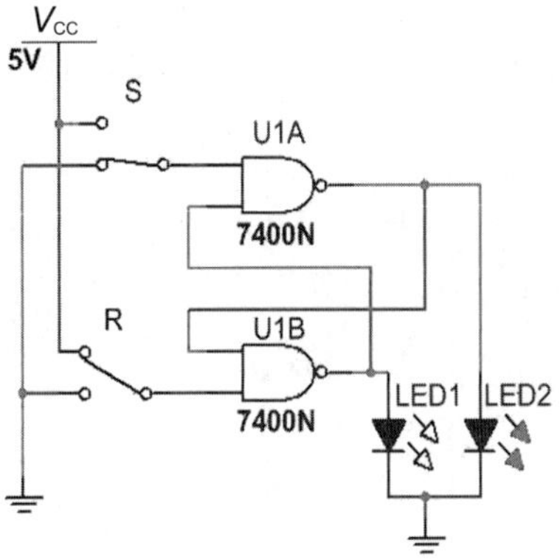

图4.74　基本RS触发器仿真测试电路

表4.21　基本RS触发器清零和置数功能测试

$\overline{R}$	$\overline{S}$	Q	$\overline{Q}$
1	1→0		
	0→1		
1→0	1		
0→1			

2. 在Multisim或其他仿真软件系统下，用74×74、开关、指示灯构建带预置端和复位端的D触发器清零和置数的逻辑功能仿真测试电路，如图4.75所示，并完成表4.22的仿真测试。

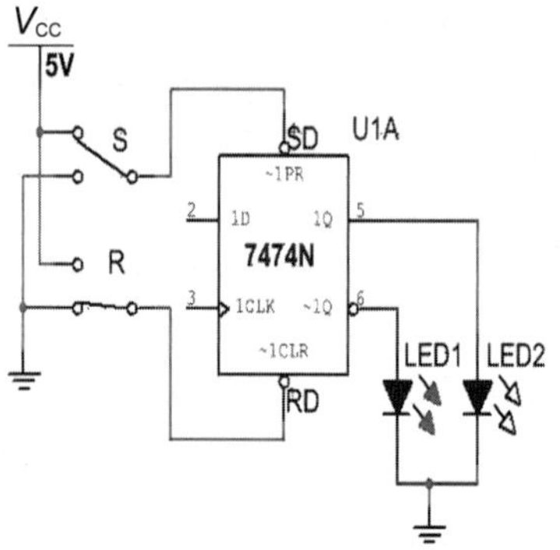

图4.75　74×74 $\overline{R}_D$ 、 $\overline{S}_D$ 端功能仿真测试电路

表4.22　74×74 $\overline{R}_D$ 、 $\overline{S}_D$ 端功能仿真测试

$\overline{R}_D$	$\overline{S}_D$	D	CP	Q^n为0时		Q^n为1时	
				Q^{n+1}	$\overline{Q}^{n+1}$	Q^{n+1}	$\overline{Q}^{n+1}$
0	0	×	×				
0	1	×	×				
1	0	×	×				

3. 在Multisim或其他仿真软件系统下，用74×74、开关、指示灯构建D触发器逻辑功能仿真测试电路，如图4.76所示，并完成表4.23的仿真测试。

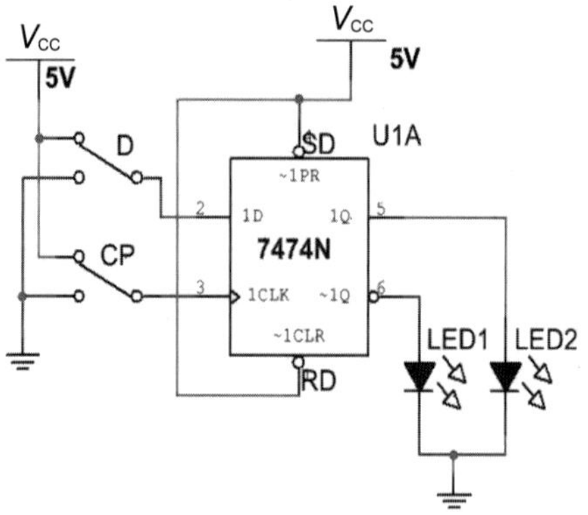

图4.76　D触发器逻辑功能仿真测试电路

表4.23　D触发器逻辑功能仿真测试

$\overline{R}_D$	$\overline{S}_D$	D	CP	$\overline{Q}^n$为0时		Q^n为1时	
				Q^{n+1}	$\overline{Q}^{n+1}$	Q^{n+1}	$\overline{Q}^{n+1}$
1	1	0	0→1				
			1→0				
		1	0→1				
			1→0				

4. 在Multisim或其他仿真软件系统下，用74×74构成2位行波计数器进行仿真测试电路，如图4.77所示，其时钟信号为10 kHz的TTL信号，用逻辑分析仪同时测试电路的时钟CP、输出Q_1和Q_2的波形。

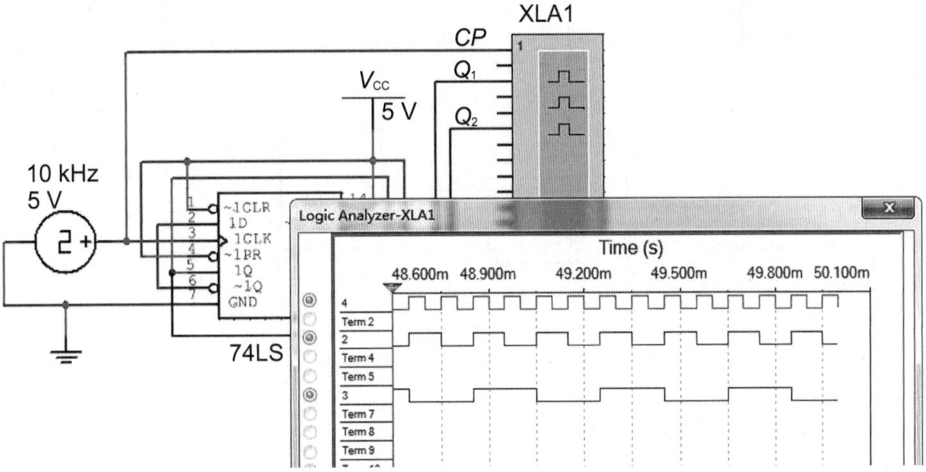

图4.77　*D*触发器逻辑功能仿真测试电路及仿真测试结果

使用逻辑分析仪进行测试，能同时观察多个信号波形，相互间时序一目了然，比常见的双踪示波器便捷。但是，使用逻辑分析仪时，要注意采样频率的设置要远高于被测信号的频率，否则可能会出现测试错误。

5. 两路抢答器测试

利用74×74和辅助器件设计一个两路抢答器，见表4.24所列。

表4.24　两路抢答器逻辑功能仿真测试

RESET	S_1	S_2	LED1	LED2
0	×	×		
1	0→1	0		
	1→0			
	0→1	1		
	1→0			
0	×	×		
	0	0→1		
		1→0		
	1	0→1		
		1→0		

两路抢答器仿真测试电路，如图4.78所示。

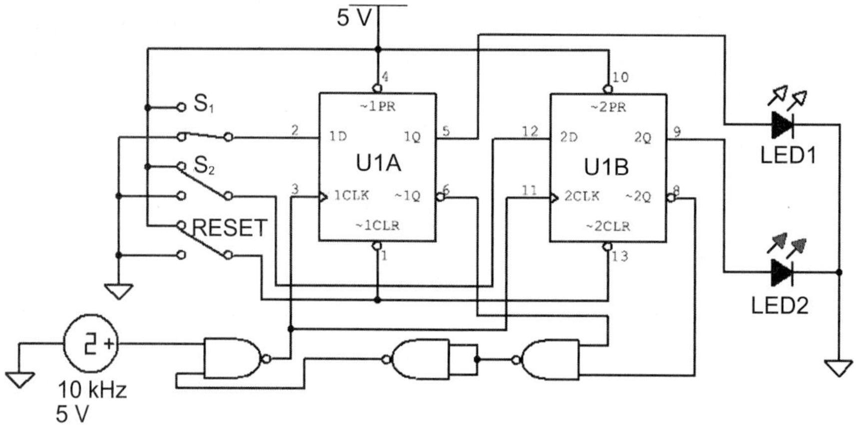

图4.78　两路抢答器参考仿真测试电路

二、FPGA设计实现参考方案

用Verilog HDL语言描述一个用或非门构成的*SR*锁存器,并下载到开发板上验证。*SR*锁存器电路如图4.79所示。

```
//-------------------SR  latch--------------------
    module SR_latch (R,S,Q,QN);
        input R,S;
        output Q,QN;
        nor(Q,R,QN); //或非门 G1
        nor(QN,S,Q); //或非门 G2
    endmodule
```

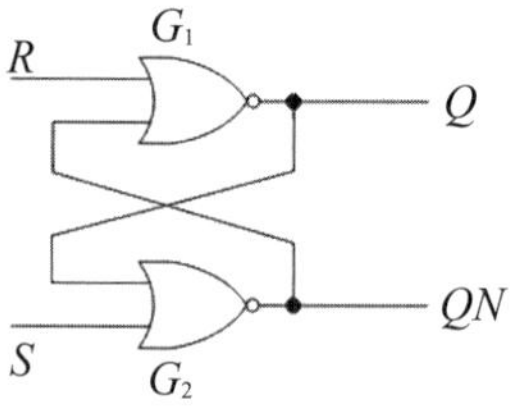

图4.79　*SR*锁存器电路

4.10　实验十　同步计数器及其应用

4.10.1　实验预习

节导语

本节学习同步计数器的功能及应用特点，学习使用双踪示波器测试计数器工作波形，掌握用同步计数器构成任意进制计数器的工作原理，掌握利用Multisim进行电路设计，掌握仿真测试的

实验十预习题自测

方法，学习用Verilog HDL语言进行电路设计、仿真。

4.10.2　实验原理

微课1　实验目的及同步计数器简介

在数字电路中，能够记忆输入脉冲个数的电路称为计数器。

1. 计数器的分类

计数器是数字系统中必不可少的组成部分，它除了用来计数输入脉冲的个数，还大量用于分频、程序控制以及逻辑控制等。中规模集成计数器种类很多，其分类方式大致有以下三种。

第一种：按数制的模数分类，通常分为二进制、十进制和N进制（即任意进制）计数器。

第二种：按计数脉冲输入方式的不同分类，可分为同步（或称并行）计数器和异步（或称串行）计数器两大类。同步计数器内各触发器在同一时钟脉冲作用下同时翻转，并产生进位信号。其计数速度快，工作频率高，译码时不会产生尖峰信号。异步计数器中的计数脉冲是逐级传送的，高位触发器的翻转必须等待低一位触发器翻转后才发生。其计数速度慢，在译码时输出端会出现不应有的尖峰，但其内部结构简单成本低，因此一般在低速场合中应用。

第三种：按计数加减分类，可分为递增计数器、递减计数器和可逆计数器。其中可逆计数器又有加减控制式和双时钟输入式两种。

2. 四位二进制同步计数器74×163

在实际使用中有许多TTL和CMOS专用集成计数器芯片可供选用。掌握计数器芯片型号、功能及正确使用，能从相关资料上读懂产品的符号、型号、引脚及功能表等有关参数，进而能灵活地应用。

本实验选用四位二进制同步计数器74×163。74×163是四位二进制（模16）同步计数器。该计数器能同步并行预置数据，同步清零，具有清零、置数、计数和保持四种功能，并且具有进位信号输出，可串接计数使用。

74×163引脚排列如图4.80所示，其中$\overline{C_r}$为清零信号输入端，CT_P、CT_T为使能信号输入端，$\overline{LD}$为置数信号输入端，四个数据输入端为D_0、D_1、D_2、D_3，四个数据输出端为Q_A、Q_B、Q_C、Q_D，进位输出端为CO，且$CO=Q_A\cdot Q_B\cdot Q_C\cdot Q_D\cdot CT_T$，当计数到15（1111）时，产生进位输出$CO=1$，其他时刻$CO=0$。注意：并行数据输入端$D_0$、$D_1$、$D_2$、$D_3$中$D_3$是数据的高位，输出端$Q_A$、$Q_B$、$Q_C$、$Q_D$中$Q_D$是计数输出的高位。

74×163的逻辑功能见表4.25所列。

（1）表中的向上箭头表示上升沿有效，表中的“×”表示可任意取值。

（2）当$\overline{Cr}=0$时，不管其他输入状态如何，在CP脉冲作用下，输出$Q_DQ_CQ_BQ_A$为0000。

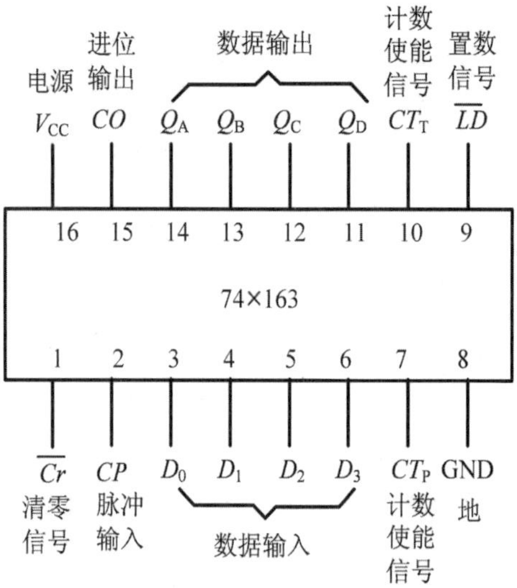

图4.80　74×163引脚排列

表4.25　74×163功能表

$\overline{Cr}$	$\overline{LD}$	CT_P	CT_T	CP	功能
0	×	×	×	↑	同步清零
1	0	×	×	↑	同步预置
1	1	1	1	↑	计数
1	1	0	1	×	保持
1	1	×	0	×	保持 CO=0

（3）$\overline{LD}$ 称为预置数控制输入端，当 $\overline{Cr}$=1，$\overline{LD}$=0时，在 CP 的上升沿作用下，预置好的数据 $D_3D_2D_1D_0$ 被并行送到输出端，此时 $Q_DQ_CQ_BQ_A=D_3D_2D_1D_0$。

（4）正常计数时，要保证 $\overline{Cr}$=1、$\overline{LD}$=1，只要 $CT_P\cdot CT_T$=1，此时在 CP 的上升沿作用下，计数器对 CP 的个数进行加计数。当计到 $Q_DQ_CQ_BQ_A$ 为1111时，CO 变为1，CO=1的时间是从 $Q_DQ_CQ_BQ_A$ 为1111时起到 $Q_DQ_CQ_BQ_A$ 的状态变化时止。

（5）在 $\overline{Cr}$=1、$\overline{LD}$=1时，只要 $CT_P\cdot CT_T$=0，计数器不工作，输出保持原状态不变。

3. 构成N进制计数器

74×163可直接用作模2、4、8、16计数器，利用74×163的清零和预置端采用复位法或置位法可以很方便地获得N进制计数器（$M\geqslant N\geqslant 2$，M为中规模计数器的模）。

N进制计数器是指其计数从最小数到最大数共N种状态。一片74×163计数可以有0000～1111十六种状态。

微课2　74×163构成任意模计数器的方法

根据计数序列的不同取法有以下四种构成N进制计数器的方法。

（1）预置端复位法

预置端复位法是取前N个状态构成N进制计数器的方法。它是当计数达到最大模值时，使预置控制信号有效，于是在第$N+1$个时钟脉冲作用下通过数据输入端并行置入0000，使计数器返回初始状态重新开始计数。

如图4.81所示是用一片74×163和与非门根据预置端复位法构成的十进制计数器逻辑图。

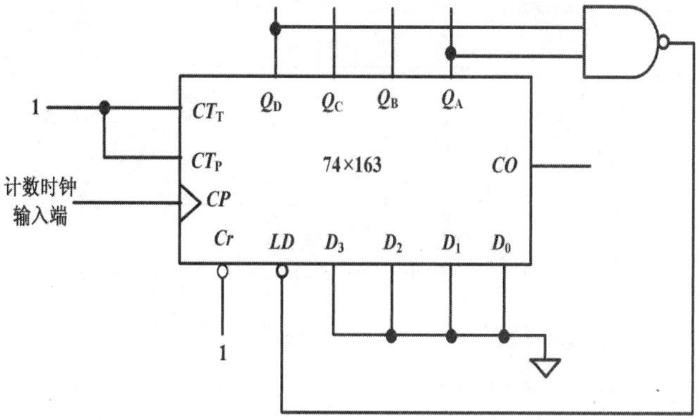

图4.81　预置复位法构成的十进制计数器

（2）反馈清零法

用反馈清零法构成N进制计数器的计数序列是从最小数0到最大数$N-1$。如果计数器是同步清零，如图4.82所示可用与非门检测数$N-1$（即最大数）。当$N-1$出现时，与非门输出低电平，控制直接清零端C，当下一时钟来临时将计数器清零。如果是异步清零，则应用与非门检测数N（即最大数加1）。当N出现时，与非门输出低电平，控制直接清零端C，将计数器清零，随着输出状态的改变，清零脉冲也消失，状态N只能瞬间出现会使计数器输出出现毛刺，因此可能存在着竞争，在使用时必须注意。

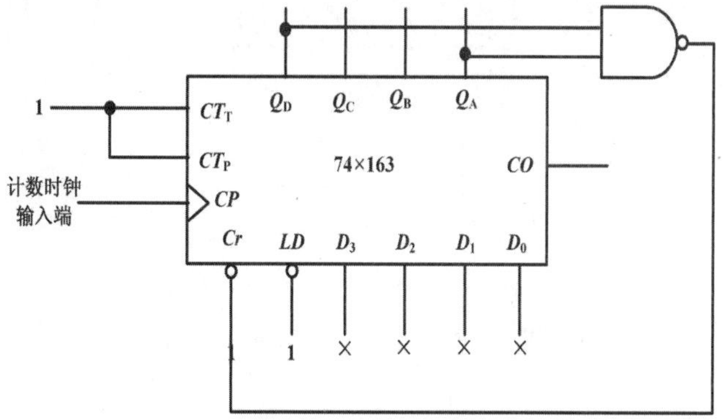

图4.82　反馈清零法构成十进制计数器

（3）进位输出端置最小数法

取74×163的后N个状态构成N进制计数器时，则计数序列的最大数与所选计数器74×163的最大计数相同，此时可用进位信号CO控制预置端。这样当计数器输出最大数并产生进位信号后，在下一个CP脉冲到来时，计数器通过数据输入端置入计数序列的最小数，电路又从最小数开始重新计数，如图4.83所示为十进制计数器，输出序列由0110到1111。

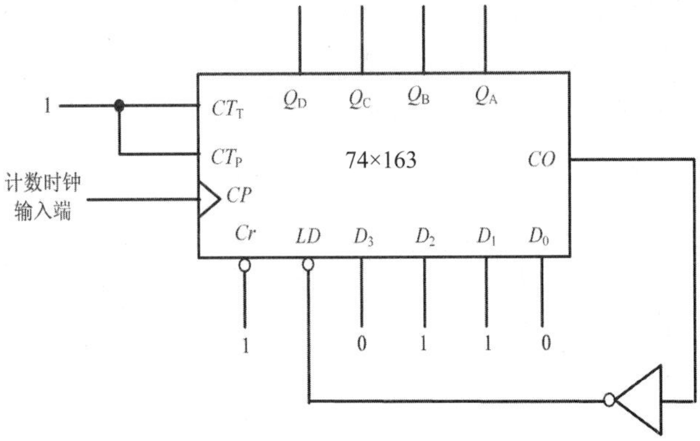

图4.83　利用进位输出端构成十进制计数器

（4）检测最大数置最小数法

在取74×163计数器计数序列中间N个状态构成计数序列时，可利用与非门检测计数序列的最大数。如图4.84所示为余3码十进制计数器，输出序列由0011到1100。当最大数1100出现时，与非门输出低电平，使预置端$\overline{LD}$为有效电平，下一个CP脉冲到来时，通过数据输入端$D_3D_2D_1D_0$将计数序列的最小数0011置于计数器中。

上面介绍的都是由单个计数器构成的N进制计数器，若将多个计数器级连，仍采用上面介绍的方法，则可构成$N>M$（中规模计数器的模）的任意进制计数器。

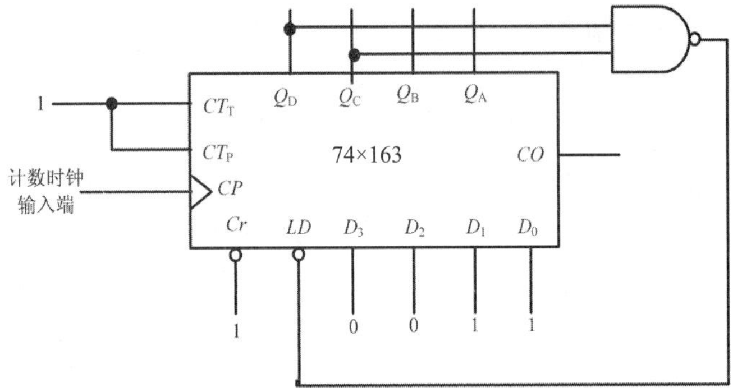

图4.84　检测最大数置最小数法构成十进制计数器

如图4.85所示是用两片74×163级联构成的八十五进制计数器，电路采用反馈清零法计数序列从最小数0到最大数84（二进制数为1010100_2）。

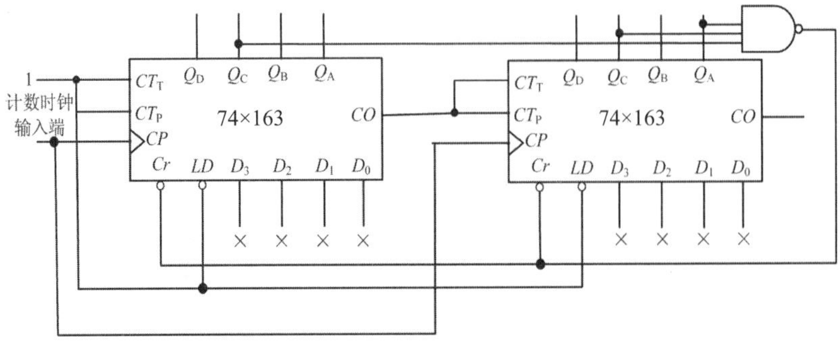

图4.85　两片74×163级联构成的八十五进制计数器

4. 分频器。计数器又称分频器，*N*进制计数器的进位输出脉冲就是计数器时钟脉冲的*N*分频。*N*进制计数器可直接作为*N*分频器。

5. 触发释抑。测试计数器时序波形时，当计数器输出为复杂周期信号时，用示波器观察只选择触发源与触发电平往往不能使输出波形显示稳定。示波器中Holdoff（触发释抑）的含义是暂时将示波器的触发电路封闭一段时间（即释抑时间），在这段时间内，即使有满足触发条件的信号波形点，示波器也不会触发。触发释抑主要针对在周期内有很多满足触发条件的点而专门设置的。合理选择触发释抑时间，使扫描的每次触发都在波形的相同的信号沿，使波形满足触发条件的点呈现周期性，波形显示将变得稳定。一般的经验是触发释抑时间略小于信号的大周期。

4.10.3　实验任务及要求

一、中小规模集成电路实现

1. 测试74×163的清零、置数、保持、计数等各项功能，分析、总结其特点。要求以文字形式描述各项功能的测试条件与测试结果。

2. 观测74×163在自由计数状态时的工作过程。将74×163接成自由计数模式，*CP*端接入频率为1 Hz的TTL信号，用数字逻辑箱上的指示灯显示计数序列及进位输出，要求将连续18个时钟的输出结果记录在表格中。

微课3　利用74×163构成十一进制计数器及实验任务

3. 用74×163及74×00构成十一进制计数器，输出0000～1010的序列，画出电路连接图（如图4.86所示），并完成相应测试。要求：将74×163的*CP*接入频率为10 kHz的TTL信号，用双踪示波器分别稳定显示*CP*、*QA*波形和*QA*、*QD*波形，画出反映各波形时序关系的波形图，并标明幅度。

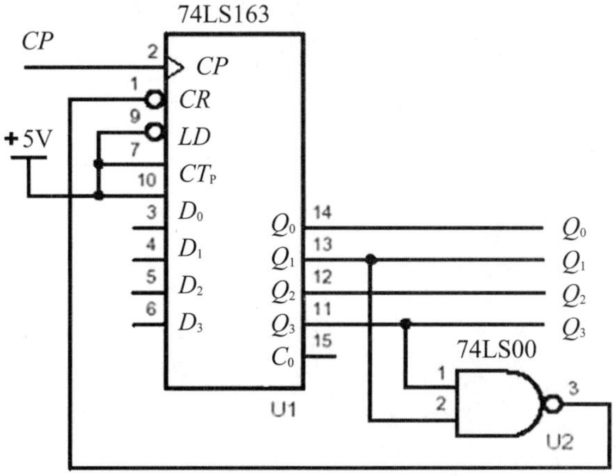

图4.86　74×163及74×00构成十一进制计数器

二、Multisim 仿真实现

在 Multisim 下利用 74LS163 实现一个模 11 计数器，计数序列为 0000～1010。

三、FPGA 设计实现

用 Verilog HDL 语言描述一个模 11 的计数器，计数序列为 0101～1111，并进行仿真验证。

4.10.4 实验常见故障及解决方法

现象 1：芯片异常发烫。

解决方法：请检查芯片电源、地是否接反，电源电压是否满足要求。

现象 2：163 芯片接成自由计数模式后，不能正常计数。

解决方法：使用万用表检查是否为电路的电源和地提供了正确电压，检查清零和置数信号端是否设置正确，用示波器检查时钟端是否选用的是连续的 TTL 信号。

现象 3：接成十一进制计数器后，输出的计数序列出错。

解决方法：请检查与非门是否正确连接了电源和地，检查与非门的输出逻辑是否正常，检查反馈信号连接是否正确，检查并行输入端数据是否设置正确。

现象 4：用示波器测试双踪波形时，波形不同步。

解决方法：请将示波器触发源设置为频率较低的一个信号，并将触发电平调至触发源幅度范围内。如果是复杂周期信号应合理设置触发释抑时间。

4.10.5 思考题

1. 用 74×163 和 74×00 设计输出序列为 0010～1100 的十一进制计数器，并画出完整的电路连接图。

2. 将 74×163 接成自由计数模式时，输出 Q_D 是时钟周期的多少分频？Q_D 波形的占空比是多少？输出 *CO* 是时钟周期的多少分频？*CO* 波形的占空比是多少？

3. 采用反馈清零法实现 0000～1000 的九进制计数器，如果计数器是异步清零，输出应检测什么数据？如果计数器是同步清零，输出应检测什么数据？

4.10.6 实验任务引导

一、Multisim 仿真实现参考方案

在 Multisim 下利用 74LS163 实现一个十一进制计数器。

分析：如图 4.87 所示，在仿真软件内搭建电路，并仿真测量波形。在这个实验中共有四个输出端，在仅仅关注各个输出端的状态而不是具体电压值时，采用虚拟逻辑分析仪观测更方便快捷，因为通过逻辑分析仪可以同时观测十六路信号。

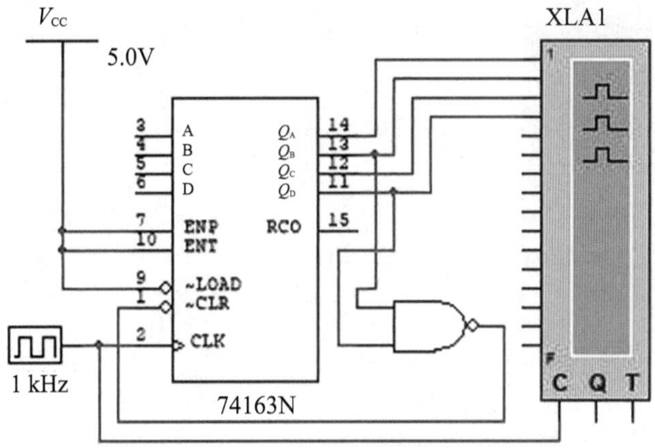

图4.87　十一进制计数器

二、FPGA设计实现参考方案

用Verilog HDL语言描述一个模十一的计数器，计数序列为0101～1111，并进行仿真验证，如图4.88所示。

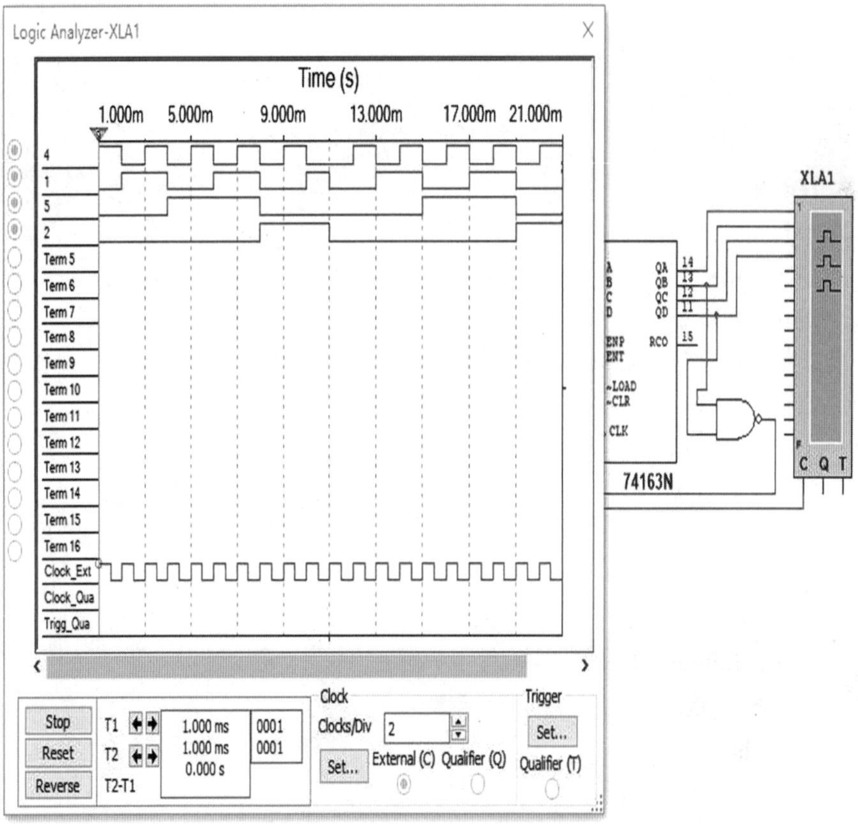

图4.88　十一进制计数器功能仿真测试

```
//---------------counter11.v-----------------
module counter11
       (input wire clr,
       input wire clk,
       output reg[3:0] q
       );
       always@(posedge clk or posedge clr)
           begin
              if (clr == 1)
              q <=3'b0101;
              else if (q == 15)
              q <=3'b0101;
                     else q<=q+1;
       end
endmodule
```

测试模块:

```
//---------------counter11_tb.v-----------------
module counter11_tb;
       // Inputs
       reg  clr;
       reg  clk;
       // Outputs
       wire  [3:0]  q;
       // Instantiate the Unit Under Test (UUT)
       counter11 uut (
                 .clr(clr),
                 .clk(clk),
                 .q(q)
                  );
             initial  begin
             // Initialize Inputs
             clr = 0;
             clk = 0;
                  end
       always  #10  clk = ～clk ;
endmodule
```

仿真波形如图4.89所示。

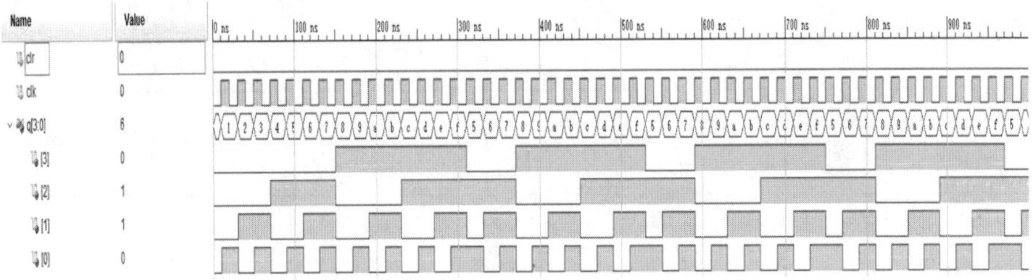

图4.89　十一进制计数器仿真波形图

4.11　实验十一　移位寄存器及其应用

4.11.1　实验预习

节导语

本节要掌握中规模4位双向移位寄存器的逻辑功能及使用方法，熟悉移位寄存器构成环形计数器和实现数据的串行/并行转换的应用，掌握用Multisim对电路进行设计仿真的方法，学习用Verilog HDL语言进行电路实现。

实验十一预习题自测

4.11.2　实验原理

1. 逻辑功能

移位寄存器是具有移位功能的寄存器，寄存器中所存的代码能在移位脉冲的作用下依次左移或右移。它是一种可以用二进制形式保存数据的双稳器件，既能左移又能右移的寄存器称为双向移位寄存器。

微课1　移位寄存器原理

本实验选用的是4位双向通用移位寄存器74×194。74×194的引脚排列如图4.90所示，其功能见表4.26所列。

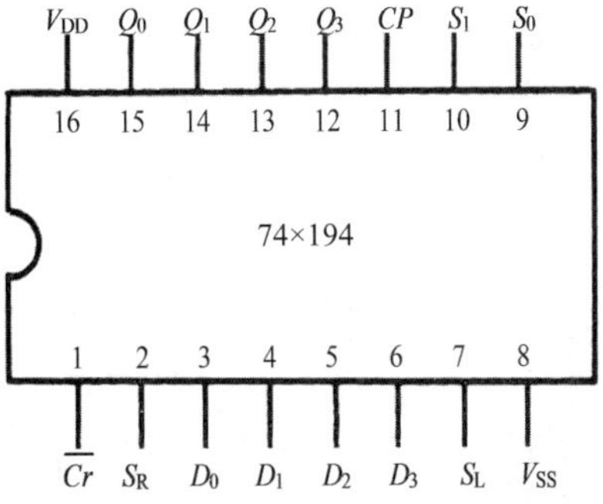

图4.90　74×194的引脚排列

表4.26　74×194 功能表

功能	输入										输出			
	CP	$\overline{Cr}$	S_1	S_0	S_R	S_L	D_0	D_1	D_2	D_3	Q_0	Q_1	Q_2	Q_3
清零	×	0	×	×	×	×	×	×	×	×	0	0	0	0
送数	↑	1	1	1	×	×	a	b	c	d	a	b	c	d
右移	↑	1	0	1	D_{SR}	×	×	×	×	×	D_{SR}	Q_0	Q_1	Q_2
左移	↑	1	1	0	×	D_{SL}	×	×	×	×	Q_1	Q_2	Q_3	D_{SL}
保持	×	1	0	0	×	×	×	×	×	×	Q_0^n	Q_1^n	Q_2^n	Q_3^n
保持	1	1	×	×	×	×	×	×	×	×	Q_0^n	Q_1^n	Q_2^n	Q_3^n

2. 移位寄存器位数扩展

若需要大于四位的双向移位寄存器，可将74×194级联使用，如图4.91所示为两块74×194构成八位双向移位寄存器的连接方法。

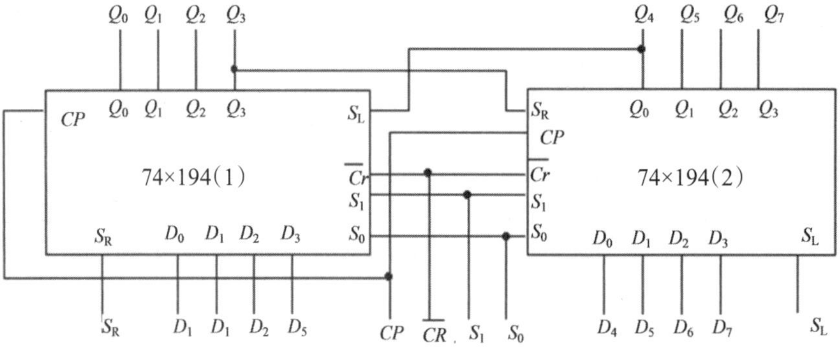

微课2　移位寄存器应用（非自启动）

图4.91　用74×194构成的八位双向移位寄存器

3. 环形计数器

将移位寄存器的输出反馈至它的串行输入端，就可以进行循环移位。例如，把移位寄存器的输出端Q_3和S_R相连，可构成右移环形计数器，如图4.92所示。

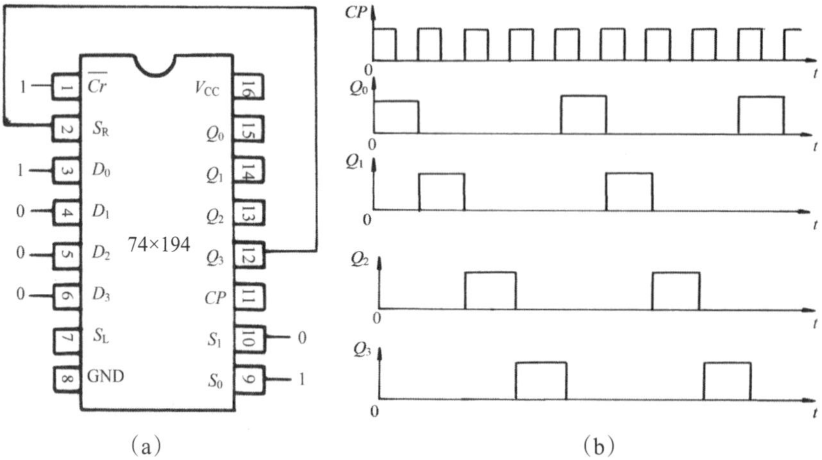

图4.92　循环单个“1”的非自启动右移环形计数器

图4.92中的环形计数器存在一个主要的问题。如果输出唯一的“1”，由于噪声的影响而丢失，则计数器就会进入状态0000，并且永远停留在这个状态，进入“死循环”。如果输出中被额外植入一个“1”，例：出现0110状态，则计数器输出$Q_0Q_1Q_2Q_3$会进入0110→0011→1001→1100→0110这样一个不是原来期望的状态循环中。图4.93是图4.92电路的完整环形计数器状态图。

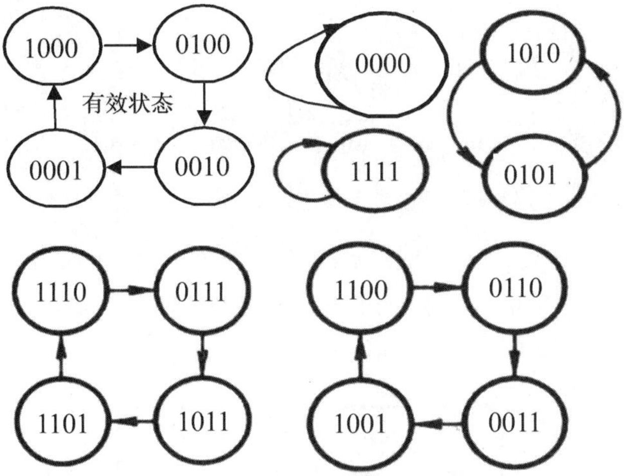

图4.93　循环单个“1”的非自启动右移环形计数器状态图

从该图中可以看出，一旦电路从期望的状态循环中跳出进入无效状态，在时钟脉冲的作用下将无法自动回到有效状态。该电路不能自启动。实际应用的电路应该具有健壮性，能够自启动。对图4.92电路稍作修改后得到如图4.94所示的电路。

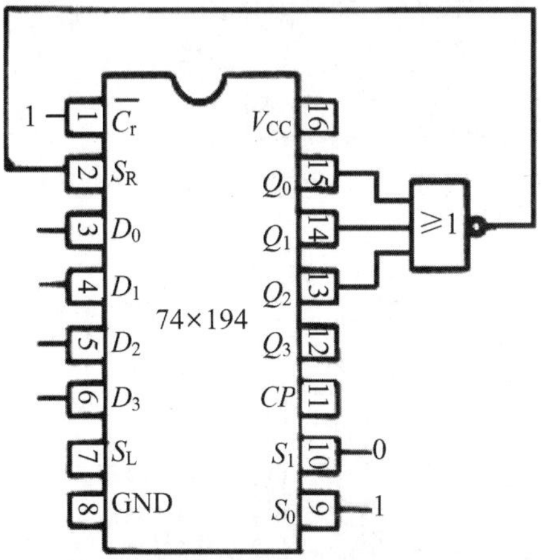

微课3　移位寄存器应用（自启动）

图4.94　循环单个“1”的带自启动右移环形计数器电路

无论环形计数器在噪声作用下进入哪一个无效状态，经过几个时钟周期后，电路输出总能回到有效的状态循环中，电路的完整环形计数器状态图如图4.95所示。

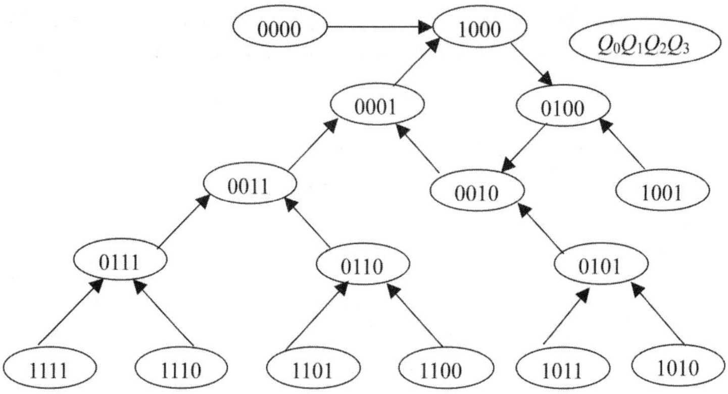

图4.95　循环单个“1”的带自启动右移环形计数器状态图

上述电路目的是在输出中产生一个循环的“1”。若期望在输出中产生一个循环的“0”，能够实现该目的的自启动电路如图4.96所示，CD4023引脚图如图4.97所示。

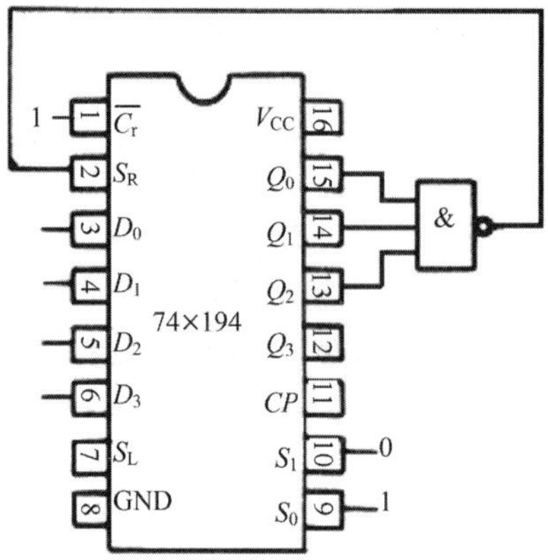

图4.96　循环单个“0”的带自启动右移环形计数器电路

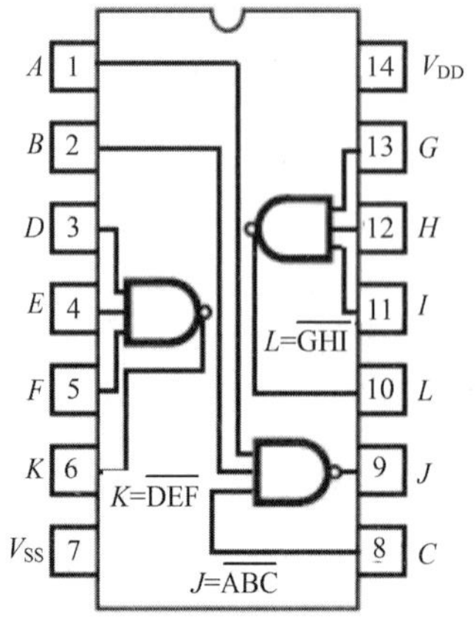

图4.97　CD4023引脚图

同理可以很方便地得到循环单个“0”的带自启动左移环形计数器电路如图4.98所示。

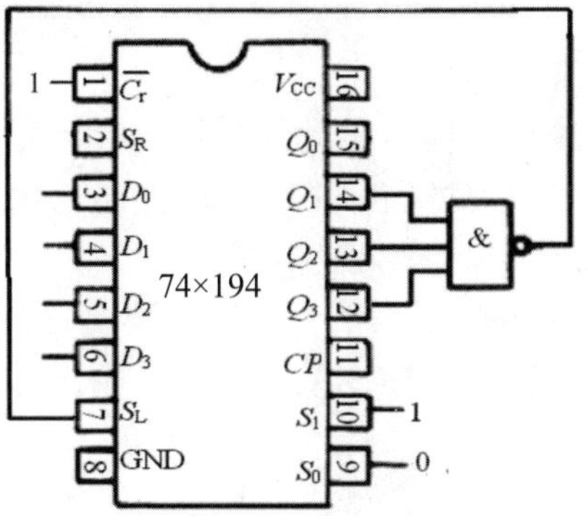

图4.98　循环单个“0”的带自启动左移环形计数器电路

4. 串/并行转换器

利用移位寄存器可将串行输入的数码转换成并行输出。串并转换需要一个同步信号，当同步信号有效时，一组数据转换结束，同步信号控制将此时的输出送入缓存器中，在下一组数据进行串/并转换期间输出缓存器内的数据不会变化。电路如图4.99所示。

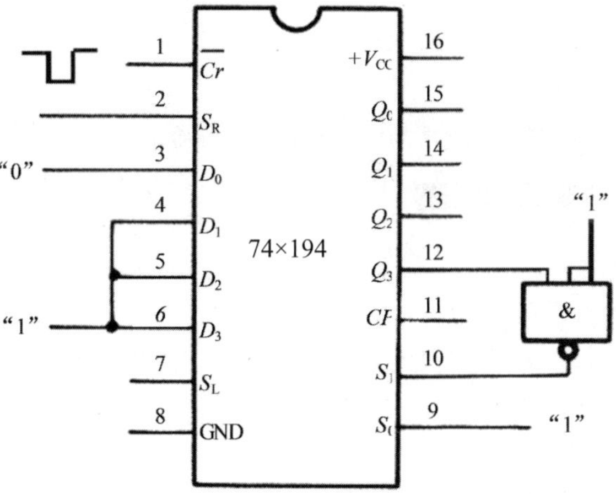

图4.99　移位寄存器实现3位串/并转换电路

此电路是由一片74×194和一个与非门构成的3位串/并转换电路，Q_3作为转换结束标志位（低有效），即同步信号。先将移位寄存器清零，$Q_0Q_1Q_2Q_3$=0000；此时S_1=“1”、S_0=“1”，第一个时钟脉冲到达后，74×194执行送数功能，$Q_0Q_1Q_2Q_3$=0111；其中Q_0中的“0”为标志码；在与非门作用下，S_1=“0”、S_0=“1”，第二个时钟脉冲到达后，74×194执行右移功能，第一个被转换的串行数据D_0移进Q_0，输出Q_0、Q_1、Q_2、Q_3=D_0，0，1，1。同理，串行数据D_1D_2在时钟脉冲作用下依次移入寄存器，直到输出为Q_0、Q_1、Q_2、Q_3=D_2、D_1、D_0、0时，$D_2D_1D_0$同时出现在输出端，标志码“0”出现在Q_3转换结束标志位上，则已经完成了一次串/并转换，同时S_1=“1”，等待新的转换。

4.11.3 实验任务及要求

一、中小规模集成电路实现

1. 用74×194和CD4023构成能自启动的右移环形计数器，要求输出循环移动单个的“0”，依次加入*CP*（单脉冲），用指示灯观察输出状态的变化，将实验结果记入表格中。

微课4 实验任务

2. 将*CP*改为10 kHz连续脉冲信号，用双踪示波器分别定量观测*CP*和Q_0、Q_0和Q_1、Q_1和Q_2、Q_2和Q_3的波形，并画出右移环形计数器的定时时序图。

3. 实现数据的串行/并行转换。

（1）如图4.99所示连接实验电路，与非门采用CD4023。

（2）先将移位寄存器清零，然后开始加入*CP*（单脉冲一次），观察寄存器输出状态变化，将结果记入表格中。

（3）输入串行输入数据。拨动逻辑开关，在*CP*脉冲作用下由S_R端依次送入串行数码D_{SR}为0、1、1、0、0、1、1、1、0，分别观察寄存器输出端状态的变化，记入表格中，并分析结果。

二、Multisim仿真实现

在Multisim下利用74×194设计一个能自启动的八位左移扭环计数器。

三、FPGA设计实现

利用Verilog HDL语言描述一个五位的移位寄存器，并下载到开发板上验证。

4.11.4 实验常见故障及解决方法

现象1：芯片异常发烫。

解决方法：请检查芯片电源、地是否接反，电源电压是否满足要求。

现象2：带自启动右移环形计数器电路测试时，输出始终为0000。

解决方法：请仔细检查移位寄存器74×194和与非门CD4023电源电路是否连接正确，S_1、S_0是否为01，清零端是否为无效。

现象3：串/并转换器并行输出数据与串行输入数据不符合。

解决方法：在串/并转换实验中，并行送数操作以后提供的串行数据才是有效的串行数据，检查是否在S_1S_0为11期间送入新的串行数据。

4.11.5 思考题

1. 试论述环形计数器所存在的优势和缺陷。

2. 若构成左移的3位串/并转换电路，应如何设计电路图？

4.11.6 实验任务引导

一、Multisim仿真实现参考方案

1. 利用74×194设计一个能自启动的4位8状态左移扭环计数器。

分析：如图4.100所示在仿真软件内搭建电路。在这个实验中共有4个输出端，在仅仅关注各个输出端的状态而不是具体电压值时，采用虚拟逻辑分析仪观测更方便快捷，因为通过逻辑分析仪可以同时观测十六路信号。

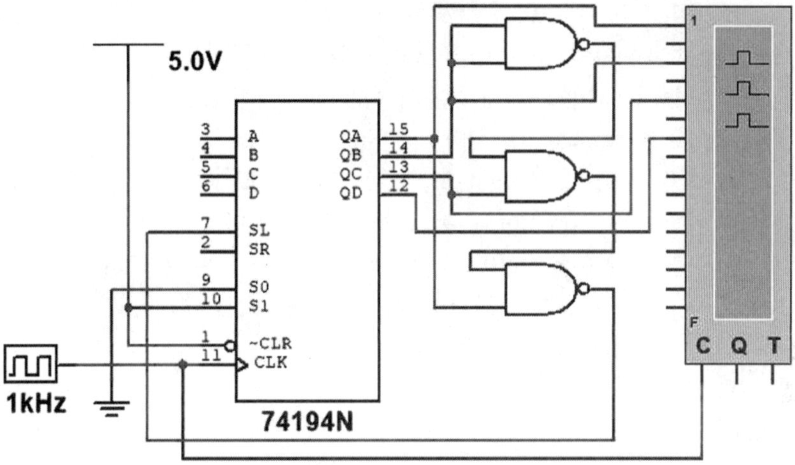

图4.100　能自启动的4位8状态左移扭环计数器电路图

图4.101是自启动的4位8状态左移扭环计数器逻辑分析仪测试的仿真输出结果。

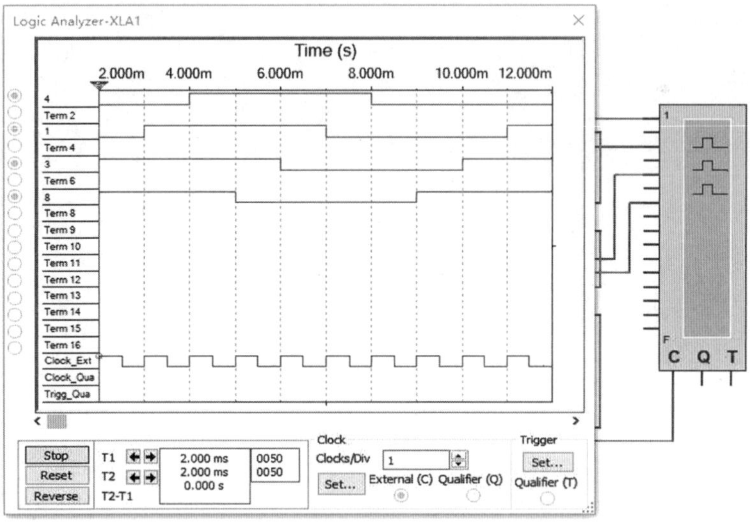

图4.101　左移扭环计数器逻辑功能仿真测试

二、FPGA设计实现参考方案

1. 利用Verilog语言描述一个5位的移位寄存器，并下载到开发板上验证。

```
//------------------- shift_reg --------------------
module shift_reg(
      input clk,clr,en,load,right_in,left_in,
      input [1:0] s,
```

```
    input [4：0] d，
    output reg [4：0] q)；
    always @ （posedge clk or posedge clr）
        if （clr==1） q<=0；//异步复位
        else if （en==0） q<=q；//使能无效，保持
            else if （load==1） q<=d；//置位
                else case （s）
                    0：q<={right_in，q[4：1]}；//右移
                    1：q<={q[3：0]，left_in}；//左移
                    2：q<={q[0]，q[4：1]}；//右移，环形计数器
                    3：q<={q[3：0]，q[4]}；//左移，环形计数器
                    default q<=6'bx；
            endcase
endmodule
```

附录1　常用逻辑符号对照表

名称	国标符号	曾用符号	国外流行符号
与门	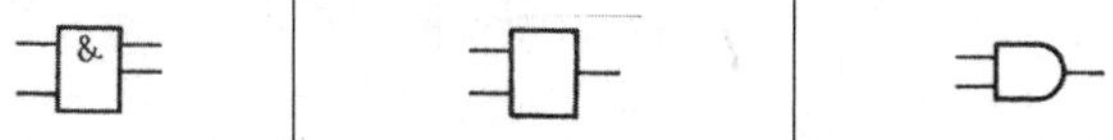		
或门	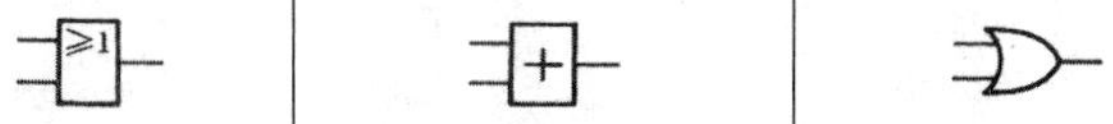		
非门	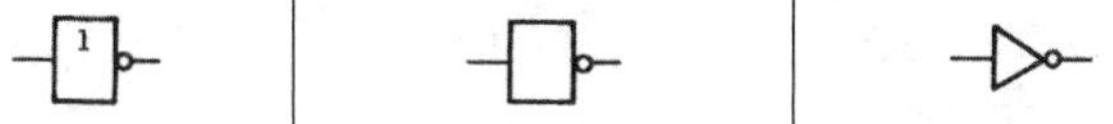		
与非门	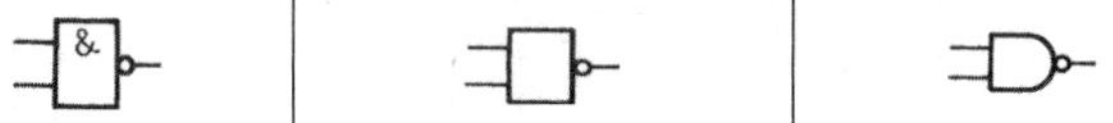		
或非门	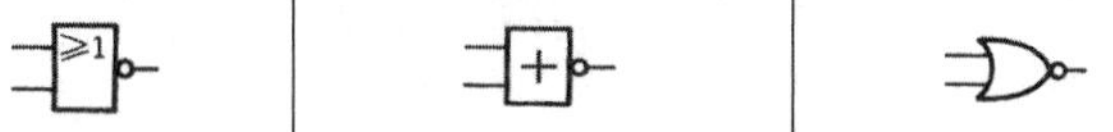		
与或非门	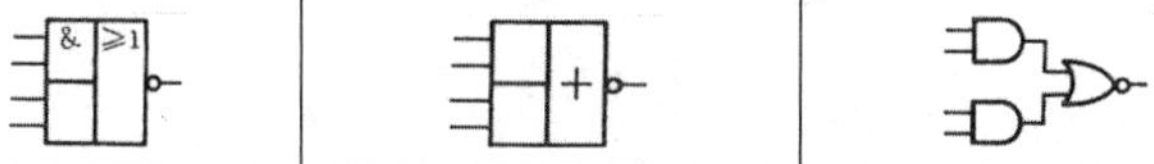		
异或门	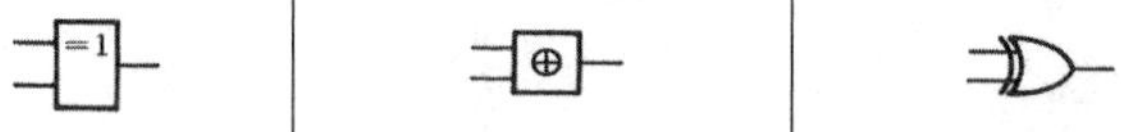		
同或门	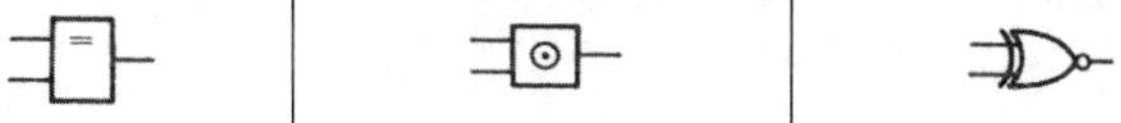		
集电极开路的与门			
三态输出的非门	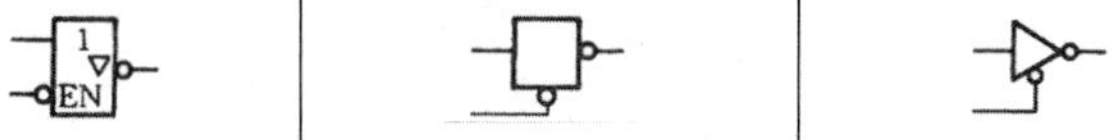		
传输门	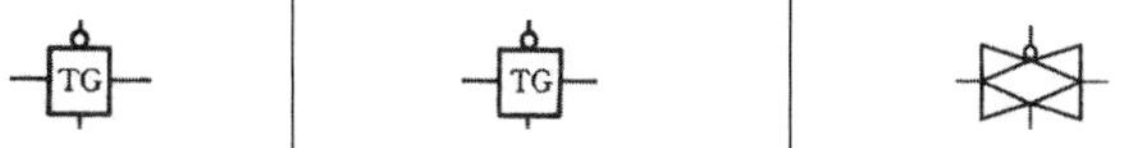		
双向模拟开关			
半加器	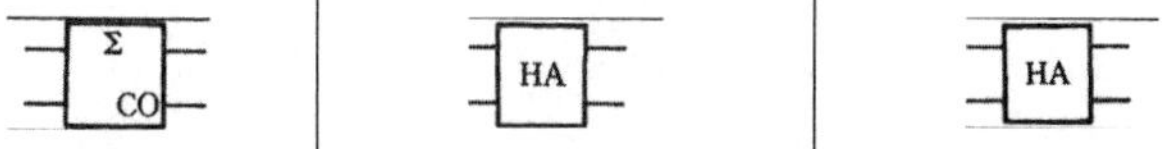		
全加器	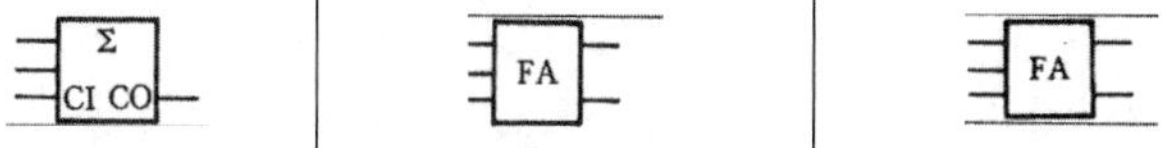		
基本 *RS* 触发器	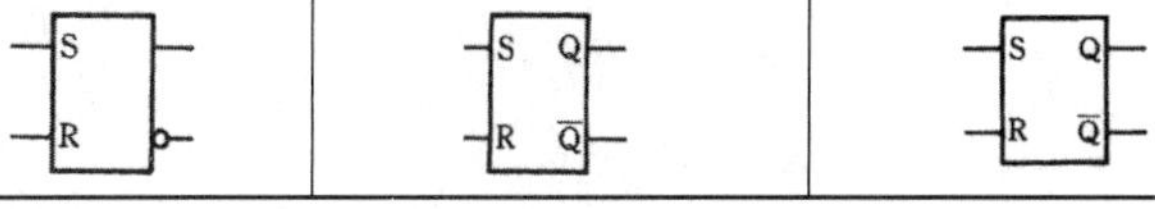		

续表

名称	国标符号	曾用符号	国外流行符号
同步*RS*触发器	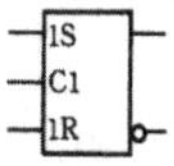	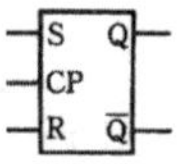	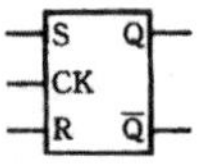
边沿(上升沿)*D*触发器	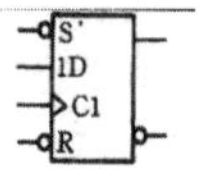	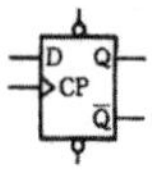	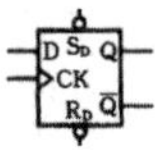
边沿(下降沿) *JK*触发器	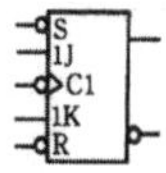	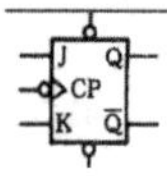	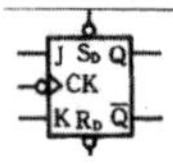
脉冲触发(主从) *JK*触发器	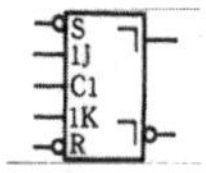	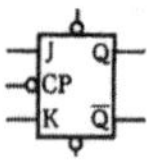	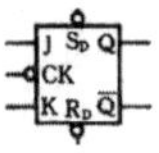
带施密特触发特性的 与门	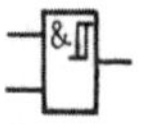	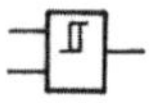	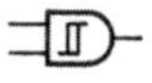

附录2　标准实验报告模板

________________大学

电子技术应用实验

实　验　报　告

学生姓名：　　　　　　学 号：　　　　　　指导教师：

实验地点：　　　　　　　　　　　　　　　实验时间：

一、实验项目名称

二、实验学时

三、实验目的

四、实验原理

实验原理应包括实验原理图或方案框图及对原理的简单说明，另外还包括与实验相关的公式、图表。

五、实验器材（设备、元器件）

列出本次实验所用的仪器、元件、实验底板名称及数量。

六、实验内容及数据

根据实验的任务及要求简述具体的实验内容。将实验的原始记录整理后，对应实验内容的数据以表格或图形方式表示出来；对所观察到的实验现象加以文字描述。

七、数据分析及实验结论

对所测得的数据或图形加以分析，包括数据处理和误差分析等。根据对所测数据的分析得出相应结论。

八、思考题

回答教师指定的或教材上提出的思考题。

九、总结及心得体会

阐述完成实验后的收获，对本实验新学实验方法、测试技巧的理解，总结实验中遇到的困难及解决办法。

十、对本实验过程及方法、手段的改进建议

简述实验后对本次实验的意见及建议。

报告评分：

指导教师签字：

注意：在实验报告后附上由教师签字的实验原始记录。实验报告内容以真实、简单、清晰、完整为原则，并独立完成。

附录3　FPGA资源简介

1. FPGA开发板（如图1所示）

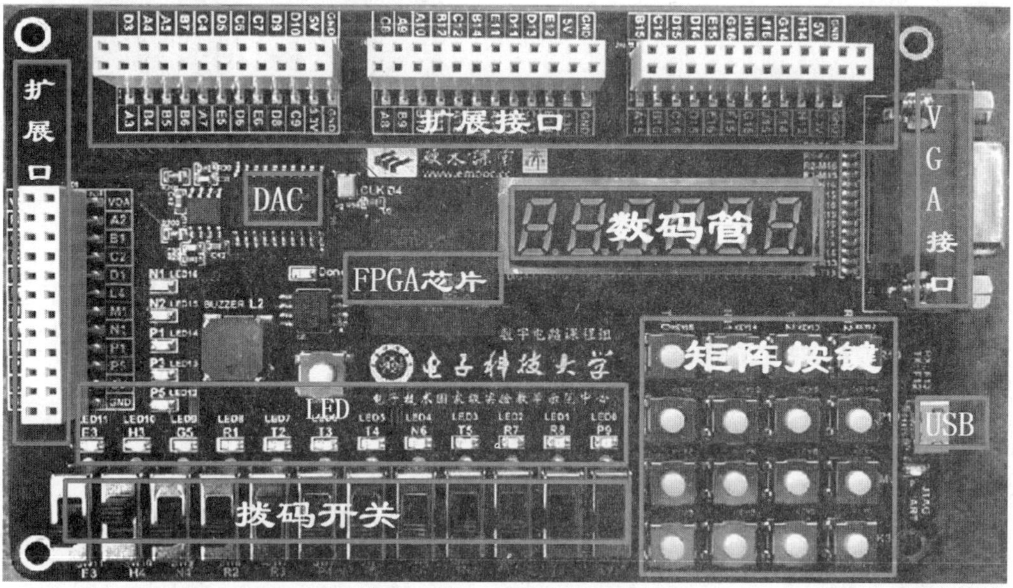

图1　FPGA开发板

2. 开发板资源简介

此开发板是以Xilinx（赛灵思）公司7系列FPGA器件为编程芯片设计的FPGA开发板。

（1）12个LED指示灯（如图2所示）。

（a）LED原理图　　（b）LED实物图

图2　LED原理图及实物图

（2）12个逻辑开关（如图3所示）。

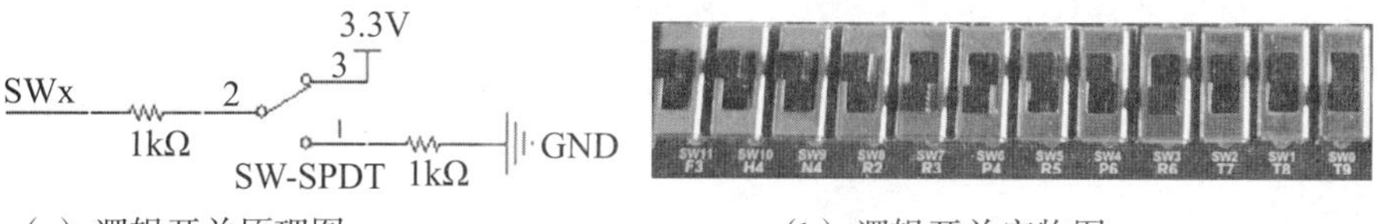

（a）逻辑开关原理图　　（b）逻辑开关实物图

图3　逻辑开关原理图及实物图

（3）矩阵键盘（如图4所示）。

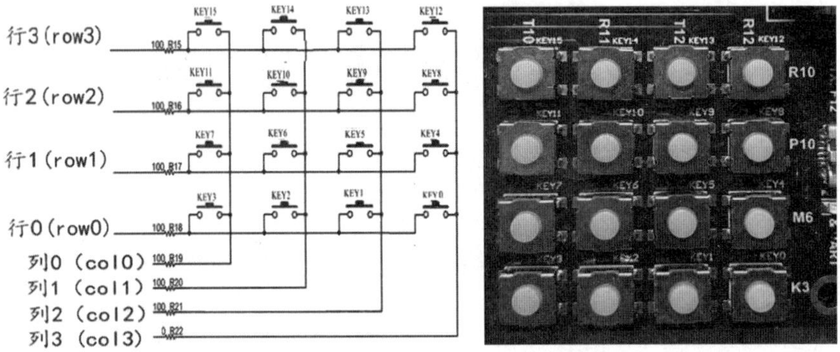

（a）矩阵键盘原理图　　　　（b）矩阵键盘实物图

图4　矩阵键盘原理图及实物图

（4）数码管（如图5所示）。

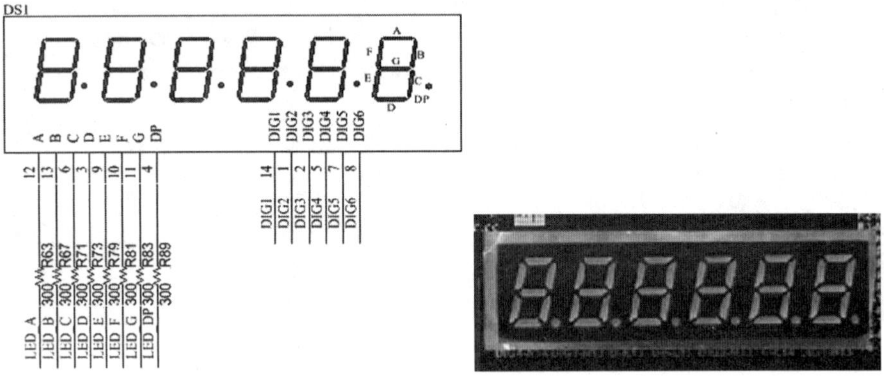

（a）数码管原理图　　　　（b）数码管实物图

图5　数码管原理图及实物图

附录4　部分集成芯片引脚图

本附录收集的是本书所涉及实验中用到的集成芯片的引脚图，如图1至图13所示。

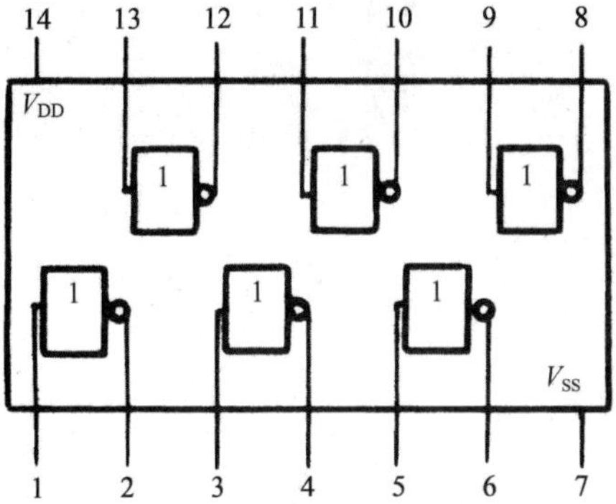

图1　六反相器CD4069引脚图

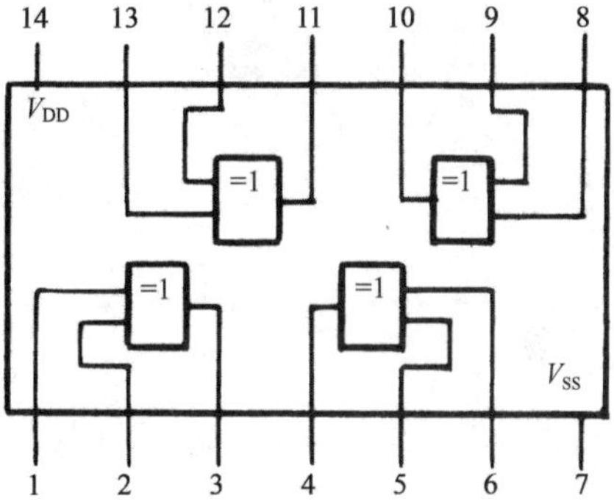

图2　四异或门CD4070引脚图

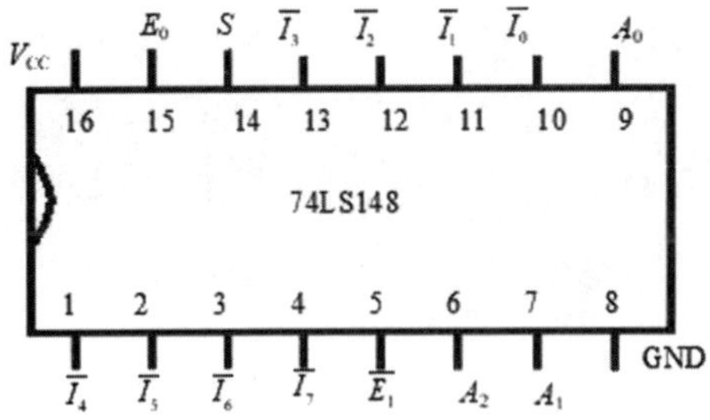

图3　8-3优先编码器74LS148引脚图

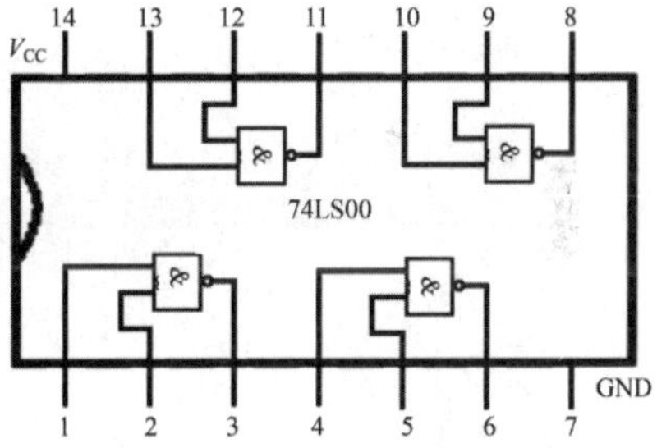

图4　2输入四与非门74LS00引脚图

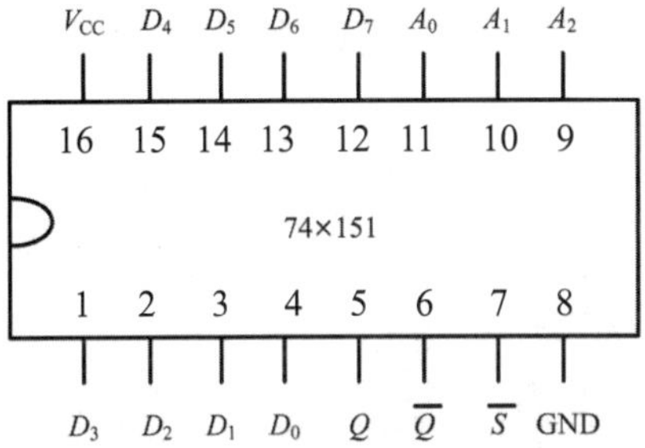

图5　8选1数据选择器74×151引脚图

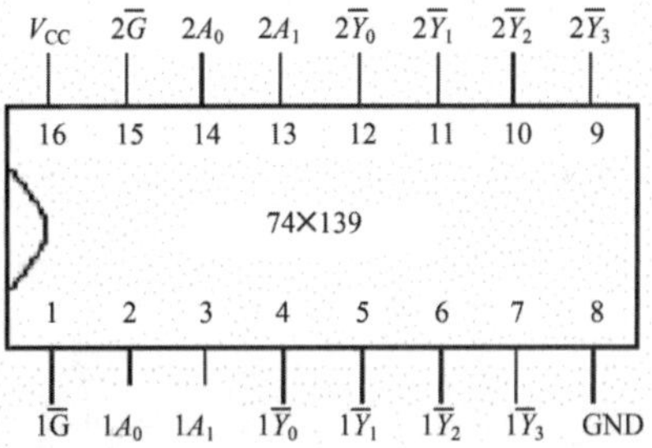

图6　2-4译码器74×139引脚图

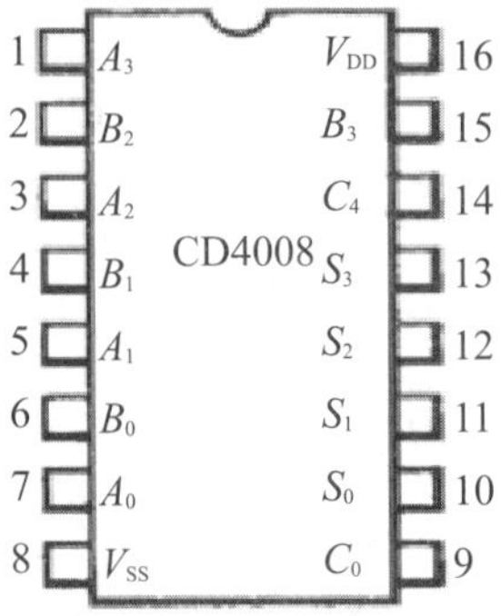

图7　四位全加器CD4008引脚图

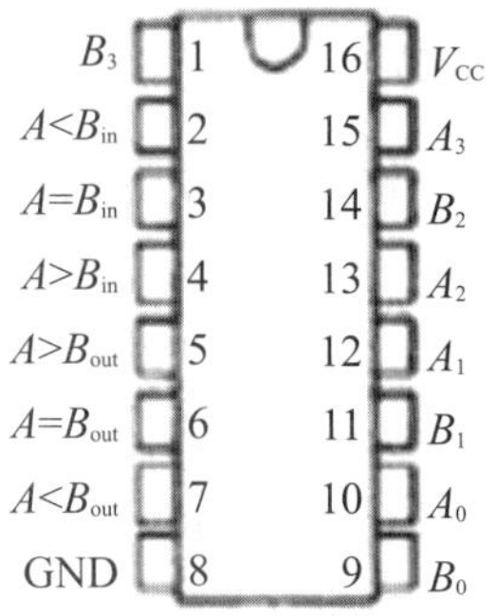

图8　四位比较器74×85引脚图

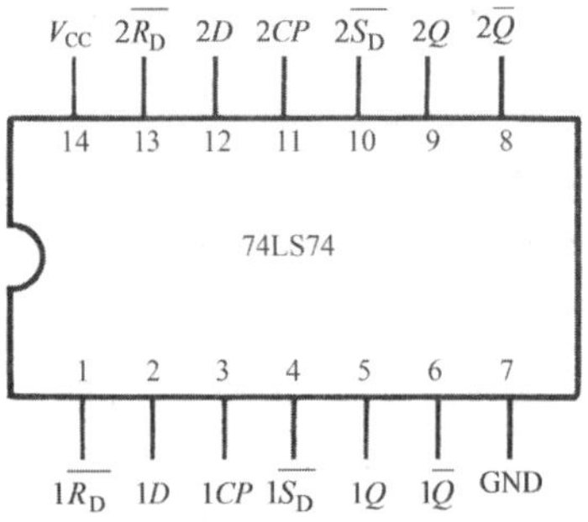

图9　双D触发器74LS74引脚图

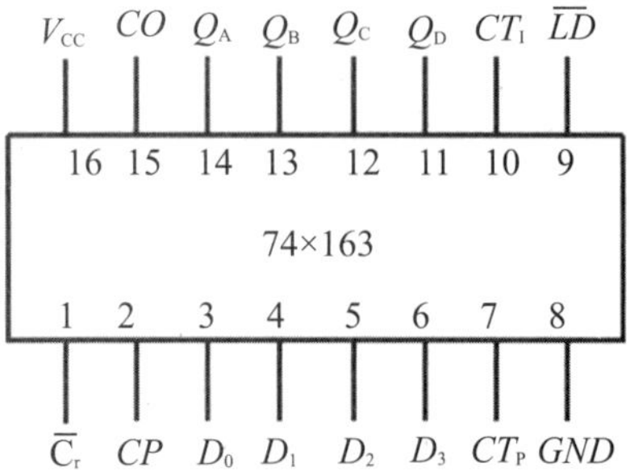

图10　同步4位二进制加计数器74×163引脚图

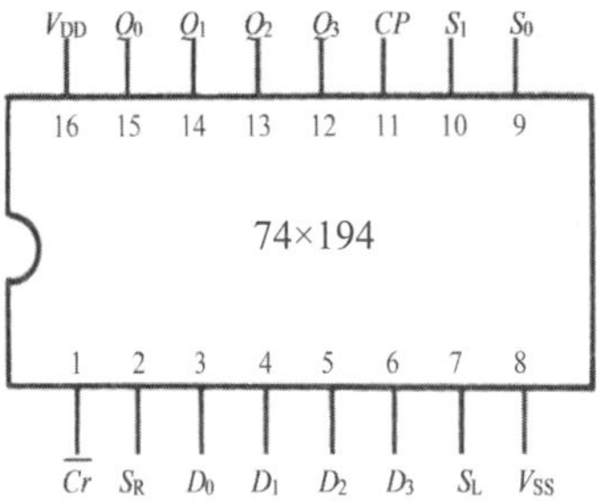

图11　4位双向移位寄存器74×194引脚图

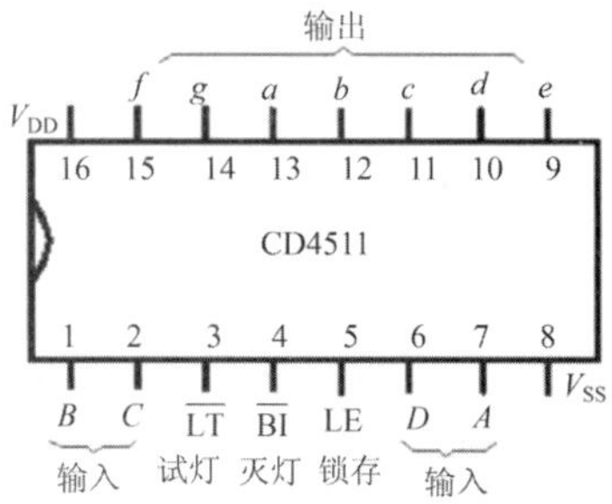

图12　译码器CD4511引脚图

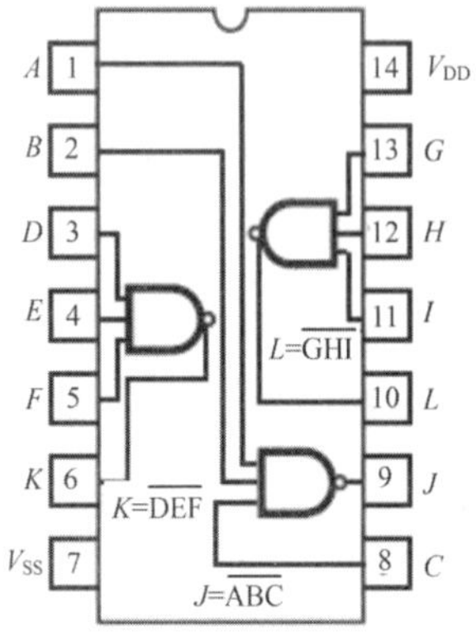

图13　3输入三与非门CD4023引脚图

附录5 电子科技大学电子技术应用实验报告

电子科技大学电子技术应用实验
实 验 报 告

学生姓名：______ 学　　号：______ 报告评分：______

实验地点：______ 实验时间：______ 指导老师：______

一、实验项目名称： 数字电路实验仪器使用与测试方法研究

二、实验学时： ______

三、实验目的： ______

四、实验器材：

五、课上练习（请回答下列问题）

1. 如何理解示波器参数指标中的带宽？

2. 一般模拟示波器和数字示波器的“地”在显示屏上的位置分别是如何确定的？

学生姓名：________ 学 号：________

座位号：

六、实验过程及原始记录

1. 合理设置探头衰减系数和通道菜单内的探头比例，调整并测试示波器的校准信号（探头补偿信号）。

将通道1（CH1）的垂直通道耦合方式设置为直流（DC），通道2（CH2）的垂直通道耦合方式设置为交流（AC），将用双踪示波器观测到的波形画于下图，在图上标明通道地（0 V）位置及波形参数（顶端值、底端值、周期）。

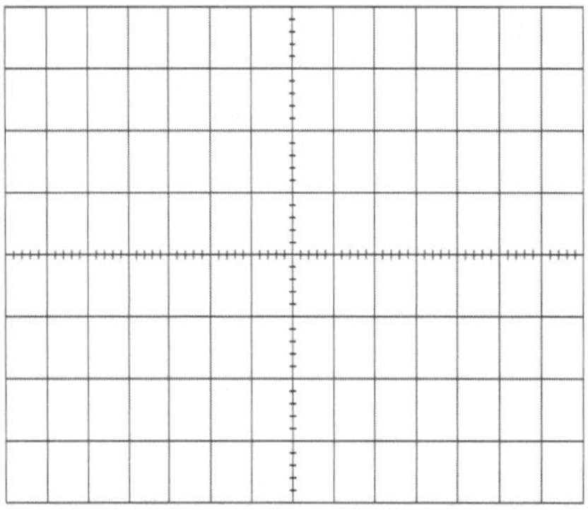

示波器参数设置：

（1）通道垂直偏转系数：

CH1：____/div CH2：____/div；

（2）水平时基：____/div；

（3）通道耦合方式和探头设置：

CH1：________，________；

CH2：________，________。

2. 用函数发生器分别产生频率为1 kHz的TTL信号（设置方法：在开机界面设置通道为高阻输出、设置波形为脉冲波、信号频率为1 kHz，高电平设为5 V，低电平设为0 V，占空比为50%）与频率为1 kHz、幅值为5 V且无直流偏置电压的方波信号，用数字示波器分别测试两波形，画出波形并标明波形参数，在图上标明通道地（0 V）位置及波形参数（顶端值、底端值、周期）。

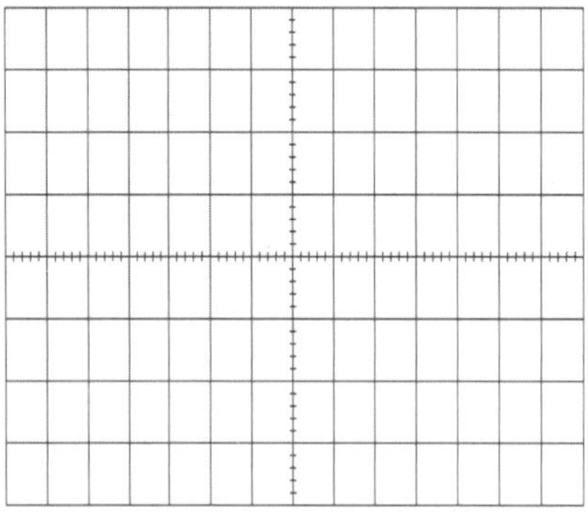

被测信号：________。

示波器设置：

（1）通道耦合方式：________；

（2）通道垂直偏转系数：____/div；

（3）水平时基：____/div；

（4）通道探头设置：________。

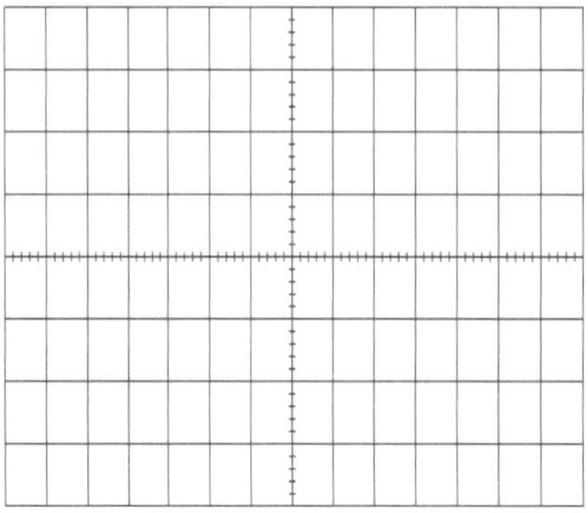

被测信号：________。

示波器设置：

（1）通道耦合方式：________；

（2）通道垂直偏转系数：____/div；

（3）水平时基：____/div；

（4）通道探头设置：________。

七、实验原理（版面不够可另加附页）

1. 简述如何将被测波形的一个周期完整显示在屏幕范围内。

2. 简述若波形不能同步，应该进行怎样的操作才能使波形在示波器屏幕范围内稳定显示。

3. 简述怎样利用数字示波器自动测量功能测试被测波形的相关参数。

4. 简述如何用信号源输出指定频率的TTL信号。

八、实验数据整理及结果分析

1. 合理设置探头衰减因数和通道菜单内的探头衰减比例，调整并测试示波器的校准信号（探头补偿信号）。

（1）垂直通道耦合方式设置为直流（DC）时，在下面的坐标纸上画出波形并标明波形参数（顶端值、底端值、周期）。

（2）垂直通道耦合方式设置为交流（AC）时，在下面的坐标纸上画出波形并标明波形参数（顶端值、底端值、周期）。

绘制的波形图如图1所示。

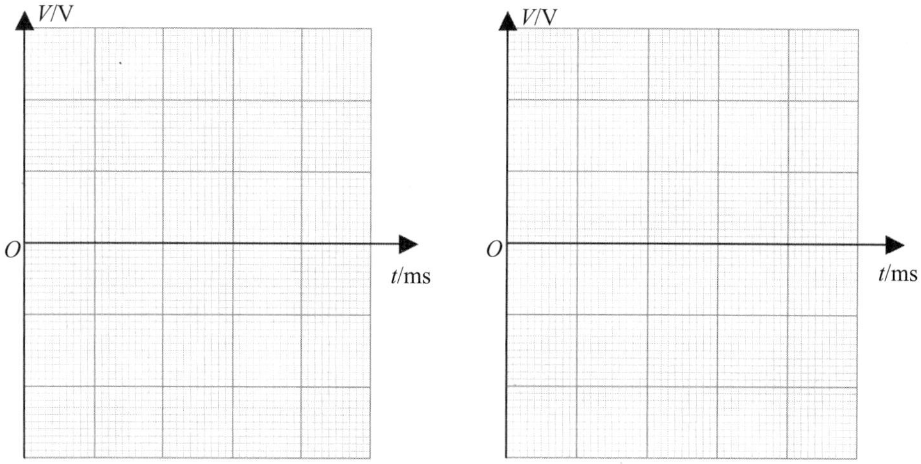

（1）垂直通道耦合方式设置为直流（DC）　　（2）垂直通道耦合方式设置为交流（AC）

图1　根据实验绘制的波形图

回答问题：

①垂直通道耦合方式中直流耦合及交流耦合的作用有何不同？

②对一个未知信号进行测试时，一般垂直通道耦合方式应设置为哪一种？

③只测试未知信号中的交流信号时，垂直通道耦合方式应如何设置？

2. 用函数发生器分别产生频率为1 kHz的TTL信号与频率为1 kHz、幅值为5 V且无直流偏置电压的方波信号，用数字示波器分别测试两波形，画出波形并标明波形参数，并分析两波形的区别。

【测试提示】示波器输入通道的耦合方式应正确选择。

示波器输入通道的耦合方式应选为：________。

所测波形如图2所示。

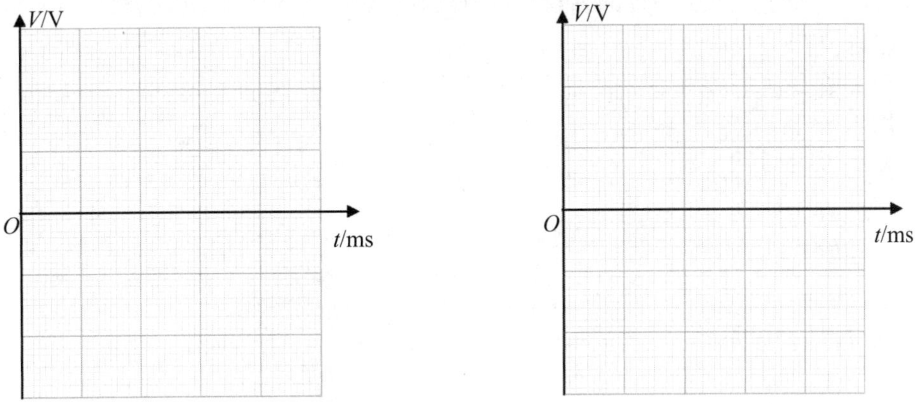

①被测信号：频率为1 kHz的TTL信号　②被测信号：频率为1 kHz、幅值为5 V的方波信号

图2　绘制波形图

试比较两个波形的区别。

回答问题：在对5 V电源供电下的数字电路系统测试时，若需要提供连续脉冲，应选用TTL信号还是幅值为5 V的方波信号？为什么？

九、实验结论（总结仪器使用中的注意事项）

十、思考题

1. 试说明数字示波器自动测量菜单中以下参数的英文缩写以及含义。

峰峰值：

最大值：

最小值：

幅值：

顶端值：

底端值：

平均值：

均方根值：

占空比：

正脉宽：

2. 在实验过程中，如何判断示波器的好坏？

3. 在实验过程中，如何判断信号源的好坏？

4. 示波器探头衰减系数为1×或10×，对示波器的测试有何影响？

十一、总结及心得体会

十二、对本实验过程及方法、手段的改进建议（有则写，没有可以不写）

电子科技大学电子技术应用实验
实验报告

学生姓名：______ 学 号：______ 报告评分：______

实验地点：______ 实验时间：______ 指导老师：______

一、实验项目名称： 常用数字逻辑门电路的研究

二、实验学时： ______

三、实验目的： ______

四、实验器材：

五、课前预习（请在实验前通过预习，回答下列问题）

1. CMOS常用门电路中异或门及反相器的功能各是什么？

2. 4000系列CMOS器件的电源范围是多少？

3. CMOS逻辑门有传输延迟时间吗？如果有，一般为多大？

学生姓名：________ 学 号：________

座位号：

六、实验过程及原始记录

1. CD4070逻辑功能的测试

（1）在CD4070中任选一个异或门搭接电路，输入用逻辑开关控制，输出接LED指示灯。

首先用示波器或万用表实测CD4070电源脚（14脚）电压为____V，接地脚（7脚）电压为________V。你所选用的逻辑电平开关输出高电平为______V，输出低电平为______V。

以上测试满足要求后再完成表1的测试。

表1 CD4070的逻辑功能

逻辑开关		指示灯
输入		输出
引脚（ ）	引脚（ ）	引脚（ ）
0	0	
0	1	
1	0	
1	1	

（2）（选作）当CD4070处于工作状态时，使4070的1脚接高电平，2脚接频率为2 kHz的TTL信号，用双踪示波器同时观察4070的2脚和3脚信号。画出这两个波形，在图上标明通道地（0 V）位置及波形参数（顶端值、底端值、周期）。

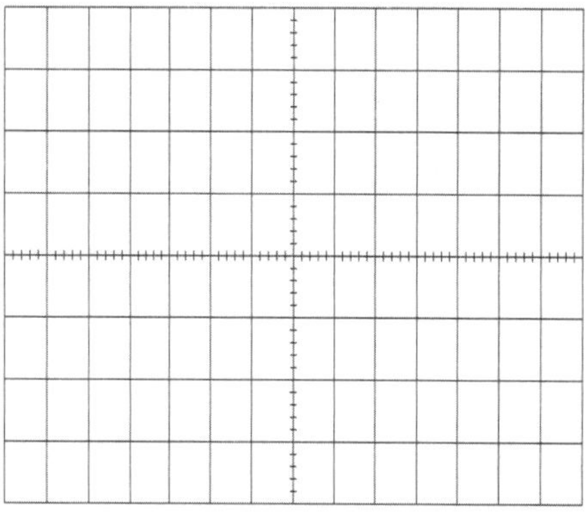

示波器设置：

①被测信号接入端口为：

CH1：________，CH2：________；

②通道垂直系数：

CH1：______/div，CH2：______/div；

③水平时基：______/div；

④通道耦合方式和探头设置：

CH1：________、________；

CH2：________、________。

2. 利用六反相器CD4069测量逻辑门电路的时延参数。将CD4069中的六个非门按图图1依次串联连接，在输入端输入频率为250 kHz的TTL信号，用双踪示波器测输入、输出的传输延迟时间。在坐标格里面画出相应的输入、输出波形。

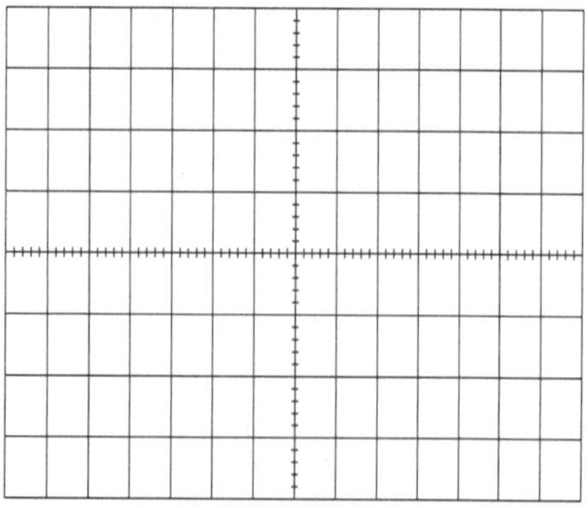

实际使用了________个非门串联连接，测得的输入、输出总的传输延迟时间为______。

单个非门的平均传输时间为_______。

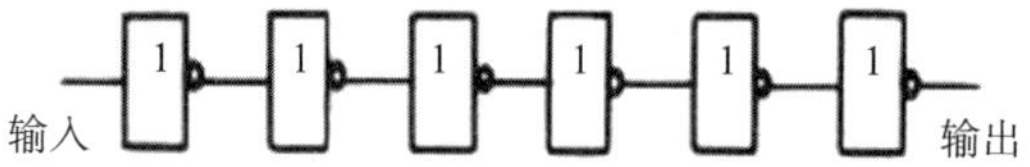

图1 测量逻辑门电路的时延参数

七、实验原理（版面不够可另加附页）

八、实验数据整理及结果分析

1. 用数字示波器分别测试逻辑开关的高低电平。

所测得的逻辑开关的高电平，平均值为____V；低电平，平均值为____V。

2. 在数字逻辑实验箱上利用CD4070（四异或门）验证其逻辑功能。

（1）异或门CD4070逻辑功能的测试，并完成以下测试表2。

表2　CD4070的逻辑功能测试表

逻辑开关		指示灯
输入		输出
引脚(　　)	引脚(　　)	引脚(　　)
0	0	
0	1	
1	0	
1	1	

结果分析：

（2）（选作）当CD4070处于工作状态时，使4070的1脚接高电平，2脚接频率为2 kHz的TTL信号，用双踪示波器同时观察4070的2脚和3脚信号。在下面的坐标纸上画出这两个波形图，标出信号周期、幅度，对比两信号的时序关系。

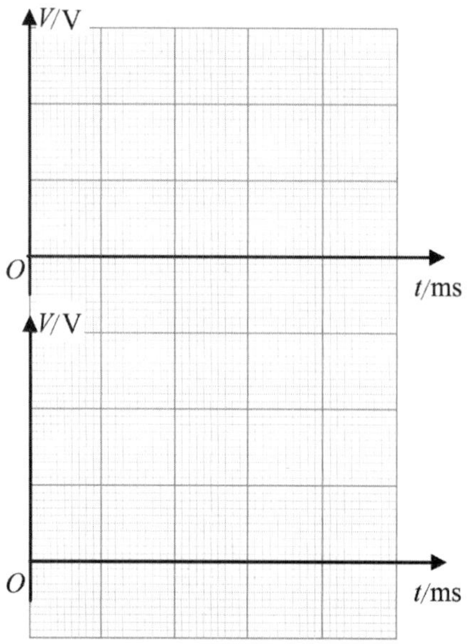

结果分析：

3. 利用六反相器CD4069测量逻辑门电路的时延参数。将CD4069中的六个非门按图1依次串联连接，在输入端输入频率为250 kHz的TTL信号，用双踪示波器测输入、输出的传输延迟时间，计算出每个门的平均传输延迟时间t_{pd}的值。

实验电路图为：

实测波形为：

所测得的输入、输出的传输延迟时间为______，计算出每个门的平均传输延迟时间t_{pd}的值为_____。CD4069芯片一个门的理论延迟时间为______。

结果分析：

九、实验结论

十、思考题

1. 为什么异或门可用作非门？如何使用？为什么异或门是可控反相器？

2. 为什么CMOS集成门电路多余输入端不能悬空？

3. 如何检查逻辑箱指示灯和连线以及开关的好坏？

4. 数字示波器测试直流信号时，应该选择自动测量菜单里的哪项参数？为什么？

十一、总结及心得体会

十二、对本实验过程及方法、手段的改进建议（有则写，没有可以不写）

电子科技大学电子技术应用实验
实 验 报 告

学生姓名：______　学　号：______　报告评分：______

实验地点：______　实验时间：______周___第___节　指导老师：______

一、实验项目名称： FPGA开发板及Vivado软件的使用

二、实验学时： ______

三、设计资料： ______

1. FPGA开发板资源及FPGA设计流程

实验中使用的开发板管脚分配（部分）见表1所列。

表1　管脚功能分配表（部分）

功能	管脚	名称	类型	方向	备注
CLK	D4	Global Clock	IO/MRCC	输入	全局时钟输入
Buzzer	L2	Buzzer Driver	IO	输出	蜂鸣器驱动
LED	P9	LED0	IO	输出	高有效
	R8	LED1	IO	输出	高有效
	R7	LED2	IO	输出	高有效
	T5	LED3	IO	输出	高有效
	N6	LED4	IO	输出	高有效
	T4	LED5	IO	输出	高有效
	T3	LED6	IO	输出	高有效
	T2	LED7	IO	输出	高有效
	R1	LED8	IO	输出	高有效
	G5	LED9	IO	输出	高有效
	H3	LED10	IO	输出	高有效
	E3	LED11	IO	输出	高有效
拨码开关	T9	SW0	IO	输入	
	T8	SW1	IO	输入	
	T7	SW2	IO	输入	
	R6	SW3	IO	输入	
	P6	SW4	IO	输入	
	R5	SW5	IO	输入	

续表

功能	管脚	名称	类型	方向	备注
拨码开关	P4	SW6	IO	输入	
	R3	SW7	IO	输入	
	R2	SW8	IO	输入	
	N4	SW9	IO	输入	
	H4	SW10	IO	输入	
	F3	SW11	IO	输入	
4*4矩阵键盘	R10	—	IO	输入/输出	行线1
	P10	—	IO	输入/输出	行线2
	M6	—	IO	输入/输出	行线3
	K3	—	IO	输入/输出	行线4
	T10	—	IO	输入/输出	列线1
	R11	—	IO	输入/输出	列线2
	T12	—	IO	输入/输出	列线3
	R12	—	IO	输入/输出	列线4
数码管	N11	DIG5	IO	输出	位码5
	N14	DIG4	IO	输出	位码4
	N13	DIG3	IO	输出	位码3
	M12	DIG2	IO	输出	位码2
	H13	DIG1	IO	输出	位码1
	G12	DIG0	IO	输出	位码0
	P11	A	IO	输出	段码0
	N12	B	IO	输出	段码1
	L14	C	IO	输出	段码2
	K13	D	IO	输出	段码3
	K12	E	IO	输出	段码4
	P13	F	IO	输出	段码5
	M14	G	IO	输出	段码6
	L13	DP	IO	输出	段码7
	R15	vgaGreen[3]	IO	输出	绿色位3
	R13	Hsync	IO	输出	水平同步信号
	T13	Vsync	IO	输出	垂直同步信号

2. FPGA的一般设计流程如图1所示。功能设计是指对系统的任务和需求进行分析，确定整个系统的功能。通常还应根据自顶而下的方式确定系统的框架和整个系统应该包含哪些子单元。

设计输入是将概念设计转化为硬件描述的过程，常见的方式是硬件描述语言（Hardware Description Language，HDL）设计或者原理图方式设计。另外，还包括约束的设计。

RTL（Register Transfer Level）级仿真也称为功能（行为）仿真，或是综合前仿真，是在编译之前对用户所设计的电路进行逻辑功能验证，此时的仿真没有延迟信息，仅对初步的功能进行检测。

综合就是将较高级抽象层次的描述转化成较低层次的描述，简单来说是将RTL级的描述转化成与门、或门、非门等门级的描述。但是综合并没有真正实现门级电路，而只是生成了相关的逻辑连接网表，供FPGA布局布线软件进行实现。

布局布线的过程被称为实现或执行（implementation）。在这一步，FPGA开发软件会根据上一步生成的网表文件，将工程的逻辑和时序与具体的FPGA芯片上的可用资源匹配。布局可以被理解挑选可实现设计网表的最优的资源组合，而布线就是将这些资源以最优方式连接起来。

图1　FPGA设计流程

下载调试需要产生数据文件（位数据流文件），然后将编程数据下载到FPGA芯片中。通过观测现象或输入输出信号的时序，验证实际的效果。一般这样的过程是结合FPGA开发板完成的，也常被称为板级调试。

有时在综合后和实现后还需要再次仿真，被称为综合后仿真和实现后仿真。这些仿真的作用有两个。第一个是避免综合和实现后的结果和预期的功能出现偏差。现在的各种开发软件在综合和实现的过程中做了很多的优化，这些优化的本意是为了节约FPGA的内部资源，但结果有可能使得最终的功能和RTL级仿真的结果有一定的差异。第二个是为了分析信号时延的影响。当转化为门级的描述后，可以利用门电路时延参数对电路的信号延迟仿真，比如综合后仿真；当布局布线的过程完成后还可对线级的时延仿真，比如实现后仿真。这些仿真有利于更准确地估计实际电路中的信号时序。

四、看课件填写下列空白作为课前准备（20分）

（1）在本地磁盘创建一个文件夹，以学号作为文件夹的名字，你的文件夹路径为________________________________。

（2）你的项目名称为________________________________。

（3）你的设计项目类型为________________________________。

（4）你的目标语言为________________________________。

（5）你选择的芯片型号为____。

（6）你的源文件名称及后缀为____。

（7）你指定模块的端口名称分别为input：___；output：_____。

（8）将你要编辑的源文件写到下面的横线上。

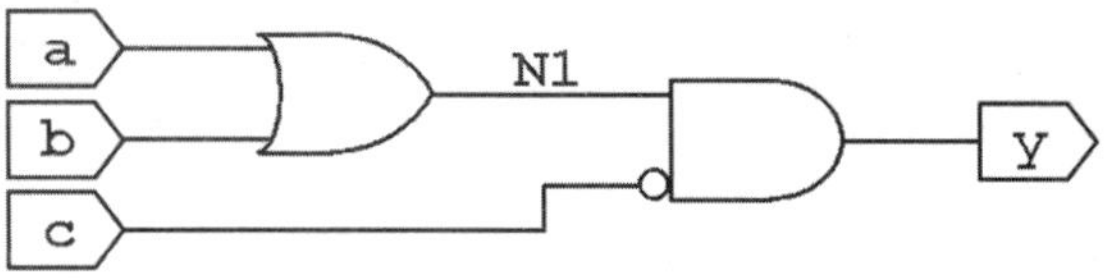

____

____

____

____

____

____

____

____

____

____

五、课上设计仿真与设计实现情况（40分）

完成上述（1）～（8）填空后可继续完成下面的任务。

（9）你得到的RTL分析图为：

（10）分配管脚及I/O标准：

input：a____，b____，c____，output：y _____.（填管脚约束到开关及指示灯的引脚名）

I/O电压标准：______________.（填电压约束）

（11）你的约束文件名称及后缀为：

（12）综合与实现：【已完成】　【未完成】

（13）生成位流文件，配置目标器件：【已完成】　【未完成】

（14）打开硬件管理器进行配置。你的下载文件路径及文件名和后缀为：

____

（15）在实现的电路上或通过仿真波形完成表2，并观察是否实现了电路功能。

表2　实验记录表

【已完成】　　　　　　　　【未完成】

a	b	c	y
0	0	0	
0	0	1	
0	1	0	
0	1	1	
1	0	0	
1	0	1	
1	1	0	
1	1	1	

六、思考题

1. 工程项目的保存路径可否包括中文字符?

2. 如果选择了错误的芯片会有什么现象? 应如何修改?

电子科技大学电子技术应用实验
实验报告

学生姓名：______　学　　号：______　报告评分：______

实验地点：______　实验形式：<u>教学与自学相结合</u>

一、实验项目名称： 常用数字逻辑门输入输出特性测试（自主实验）

二、实验学时： ______

三、实验目的： ______

四、实验器材：

五、请回答下列思考题

1. 空载时，HC系列CMOS器件的V_{iLmax}、V_{iHmin}、V_{oLmax}、V_{oHmin}各是多少？

2. CMOS反相器输出为低电平时，其等效结构中是NMOS导通还是PMOS导通？

3. 本实验中你实测的输出逻辑电平的范围是多少？

学生姓名：________ 学 号：________

座位号：

六、实验过程及原始记录

1. 将给定器件接成非门也可以直接用非门，测试此反相器电压传输特性的电路如图4.13所示。

先调节电位器确认非门正常工作，再采用逐点测试法，即调节R_W，使非门的V_i从低电平向高电平变化，观察非门输出V_O，用示波器或万用表逐点测得V_i及V_O，记入表1中，然后绘成曲线。

注意：表格中第一行输入电压为参考值，实测时由于电源的影响以及每个具体器件的具体参数可能有差异，输入电压可根据实际进行调整。当输出电压显著变化时，两个输入之间的间隔电压应设置较小，例如：间隔0.04 V或者更小。

你所使用的实际芯片型号为：_______，实测芯片的供电电源V_{DD}=_______。

表1 实验测得的电压数据

参考输入电压/V	0	0.5	1	1.5	2	2.2	2.24	2.28	2.32	2.36	2.50	2.60	3.00	3.50	5.00
实际输入电压/V															
输出电压/V															

2. 负载变化对输出的影响测试

（1）输出为高电平时，负载变化对输出的影响测试

按本书图4.15连接电路，输入低电平，调节电位器R_W得到五个不同的电阻值：R_1、R_2、R_3、R_4、R_5，电阻不要求记录具体的阻值，只要求$R_1>R_2>R_3>R_4>R_5$，其中$R_5=0$，当其阻值不同时测出输出电压填入表2中。

表2 实验测得的电阻、电压

电位器R_W/Ω	R_1	R_2	R_3	R_4	R_5
输出电压V_{OH}/V					

（2）负载电容对输出的影响测试

按本书图4.17连接电路，先在输入端加入频率为1 kHz的TTL信号，测试输出波形的上升时间t_{rise}。再在输出和地之间加入0.01 μF电容，再次测试此时输出波形的上升时间t_{rise}。将所测数据记录在表3中。

注意：需要将输出上升沿展开（垂直方向及水平方向）后测量。

表3 实验测得的数据

输入端加入频率为1kHz TTL信号	不加电容	加入0.01 μF电容
输出波形的上升时间(t_{rise})		
测试时所选水平时基挡位		
探头衰减开关倍率		

七、实验原理（版面不够可另加附页）

八、实验数据整理及结果分析

1. 反相器电压传输特性的测试

采用逐点测试法，即调节R_W，使非门的V_i从低电平向高电平变化，观察非门输出V_O，用示波器或万用表逐点测得V_i及V_O，记入表4中，然后绘成曲线。

电路原理图为：

你所使用的实际芯片型号为：______，实测芯片的供电电源V_{DD}=______。

表4　反相器电压传输特性的测试表

参考输入电压/V	0	0.5	1	1.5	2	2.2	2.24	2.28	2.32	2.36	2.50	2.60	3.00	3.50	5.00
实际输入电压/V															
输出电压/V															

绘成输入输出特性曲线为：

结果分析：

2. 负载变化对输出的影响测试

（1）输出为高电平时，负载变化对输出的影响测试。

按图4.15连接电路，输入低电平，调节电位器R_W得到五个不同的电阻值：R_1、R_2、R_3、R_4、R_5，电阻不要求记录具体的阻值，只要求$R_1>R_2>R_3>R_4>R_5$，其中$R_5=0$，当其阻值不同时测出输出电压填入表5中。

电路原理图为：

表5 实验所测的电阻、电压值

电位器R_W/Ω	R_1	R_2	R_3	R_4	R_5
输出电压V_{OH}/V					

结果分析：

（2）负载电容对输出的影响测试

按图4.17连接电路，先在输入端加入频率为1 kHz的TTL信号，测试输出波形的上升时间（t_{rise}）。再在输出和地之间加入0.01 μF电容，再次测试此时输出波形的上升时间（t_{rise}），将测得的数据填入表6中。

电路原理图为：

表6　负载变化对输出的影响测试表

输入端加入频率为1 kHz的TTL信号	不加电容	加入0.01 μF电容
输出波形的上升时间 t_{rise}		

结果分析：

九、实验结论（总结仪器使用中的注意事项）

十、总结及心得体会

十一、对本实验过程及方法、手段的改进建议（有则写，没有可以不写）

电子科技大学电子技术应用实验
实 验 报 告

学生姓名：______ 学　　号：______ 报告评分：______

实验地点：______ 实验时间：______ 指导老师：______

一、实验项目名称： 编码器与显示译码器的应用
二、实验学时： ______
三、实验目的： ______

______

______

四、实验器材：

______

______

五、课前预习（请在实验前通过预习，回答下列问题）

1. 什么是优先编码器？它与普通编码器有什么区别？

2. 优先编码器74×148的使能端是高有效还是低有效？编码输入端是高有效还是低有效？

3. 译码器有几种类型？显示译码器CD4511输出的有效驱动电平为高电平还是低电平？

4. 显示译码器CD4511能直接驱动七段显示器显示9以后的数字吗？为什么？

5. LED七段显示器（数码管）都是一样的吗？在使用时它们的公共端应如何连接？

学生姓名：________ 学 号：________

座位号：

六、实验过程及原始记录

1. 利用所给器件，实现如图4.35所示的编码—译码显示系统。

按下表中所给的不同输入组合情况，观测编码器的编码输出，并将其直接接译码器的译码显示输出及取反后接译码器的译码显示输出的结果填入表1中。

表1 编码输出与译码输出实验测试

编码输入									输出					译码输出	
$\overline{E}_I$	$\overline{I}_0$	$\overline{I}_1$	$\overline{I}_2$	$\overline{I}_3$	$\overline{I}_4$	$\overline{I}_5$	$\overline{I}_6$	$\overline{I}_7$	编码输出			E_O	S	直接译码显示	取反后译码显示
									A_2	A_1	A_0				
1	1	1	1	1	1	1	1	1							
0	1	1	1	1	1	1	1	1							
0	0	0	0	0	0	0	0	0							
0	0	1	0	0	1	0	0	1							
0	1	0	1	0	1	0	1	1							
0	0	0	1	0	0	1	1	1							
0	1	0	1	0	1	1	1	1							
0	1	0	0	1	1	1	1	1							
0	0	0	1	1	1	1	1	1							
0	0	1	1	1	1	1	1	1							

2. 测试并画出当芯片正常工作时，编码输入端 $\overline{I}_0 \sim \overline{I}_7$ 为01001001时，编码输出 A_2、A_1、A_0的波形。画出波形图，并在图中标出通道地（0 V）位置相关参数。

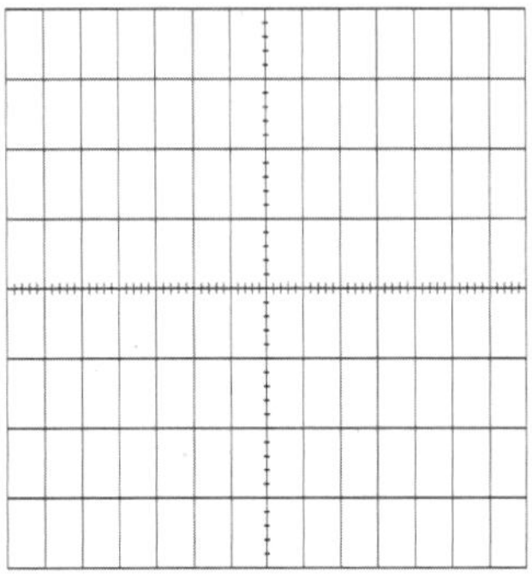

A_2

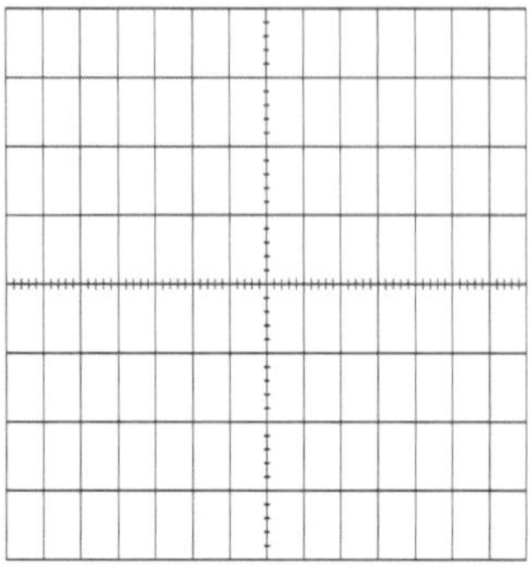

A_1

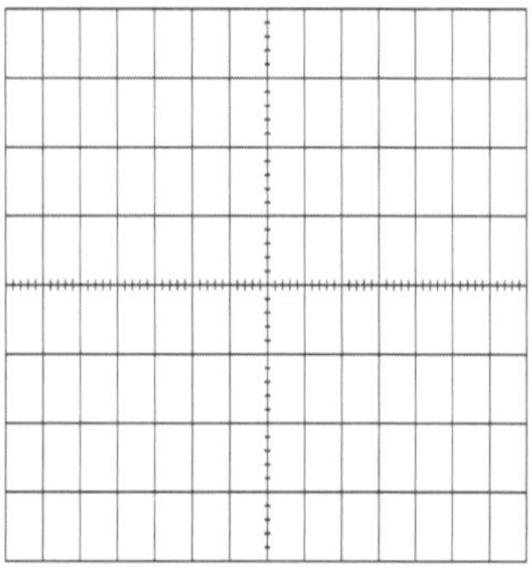

A_0

七、实验原理（版面不够可另加附页）

八、实验数据整理及结果分析

1. 利用所给器件，实现一个编码—译码显示系统。该系统能够观测编码器的编码输出，编码器的输出可以直接接显示译码器进行显示输出，也可以取反后接显示译码器进行显示输出。用连线将实验电路图补充完整（如图1所示）。

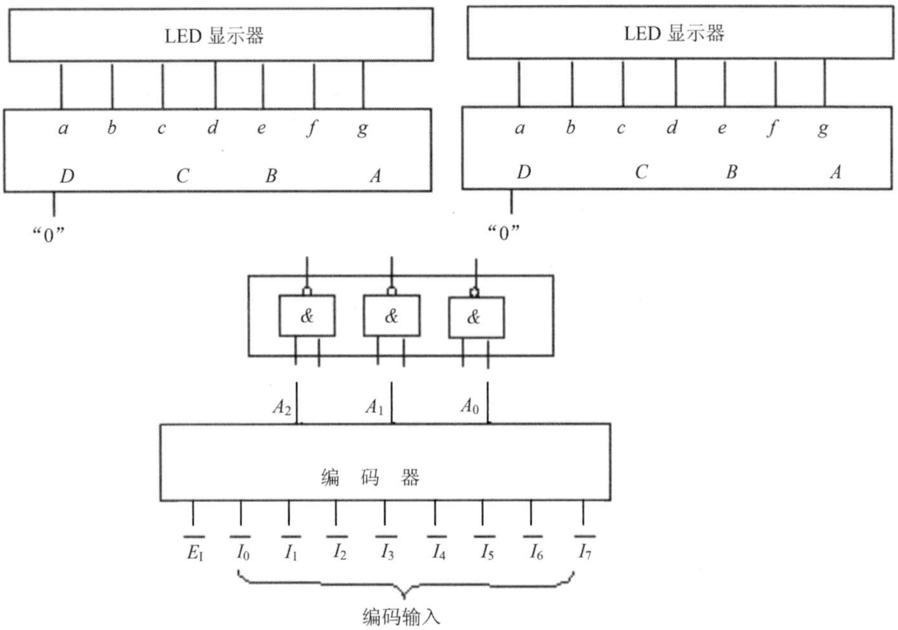

图1　实验电路图

按表2中所给的不同输入组合情况，将相关结果填入表中（取反可利用与非门74×00，引脚图见图4.36）。

表2　编码输出与译码输出实验测试表

编码输入									输出					译码输出	
$\overline{E}_1$	$\overline{I}_0$	$\overline{I}_1$	$\overline{I}_2$	$\overline{I}_3$	$\overline{I}_4$	$\overline{I}_5$	$\overline{I}_6$	$\overline{I}_7$	编码输出			E_O	S	直接译码显示	取反后译码显示
									A_2	A_1	A_0				
1	1	1	1	1	1	1	1	1							
0	1	1	1	1	1	1	1	1							
0	0	0	0	0	0	0	0	0							
0	0	1	0	0	1	0	0	1							
0	1	0	1	0	1	0	1	1							
0	0	0	1	0	0	1	1	1							
0	1	0	1	0	1	1	1	1							
0	1	0	0	1	1	1	1	1							
0	0	0	1	1	1	1	1	1							
0	0	1	1	1	1	1	1	1							

结果分析：

（1）讨论并说明编码输入与输出的关系及优先级别关系。

（2）讨论并说明实验任务中两种译码输出方式下，显示数字和编码输入的关系。

2. 测试并画出当编码输入端 $\bar{I}_0 \sim \bar{I}_7$ 为 01001001 时，编码输出 A_2、A_1、A_0 的波形，注意画出坐标并标出相关参数。

A_2的波形　　A_1的波形　　A_0的波形

结果分析：

九、实验结论

十、思考题

1. 如果显示译码器内部输出级没有上拉电阻，它应如何与LED显示器连接？

2. 可否用将LED数码管各段输入端接高电平的方法来检查该数码管的好坏？为什么？

3. 如何用CD4511去驱动共阳极LED数码管？

十一、总结及心得体会

十二、对本实验过程及方法、手段的改进建议（有则写，没有可以不写）

电子科技大学电子技术应用实验
实验报告

学生姓名：______　　学　　号：______　　报告评分：______

实验地点：______　　实验时间：______　　指导老师：<u>教学与自学相结合</u>

一、实验项目名称：<u>数据选择器及二进制译码器的应用（自主实验）</u>

二、实验过程及原始记录

1. 测试数据选择器74×151的逻辑功能

数据端D_0、D_2、D_6、D_7输入低电平，D_1、D_4、D_5输入高电平，D_3输入频率为10 kHz的TTL信号，确定合适的地址，将TTL信号选择输出，画出此时示波器所测出的输出波形，图上标明通道地（0 V）位置及相关参数。

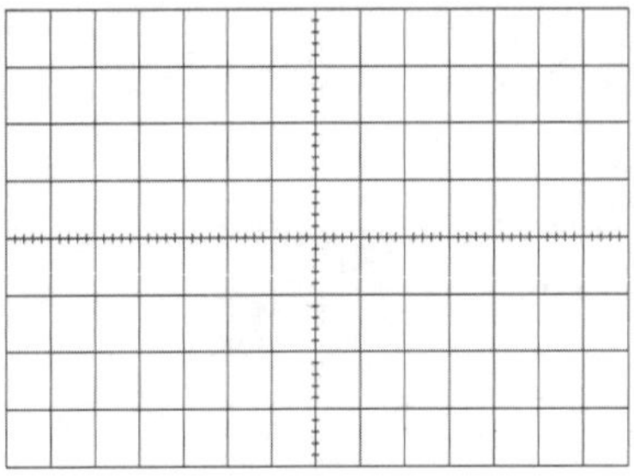

此时的输入地址码A_2、A_1、A_0为：______。

示波器探头接在74×151的引脚______上。

通道垂直系数：____/div；水平时基：____/div。

通道耦合方式：______。

通道探头设置：______。

2. 用8选1数据选择器74LS151实现逻辑函数 $F=\overline{AB}C+\overline{A}B\overline{C}+AB\overline{C}$

要求：将输入变量A、B、C作为8选1数据选择器的地址码A_2、A_1、A_0。设置A、B、C的值，测试在不同输入下的电路输出，将测试结果填入表中。

$A(A_2)$	$B(A_1)$	$C(A_0)$	F
0	0	0	
0	0	1	
0	1	0	
0	1	1	
1	0	0	
1	0	1	
1	1	0	
1	1	1	

3. 测试双2-4线译码74×139的逻辑功能：将74×139的$\overline{G}$、A_1、A_0分别由逻辑开关控制，$\overline{Y_0}-\overline{Y_3}$取非后接逻辑箱LED发光二极管显示输出状态，以此测试74×139的逻辑功能。

电子科技大学电子技术应用实验
实 验 报 告

学生姓名：______　学　　号：______　报告评分：______

实验地点：______　实验时间：______　指导老师：______

一、实验项目名称： D触发器的应用

二、实验学时： ______

三、实验目的： ______

四、实验器材：

五、课前预习（请在实验前通过预习，回答下列问题）

1. D触发器74×74的$\overline{R}_D$、$\overline{S}_D$端是高电平有效还是低电平有效？

2. D触发器74×74的时钟是上升沿有效还是下降沿有效？

学生姓名：________　　学 号：________　　座位号：

六、实验过程及原始记录

1. D触发器74×74功能测试。

测试$\overline{R}_D$、$\overline{S}_D$的复位、置位功能。

$\overline{R}_D$、$\overline{S}_D$端接逻辑开关输出插口，Q、$\overline{Q}$端接至逻辑电平显示输入插口。完成测试表1。

表1　测试表

$\overline{R}_D$	$\overline{S}_D$	D	CP	Q^n=0 时		Q^n=1 时	
				Q^{n+1}	$\overline{Q}^{n+1}$	Q^{n+1}	$\overline{Q}^{n+1}$
0	0	×	×				
0	1	×	×				
1	0	×	×				

2. 触发器计数功能测试。

（1）按图4.71连接电路，构成2位行波计数器。双踪测试CP和Q_1、Q_1和Q_2的波形并记录在下图中，在图中标明零电压点及波形的幅度及周期。其中CP是频率为10 kHz的TTL信号。

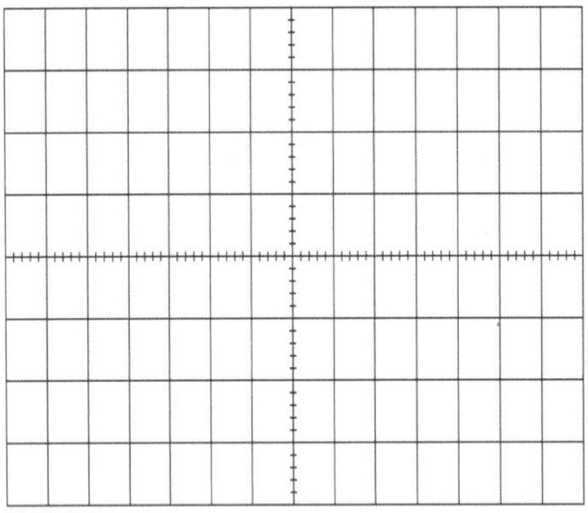

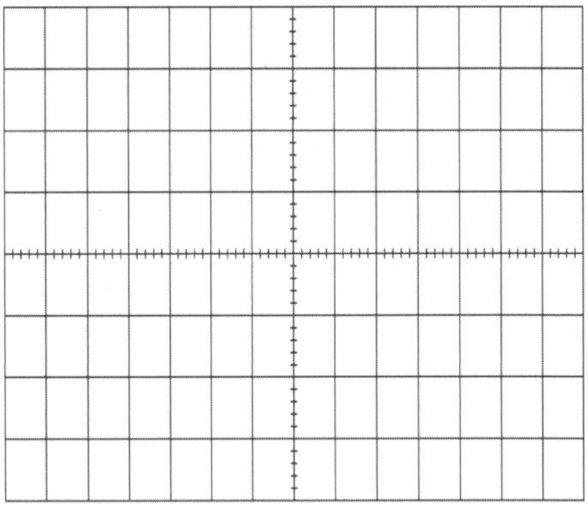

被测信号：________　　被测信号：________

CH1：______　CH2：________　　CH1：____　CH2：______

水平时基：______/div　　水平时基：_______/div

垂直偏转系数：______/div　　垂直偏转系数：_______/div

（2）在图4.72电路中，改将第一级的输出$\overline{Q}$作为下一级的时钟构成2位计数器。当CP输入频率为1 Hz的TTL信号时，将2位二进制计数器的输出Q_2、Q_1接逻辑箱LED发光二极管显示输出状态，依次记录Q_2Q_1的计数情况（记录五个以上的状态）。

（3）将上面（2）中计数器的输出Q_2、Q_1接至显示译码器，依次记录Q_2Q_1译成十进制的计数情况（记录五个以上的状态）。

此时Q_2、Q_1对应接显示译码器的______、______，译码器的高两位应接______电平。

七、实验原理（版面不够可另加附页）

八、实验数据整理及结果分析

1. D触发器74×74功能测试。

（1）先检查要用到的开关、LED指示灯的好坏。

总结检查的方法：

（2）测试$\overline{R}_D$、$\overline{S}_D$的复位、置位功能

$\overline{R}_D$、$\overline{S}_D$端接逻辑开关输出插口，Q、$\overline{Q}$端接至逻辑电平显示输入插口。完成测试表2，并对测试结果进行分析。

表2　测试表

$\overline{R}_D$	$\overline{S}_D$	D	CP	Q^n=0时		Q^n=1时	
				Q^{n+1}	$\overline{Q}^{n+1}$	Q^{n+1}	$\overline{Q}^{n+1}$
0	0	×	×				
0	1	×	×				
1	0	×	×				

结果分析：

2. 触发器计数功能测试。

（1）按图4.71连接电路，构成2位行波计数器。记录CP和Q_1、Q_2的波形。其中CP是频率为10 kHz的TTL信号。

连接电路图为：

整理后的CP、Q_1、Q_2的波形：

*CP*的幅度为______，周期为_____；Q_1的幅度为_____，周期为_____；

Q_2的幅度为_______，周期为_____；

结果分析：

（2）在图4.71电路中，改将第一级的输出 $\overline{Q}$ 作为下一级的时钟构成2位计数器，如图4.72所示。

连接电路图为：

当*CP*输入频率为1 Hz的TTL信号时，将2位二进制计数器的输出Q_2、Q_1接逻辑箱LED发光二极管显示输出状态，依次记录Q_2、Q_1的计数情况（记录五个以上的状态）。

结果分析：

(3) 将上面 (2) 中计数器的输出 Q_2、Q_1 接至显示译码器，依次记录下 Q_2Q_1 译成十进制的计数情况（记录五个以上的状态）。

此时 Q_2、Q_1 对应接显示译码器的____、____，译码器的高两位应接____电平。

九、实验结论

十、思考题

1. 实验中 D 触发器构成的2位行波计数器的时钟 CP 频率是输出 Q_1、Q_2 频率的多少倍？

2. 该计数器是同步计数器还是异步计数器？为什么？

十一、总结及心得体会

十二、对本实验过程及方法、手段的改进建议（有则写，没有可以不写）

电子科技大学电子技术应用实验
实 验 报 告

学生姓名：______　学　　号：______　报告评分：______

实验地点：______　实验时间：______　指导老师：______

一、实验项目名称： ______同步计数器及其应用______

二、实验学时： ______

三、实验目的： ______

______

______

四、实验器材：

______

______

五、课前预习（请在实验前通过预习，回答下列问题）

1. 74×163的置数是同步预置还是异步预置？

答：

2. 74×163的清零是同步清零还是异步清零？

答：

3. 若将计数器74×163接成自由运行的模式，CP为1 kHz的TTL信号，74×163的进位输出CO的脉宽是多少？

答：

4. 用双踪示波器测试如图1所示波形时，应将哪个信号设为触发信号？若CP周期为1 ms，从触发信号的第一个上升沿开始触发，则触发信号的释抑时间应调整为多少才可以使双踪波形稳定显示？

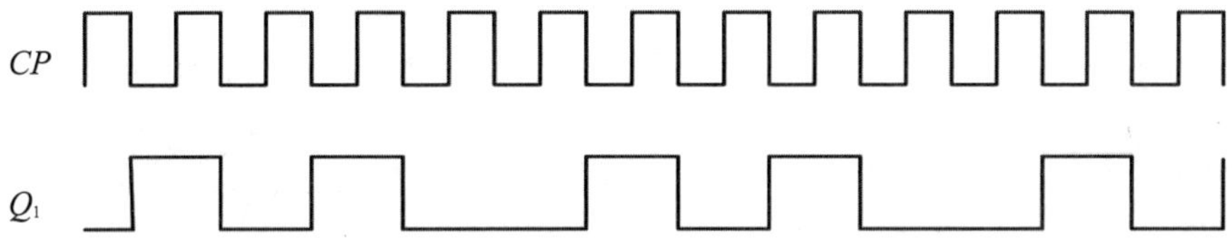

图1　用双踪示波器测试的波形

答：

学生姓名：________　　学 号：________　　座位号：

六、实验过程及原始记录

1. 将74×163接成自由计数模式，*CP*端接入频率为1 Hz的TTL信号，用数字逻辑箱上的指示灯显示计数序列及进位输出，要求将连续18个时钟的输出结果记录在表1中。

表1　74×163在自由计数状态输出测试表

计数时钟个数	$Q_D\ Q_C\ Q_B Q_A$	*CO*	计数时钟个数	$Q_D\ Q_C\ Q_B Q_A$	*CO*
1			10		
2			11		
3			12		
4			13		
5			14		
6			15		
7			16		
8			17		
9			18		

2. 用74×163及74×00构成十一进制计数器，输出0000～1010的序列（先用指示灯验证能否实现）。将74×163的*CP*接入频率为10 kHz的TTL信号，用双踪示波器分别显示*CP*、Q_A波形和Q_A、Q_D波形，画出反映各波形时序关系的波形图，并标明幅度（注意：双踪示波器观测*CP*、Q_A时，若Q_A为复杂周期信号，应合理设置触发释抑时间，使双踪波形稳定显示）。

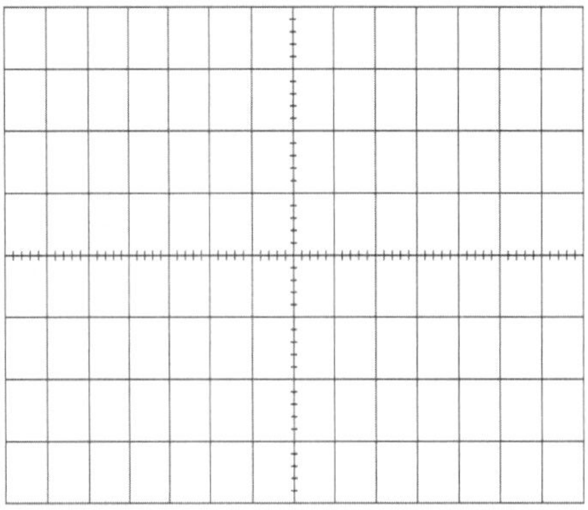

被测信号：________

CH1：______　CH2：________

水平时基：______/div

垂直偏转系数：______/div

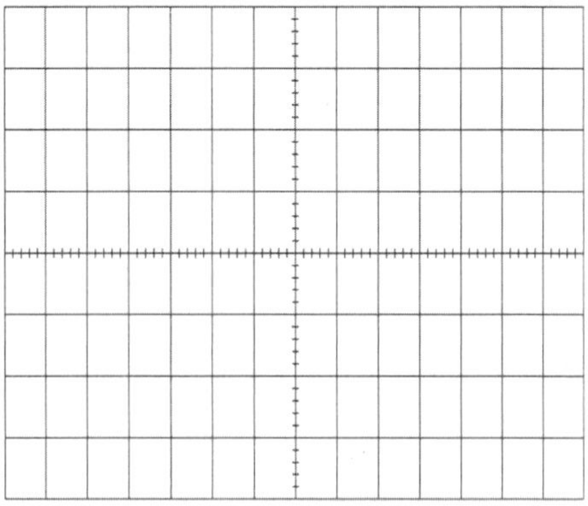

被测信号：________

CH1：______　CH2：______

水平时基：______/div

垂直偏转系数：______/div

在测试*CP*和Q_A波形时所设置的触发释抑时间：________。

七、实验原理（版面不够可另加附页）

八、实验数据整理及结果分析

1. 观测74×163在自由计数状态时的工作情况

将74×163接成自由计数模式，*CP*端接入频率为1 Hz的TTL信号，用数字逻辑箱上的指示灯显示计数序列及进位输出，要求将连续18个时钟的输出结果记录在测试表中，并用文字说明Q_A、Q_B、Q_C、Q_D、*CO*对*CP*的分频情况。

电路连接图如图2所示。

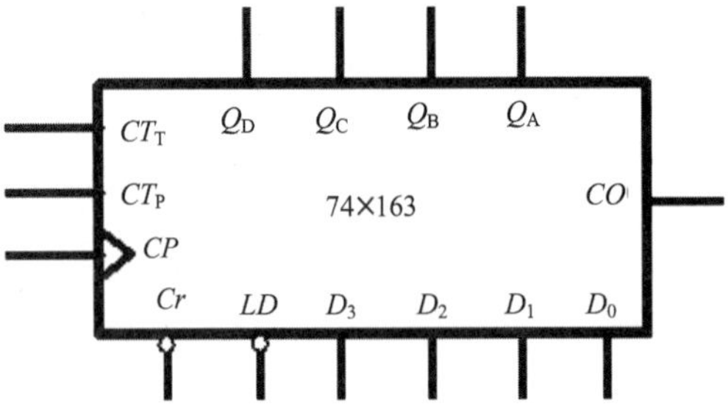

图2　电路连接图

对连续18个时钟的输出结果进行分析。

2. 用74×163及74×00构成十一进制计数器，输出0000～1010的序列，画出电路连接图，并完成相应测试。要求：将74×163的*CP*接入频率为10 kHz的TTL信号，用双踪示波器分别显示*CP*、Q_A波形；Q_A、Q_D波形，画出反映各波形时序关系的波形图（如图4所示），并标明幅度（注意：双踪观测*CP*、Q_A时，若Q_A为复杂周期信号，应合理设置触发释抑时间，使双踪波形稳定显示）。

电路连接图如图3所示。

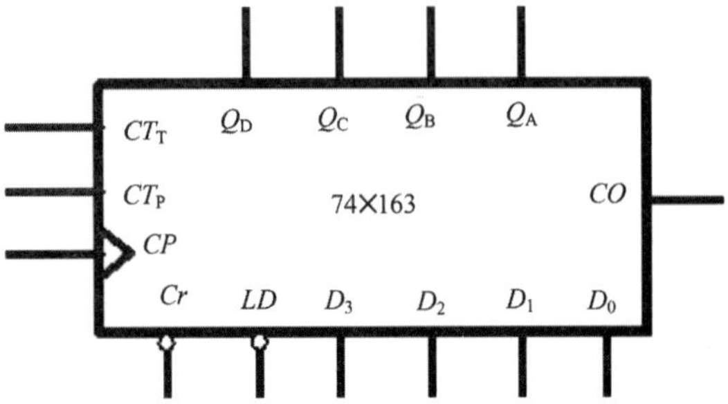

图3　电路连接图

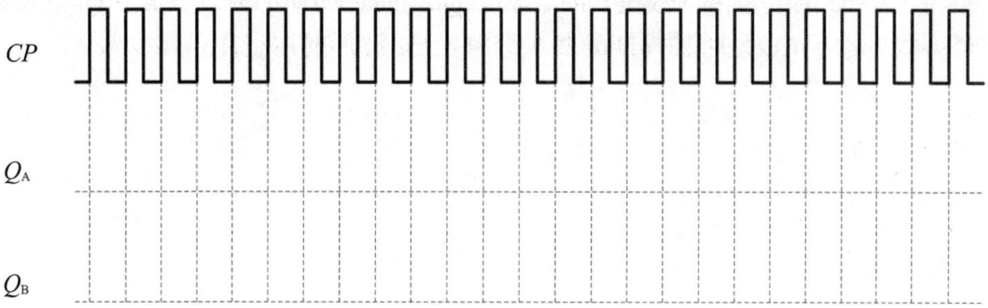

图4　波形图

CP的幅度为_____，周期为_____；Q_A的幅度为______，周期为______；
Q_D的幅度为_____，周期为_____；
结果分析：

九、实验结论

十、思考题

1. 用74×163和74×00设计输出序列为0010～1100的十一进制计数器。画出完整的电路连接图，如图5所示。

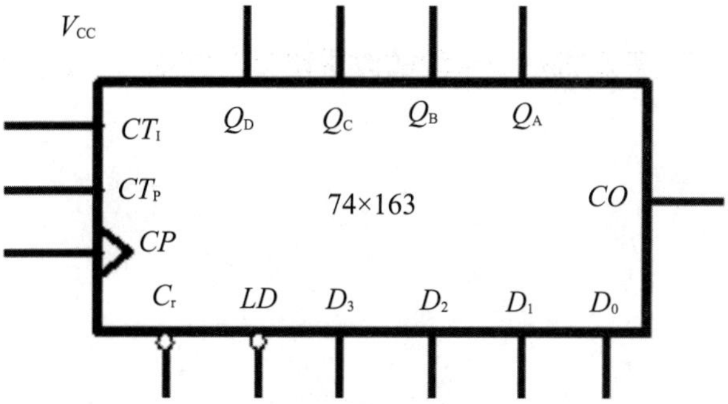

图5　电路连接图

2. 将 74×163 接成自由计数模式时，输出 Q_D是时钟周期的多少分频？Q_D波形的占空比是多少？输出 CO是时钟周期的多少分频？CO波形的占空比是多少？

3. 采用反馈清零法实现 0000～1000 的九进制计数器，如果计数器是异步清零，输出应检测什么数据？如果计数器是同步清零，输出应检测什么数据？

十一、总结及心得体会

十二、对本实验过程及方法、手段的改进建议（有则写，没有可以不写）

电子科技大学电子技术应用实验
实 验 报 告

学生姓名：_____　　学　　号：______　　报告评分：_______

实验地点：_____　　实验时间：______　　指导老师：_______

一、实验项目名称： 移位寄存器及其应用

二、实验学时： ______________________________

三、实验目的： ______________________________

____

____

四、实验器材：

____

____

五、课前预习（请在实验前通过预习，回答下列问题）

1. 74×194的清零端是同步清零还是异步清零？

2. 设定初始状态使$Q_0Q_1Q_2Q_3$=1000有几种方法？

学生姓名：＿＿＿＿＿　　学 号：＿＿＿＿＿

座位号：

六、实验过程及原始记录

1. 用74×194和CD4023构成能自启动的右移环形计数器，要求输出循环移动单个的“0”，*CP*加入频率为1 Hz的TTL信号，用指示灯观察输出状态的变化，将实验结果记录在表1中。

表1　环形计数器数据输出表

*CP*序号	Q_0	Q_1	Q_2	Q_3	此状态下得到的D_{SR}
（初始态）					
1					
2					
3					
4					
5					
6					
7					
8					
9					

2. 将*CP*改为10 kHz连续脉冲信号，用双踪示波器分别观测*CP*和Q_0、Q_0和Q_1、Q_1和Q_2、Q_2和Q_3的波形，记录在下面的图中并标明通道地（0 V）位置及波形参数（顶端值、底端值、周期）。

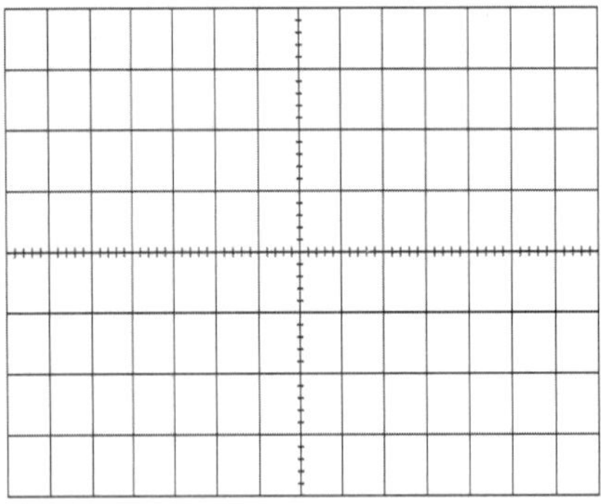

被测信号：CH1：＿＿＿　CH2：＿＿＿

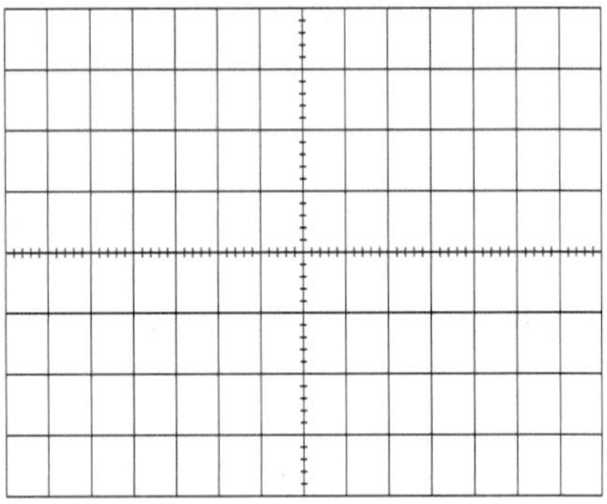

被测信号：CH1：＿＿＿　CH2：＿＿＿

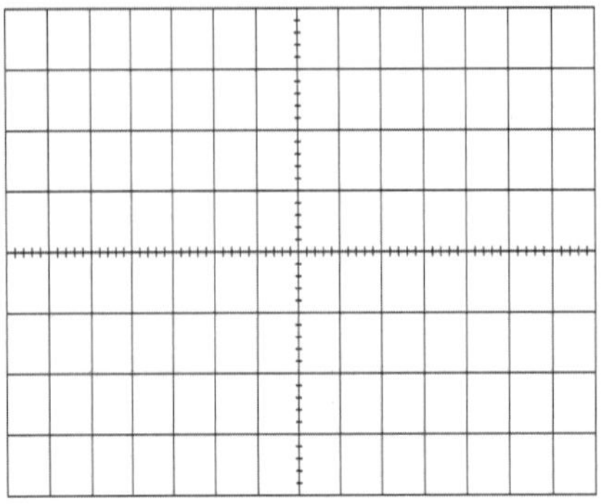

被测信号：CH1：＿＿＿　CH2：＿＿＿

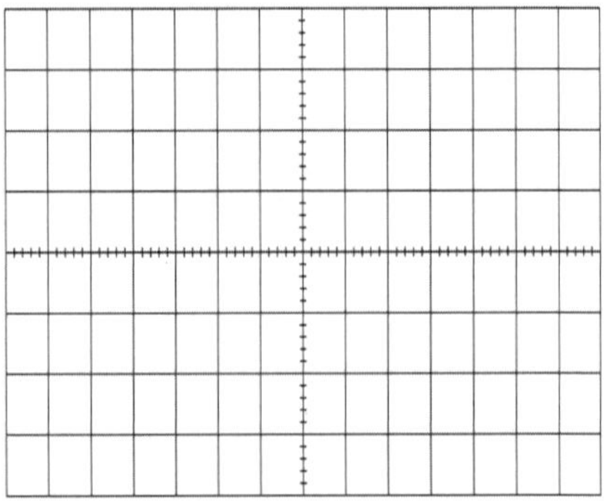

被测信号：CH1：＿＿＿　CH2：＿＿＿

七、实验原理（版面不够可另加附页）

八、实验数据整理及结果分析

1. 如图4.96所示用74×194和CD4023构成能自启动的右移环形计数器，要求输出循环移动单个的“0”，CP加入频率为1 Hz的TTL信号，用指示灯观察输出状态的变化，将实验结果记录在表2中。

表2　实验结果记录

CP序号	Q_0	Q_1	Q_2	Q_3	此状态下得到的D_{SR}
（初始态）					
1					
2					
3					
4					
5					
6					
7					
8					
9					

画出电路连接图：

2. 将CP改为10 kHz连续脉冲信号，用双踪示波器分别观测CP和Q_0、Q_0和Q_1、Q_1和Q_2、Q_2和Q_3的波形，画出右移环形计数器的定时时序图，如图1所示。

时序图为：

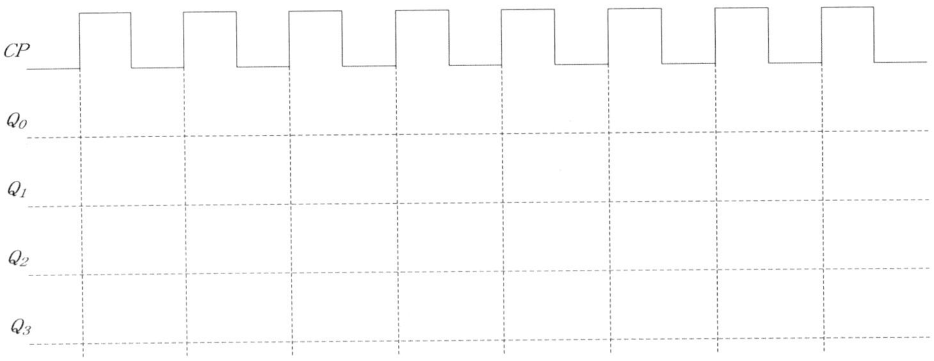

图1　时序图

CP的幅度为_____，周期为_____；Q_0的幅度为_____，周期为_____；
Q_1的幅度为_____，周期为_____；Q_2的幅度为_____，周期为_____；
Q_3的幅度为_____，周期为_____。

结果分析：

九、实验结论

十、思考题

1. 试论述环形计数器所存在的优势和缺陷。

2. 利用1片74×194实现不带自启动的4位左移环形计数器，补充完成电路图（如图2所示）。如果希望电路工作的状态按1000、0001、0010、0100循环，应该进行哪些步骤操作？电路工作中跳出有效循环状态时，应如何处理？

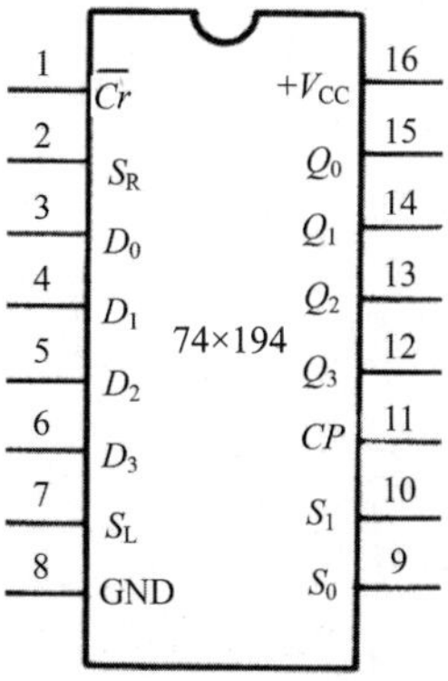

图2　电路图

十一、总结及心得体会

十二、对本实验过程及方法、手段的改进建议（有则写，没有可以不写）

十三、你已经做完了电子技术应用实验的全部内容，请留下你的意见与建议。

参 考 文 献

[1] 陈英. 电子技术应用实验教程基础篇[M]. 成都：电子科技大学出版社，2014.

[2] 陈英. 电子技术应用实验教程基础篇[M]. 成都：电子科技大学出版社，2011.

[3] 蒋卓勤，黄天录，邓玉元. Multisim及其在电子设计中的应用. [M] .2版. 西安：西安电子科技大学出版社，2011.

[4]林占江. 电子测量实验教程[M]. 北京：电子工业出版社，2010.

[5] 邓斌. 电子测量仪器[M]. 北京：国防工业出版社，2008

[6] 电子技术应用实验室. 电子技术应用实验教程[M]. 成都：电子科技大学出版社，2006.

[7] 邹其洪，黄智伟，高嵩. 电工电子实验与计算机仿真[M]. 北京：国防工业出版社，2004.

[8] 阎石. 数字电子技术基础 [M].4版.北京：高等教育出版社，1998.

[9] 扬子鸣. 电路与电子技术实训教程[M]. 北京：科学出版社，2003.

[10] 李雷. 集成电路应用实验[M]. 北京：国防工业出版社，2004.

[11] 陈有卿. 555时基电路原理、设计与应用[M]. 北京：电子工业出版社，2007.

[12] 陈先荣. 电子技术实验基础[M]. 北京：国防工业出版社，2004.

[13] 斯托特（Stout，D.F.）. 运算放大器电路设计手册[M]. 北京：人民邮电出版社，1983.

[14] 杨建宁. 电子技术[M]. 北京：科学出版社，2005.

[15] 毕满清. 电子技术实验与课程设计[M]. 3 版.北京：机械工业出版社，2005.

[16] 童诗白，华成英. 模拟电子技术基础[M]. 3 版. 北京：高等教育出版社，2001.

[17] 康华光. 华中理工大学电子学教研室编.电子技术基础（模拟部分）[M]. 4 版.北京：高等教育出版社，1996.

[18] 阎石，清华大学电子学教研组. 数字电子技术基础.[M].4版.北京：高等教育出版社，2003.

[19] 廖长英. 低频模拟电路[M]. 成都：电子科技大学出版社，1994.

[20] 常敏慧，申功迈，何希才. 开关电源应用、设计与维修[M]. 北京：科学技术文献出版社，2000.

[21] 卢有亮. Xilinx FPGA原理与实践——基于Vivado和Verilog HDL[M]. 北京：机械工业出版社，2018.